“全能型”乡镇供电所岗位培训教材

台区经理

国家电网公司营销部（农电工作部） 编

内 容 提 要

《“全能型”乡镇供电所岗位培训教材（通用知识、台区经理、综合柜员）》共分 3 个分册，本书为《“全能型”乡镇供电所岗位培训教材（台区经理）》分册。

本书共分为 14 章，主要内容包括电能表的现场抄录，电费催交与交费方式推广，电能计量装置安装、检查与更换，用电信息采集装置运行维护，违约用电、窃电的查处，10kV 及以下配电设备运行维护及事故处理，10kV 及以下配电线路运行维护及事故处理，配电设备停送电操作，接地装置与剩余电流动作保护器的安装、运行维护及调试，安全用电，信息系统应用，电力设施保护，台区线损综合分析，太阳能光伏发电及电动汽车充换电设施。

本书针对性、实用性强，可供乡镇供电所营业厅台区经理岗位培训与业务技能指导使用，是全国乡镇供电所从事台区经理岗位工作人员的理想教材。

图书在版编目（CIP）数据

“全能型”乡镇供电所岗位培训教材. 台区经理 / 国家电网公司营销部（农电工作部）编. —北京：中国电力出版社，2017.12（2021.12 重印）
ISBN 978-7-5198-1630-8

Ⅰ. ①全… Ⅱ. ①国… Ⅲ. ①农村配电–岗位培训–教材 Ⅳ. ①TM727.1

中国版本图书馆 CIP 数据核字（2017）第 316949 号

出版发行：中国电力出版社
地　　址：北京市东城区北京站西街 19 号（邮政编码 100005）
网　　址：http://www.cepp.sgcc.com.cn
责任编辑：杨敏群（010–63412531） 盛兆亮
责任校对：郝军燕
装帧设计：赵姗姗 东方文墨
责任印制：钱兴根

印　　刷：北京雁林吉兆印刷有限公司
版　　次：2017 年 12 月第一版
印　　次：2021 年 12 月北京第十八次印刷
开　　本：787mm×1092mm 16 开本
印　　张：17.25
字　　数：394 千字
定　　价：50.00 元

编 委 会

编 写 组

主　　编　张莲瑛

副 主 编　欧阳亚平　田　峰　陈振宇　余　磊　何　伟

参编人员　贾建东　陈德宝　莫　锋　汤国华　夏锦涛
万　兵　施　烨　陈丽斌　邱燕军　李国良
张志伟　吴喜峰　彭　涛　叶　赟　张　骞
陶自楠　成俊学　顾晓龙

前　言

乡镇供电所是国家电网公司最基层的供电服务组织，承担着密切联系乡镇政府和人民群众、服务“三农”和地方经济社会发展的重要职责，是国家电网公司安全生产、经营管理、供电服务、树立品牌形象的一线阵地和窗口。

2017 年初，国家电网公司党组研究部署开展“全能型”乡镇供电所建设工作，目标是依托信息技术应用，推进营配业务融合，建立网格化供电服务模式，优化班组设置，培养复合型员工，支撑新型业务推广，构建快速响应的服务前端，建设业务协同运行、人员一专多能、服务一次到位的“全能型”乡镇供电所。经过近一年的建设，国家电网公司所属乡镇供电所基本实现了班组和业务营配融合，建立了农村供电网格化管理、片区化服务的新模式。

为贯彻落实“全能型”乡镇供电所建设要求，培育一专多能的员工队伍，提高乡镇供电所员工岗位技能和队伍素质水平，国家电网公司营销部（农电工作部）组织、国网江苏电力牵头，国网河北、山西、江西、黑龙江、陕西、宁夏、四川电力配合，共同编写了《“全能型”乡镇供电所岗位培训教材（通用知识、台区经理、综合柜员）》及《乡镇供电所台区经理实务手册》《乡镇供电所综合柜员实务手册》，用于乡镇供电所台区经理与营业厅综合柜员的岗位培训和工作指导。

《“全能型”乡镇供电所岗位培训教材（通用知识、台区经理、综合柜员）》以促进岗位技能提升为目标，根据乡镇供电所岗位工作职责、内容、标准和要求，以模块化的形式，明确了从事各岗位工作应掌握的知识与技能，划分为基础知识、专业知识、相关知识、基本技能、专业技能、相关技能及职业素养七个方面的知识技能培训模块。

统筹考虑台区经理人员素质和岗位技能现状，将台区经理岗位专业知识、相关知识、专业技能、相关技能部分组卷为《“全能型”乡镇供电所岗位培训教材（台区经理）》分册，供台区经理岗位人员自学及培训用，其配套的《乡镇供电所台区经理实务手册》用于实际工作查阅。

本教材涵盖了乡镇供电所日常抄表、收费、采集、线损工作与管理，电能计量装置的安装、检查与更换，配电线路及设备的运行维护及事故处理，电能质量、无功补偿等业务内容，对乡镇供电所台区经理及其他岗位人员均具有较高的学习与参考价值。同时，本教材紧密结合新型业务发展趋势，较以往的培训教材增加了电能替代推广、分布式光伏并网业务、电动汽车充电设施运维等新型业务的培训知识。

本教材突出乡镇供电所台区经理岗位培训与业务技能指导特点，针对性、实用性强，是国家电网公司乡镇供电所从事台区经理岗位人员的理想教材。它的出版发行，必将对培养一专多能的员工队伍有着极大的促进作用，同时也将对全面推进“全能型”乡镇供电所建设产生积极的影响。

编　者

2017 年 10 月

目　录

第1章

电能表的现场抄录

模块1　电能表抄读方法（TQJL01001）

模块描述

本模块包括电能表抄读方式，电能表抄读工作的内容、流程及要求，常见表计手工抄读方法等内容。通过术语说明、流程介绍、框图示意、要点归纳，掌握电能表电量抄读方法。

模块内容

一、电能表抄读方式

1. 现场手工抄表

现场手工抄表是一种传统的电能表抄读方式。过去在城市和农村对中、小型电力客户和居民客户都采用抄表员到现场手工抄，现在全国都已基本淘汰这种抄表方式。

2. 现场抄表器抄表

现场抄表器抄表是将抄表器通过接口与营销系统的微机接口连接，将应抄表客户数据和信息进行交换，抄表员携带抄表器到客户处将电能计量装置记录的数据、信息输入抄表器，完成后将数据和信息通过接口传入营销系统，即数据的上传。这种抄表方式应用广泛。

3. 远程遥测抄表

远程遥测抄表是通过对负荷控制装置的功能综合开发来实现的，从而实现一套装置数据共享及其他远程传输通道，实现电力客户远程遥测抄表。

4. 载波远程集中抄表系统

载波远程集中抄表系统依据客户的需要进行不同的设备配置，可实现不同级别的抄表方式，即集中直接抄表、集中间接抄表和远程自动抄表。小区集中低压载波抄表是通过低压载波通道将小区内居民客户电能计量装置的数据集中采集到小区变电站，抄表人员只需到小区变电站即可集中采集该小区的电能计量数据。

5. 红外手持抄表器

抄表员不必进入客户的实际装表处，只需要利用红外手持抄表器在路经客户处，即可采集到该客户用电计量装置的数据。

6. 电话报读抄表

对安装在供电企业变电站内或边远地区的客户变电站内的电能计量装置，可用电话报读进行抄表，但需要定期到现场进行核对。

7. 电能表无线电抄读

对于偏远的工业大客户和高空配电能表计，可利用全球移动（GSM）通信网络的短信息服务（SMS）业务，组成基于 GSM 网络 SMS 的抄表模式。

8. RS–485 总线式集中抄表

RS–485 总线式集中抄表是用专用通信线将电能表与抄表系统相连实现抄表，通信成功率基本达到 100%。系统可以实现实时抄收，甚至可以实时监控，实施负荷控制。

9. 用户用电信息采集系统—集中抄表

用户用电信息采集系统是通过对配电变压器和终端用户用电数据的采集和分析，实现用电监控、推行阶梯定价、负荷管理、线损分析，达到自动抄表、错峰用电、用电检查（防窃电）、负荷预测和节约用电成本等目的。建立全面的用户用电信息采集系统需要建设系统主站、传输信道、采集设备以及电子式电能表（即智能电能表）。

电力用户用电信息采集系统是对电力用户的用电信息进行采集、处理和实时监控的系统，实现用电信息的自动采集、计量异常监测、电能质量监测、用电分析和管理、相关信息发布、分布式能源监控、智能用电设备的信息交互等功能。

集中抄表终端是对低压用户用电信息进行采集的设备，包括集中器、采集器。集中器是指收集各采集器或电能表的数据，并进行处理、储存，同时能与主站或手持设备进行数据交换的设备。采集器是用于采集多个或单个电能表的电能信息，并可与集中器交换数据的设备。采集器依据功能可分为基本型采集器和简易型采集器。基本型采集器抄收和暂存电能表数据，并根据集中器的命令将储存的数据上传给集中器。简易型采集器直接转发集中器与电能表间的命令和数据。

二、电能表抄读工作的内容、流程及要求

（一）电能表抄读工作的内容

（1）按固定日期和周期抄录客户电能计量装置数据信息。

（2）核对客户用电设备装接容量及用电性质，对客户电能计量装置、负荷管理终端等进行常规检查，及时书面报告异常情况。

（3）宣传电力法律、法规、政策及安全用电常识，解答用电业务咨询。

（二）电能表抄读工作的流程

抄表工作业务流程如图 1–1–1 所示。

（三）电能表现场抄读工作流程标准要求

1. 电能表抄读准备

根据抄表日程，按例日领取抄表机，准备好抄表所需工具（按抄表例日将营销系统抄表数据下装至抄表器中）。打印（或领取）临时电费通知单、催交电费通知单、停（限）电通知单、闭门约时抄表通知单。

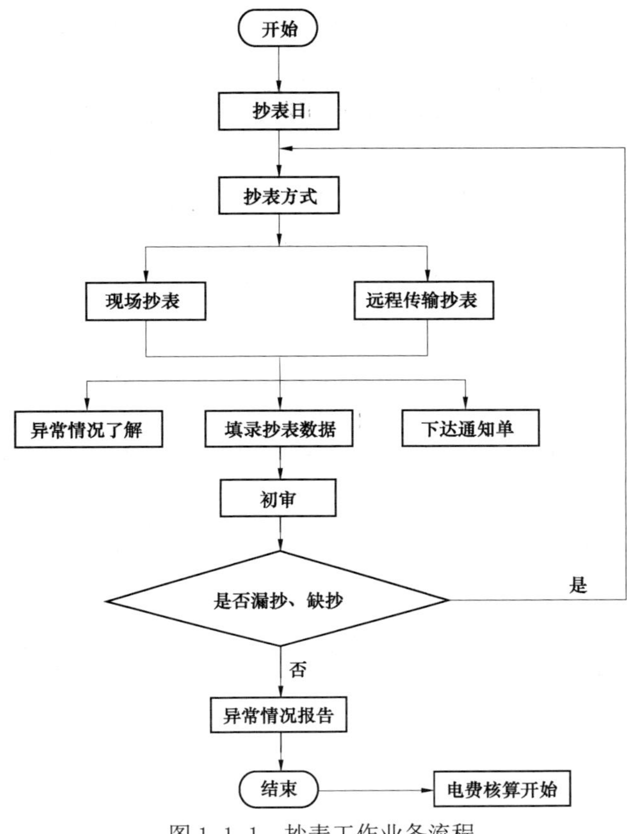

图 1–1–1　抄表工作业务流程

2. 电能表现场抄表

（1） 核对信息。抄表人员现场应仔细核对表号、互感器倍率等相关信息。特别对新增客户第一次抄表或老客户电能表更换后的第一次抄表，更应认真核对。

（2） 电能计量装置常规检查。是否存在失电压、失电流现象；分时表时间、时段、自检信息是否正确；封印等外观检查。

（3） 准确抄读电能表。现场抄读电能表需注意：

1） 核对表号后按电能表有效位数，全部抄录电能表示度数，靠前位数是零时，以“0”填充，不得空缺。

2） 抄录分时电能表时，应正确抄录各时段示度数，并保证各时段电能表示数之和与总数相等。

3） 对远程抄表和集中抄表系统，要有专人负责系统的维护管理，定期对抄表中发现的电能表故障、抄表差错等问题按规定处理，对数据进行完整备份（含新增和异动数据）。按照抄表日程的安排，完成日常远程抄表（集中抄表）及抄回数据的转录工作（将抄回的数据转录到营销系统）。定期进行远程抄表数据现场校核工作，校核周期最长不得超过六个月。

（4） 了解客户计量装置异常情况。其注意事项有：

1） 抄表时，如发现有表但无抄表信息，应先抄录电能表信息，再查明原因并及时处理。

2）非客户原因造成的电能计量装置异常，应检查分析原因，做好记录，请客户签字认可后，与客户协商当月暂计电量。

3）发现客户违约用电或有窃电嫌疑时，应做好记录，请客户签字认可，必要时通知用电检查人员现场处理。

4）发现客户用电性质、用电结构、受电容量等发生变化时，应详细记录，请客户签字认可后，通知其办理有关手续。

（四）电能表抄读整理

抄表员进行现场抄表时要做好以下工作：

（1）在现场将电能表上的户号、表计资产号等与抄表器中数据核对无误后，将表计指示数录入抄表机。

（2）核对客户用电情况，发现违约用电、窃电情况后，如实录入异常情况记录中。

（3）将故障表计的状态记录至异常情况中。

（4）对新装表客户第一次抄表时，抄表机会提示抄表员，抄表时对户号、客户名称、表计型号、资产号认真核对。

（五）电能表抄读数据上传

抄表机抄表结束后，将抄表数据上传至营销系统中。如果发现电能表抄错或数据录错，在数据未上传时，可在抄表机中进行修改。

1. 电能表抄读数据复核

抄表数据上传后，进行电量复核，对错误的数据可进行修改，营销系统会自动记录每一次修改情况。完成电量复核后，提交到电费审核部门。

2. 漏抄补抄工作

电费发布后，若发现漏抄客户，应及时对漏抄客户进行补抄，并提交审核。营销系统会将抄表时发现的表计故障、窃电、违约用电等直接记录在抄表机中的信息，在抄表数据上传时，异常情况将直接被提交到用电稽查部门。

三、常见表计手工抄读方法

（1）单键表（如 ABB 表）抄读方法。在表计运行情况下按一次抄表按钮，进入自检状态，然后长按抄表按钮不放，直到显示 F000000 后，放开按钮，开始点按抄表，就能抄到所需要的数据。ABB 表如图 1–1–2 所示。

（2）表计两个按键抄读方法。

1）进口表（如兰吉尔表）。进口表两个键分别是"上翻键"和"下翻键"，连续按 2 次"下翻键"，在"SET–DATA"下，再长按"下翻键"3～5s。直到出现 F000000 时松开，然后按"下翻键"进入抄表状态，逐次对照示数代码抄到相应内容，按键时有长按和短按之分，长按只抄本月数据，短按能抄表计储存的所有数据。兰吉尔表如图 1–1–3 所示。

2）国产表（如浩宁达表）。国产表也有上键和下键，不同的是国产表上键为"项目键"，下键为"翻转键"，手工抄表时按"项目键"至 20（代码），再逐次按"翻转键"，分别可以抄到当月电量及最大需量，在抄完当月示数后再按"项目键"抄冻结需量总。浩宁达表如图 1–1–4 所示。

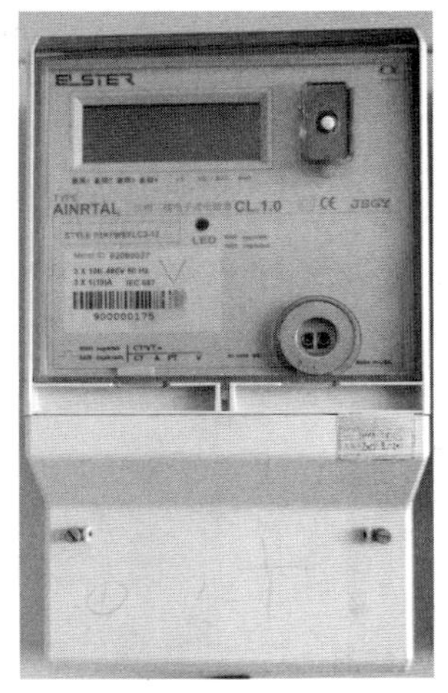

图 1–1–2　ABB 表

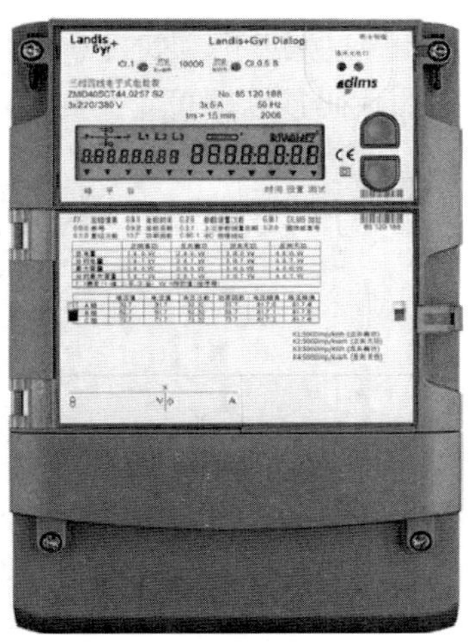

图 1–1–3　兰吉尔表

国产表（如威胜表）中还有一种两键的，它有 A（轮显）、B（按显）和 C（6 位代码显示）三种显示模式，其中 A 模式显示的内容最少，只显示电量、需量、表号、日期和时间，不显示参数，A 模式下，按“翻转键”即可抄到所需示数；B 模式除能抄到示数外还可以抄相关参数，如当前电压、电流等，具体方法为先按“项目键”，再逐次按“翻转键”；C 模式可以显示所有的量。模式转换方法：按“选择键”3～5s，在显示屏正下方出现**卄**符号后松开，即完成模式转换。威胜表如图 1–1–5 所示。

图 1–1–4　浩宁达表

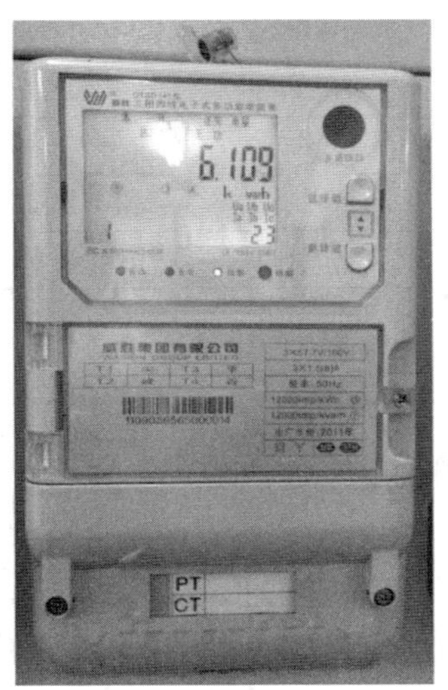

图 1–1–5　威胜表

（3）表计三个按键抄读方法。该类表三个键一般从左到右依次为“主键”“上月键”“子键”，其中“主键”相当于“项目键”，“子键”相当于“翻转键”，“上月键”是抄上月电量或需量用，抄表时先按“主键”选择所要抄的项目，再按“子键”可以抄录峰、平、谷电量和需量，也可以抄到 U、V、W（或 A、B、C）三相电压、电流数值。

（4）智能电能表抄读方法。智能电能表手工抄读比较简单，按“上键”“下键”均可，如果按"上键"不小心抄过了，这时按下键可以退回去，不同的是抄表项目代码（见表 1–1–1）不一样，只需按照代码抄读即可。三相四线智能电能表如图 1–1–6 所示。

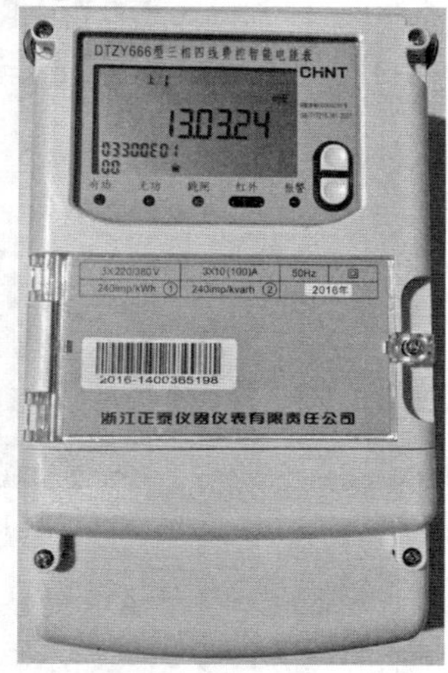

图 1–1–6 三相四线智能电能表

表 1–1–1 **智能电能表抄表项目及示数代码**

示数项目	示数代码	示数项目	示数代码	示数项目	示数代码
本月需量峰	01010100	本月有功峰	00010200	U 相电压	02010100
本月需量平	01010200	本月有功平	00010300	V 相电压	02010200
本月需量谷	01010300	本月有功谷	00010400	W 相电压	02010300
本月需量总	01010000	本月有功总	00010000	U 相电流	02020100
上月冻结需量总	01010001	本月反向有功	00020000	V 相电流	02020200
第一象限无功	00050000	第二象限无功	00060000	W 相电流	02020300
第三象限无功	00070000	第四象限无功	00080000	日期	04000101
				时间	04000102

四、常见电能表异常判断

（1）表计失电压。计量表计的电压回路异常，电压低于一定值的状态，会导致计量异常。一般表计在正上方用数字 1、2、3 或 L1、L2、L3 或 Ua、Ub、Uc 显示标志三相电压正常，哪项不显示（消失）表示该相失电压。以 U 相（或 A 相）失电压为例，则会在表计的正上方出现"1""L1""Ua"不显示（消失）状况。

（2）电压逆相序。当电能表接线出现逆相序时，有的电能表显示屏上会提示"逆相序"，有的电能表三相电压 L1、L2、L3 频闪；还有的电能表显示故障代码 F– –0007。

（3）时钟超差。当电能表时间与北京时间相比超过 5min 时，判定时钟超差。

（4）电池欠电压。检查电能表显示屏上是否出现电池符号，如 BAT LOW + 出现表示抄表电池欠电压；还有一种表中，▯表示抄表电池，▯表示时钟电池，谁出现表示谁欠电压。

（5）费率错误。电能表显示当前时段的方式不尽相同，有的在显示屏上以圆圈中汉字显示；有的以数字 1、2、3、4 分别对应尖、峰、平、谷；还有用箭头指向对应的时段；只要当前时段与表计显示的不符就可以说明时段错误。

（6）常见故障代码见表 1–1–2。

表 1–1–2　　智能表常见故障代码

序号	故 障 代 码	故 障 信 息
1	F－－0003	时钟故障
2	F－－0004	内部电池欠电压
3	F－－0005	外部电池欠电压
4	F－－0007	电压逆相序
5	F－－0008	失电压
6	F－－0009	电压过电压
7	F－－00010	电流失电流
8	F－－00011	电流逆相序（反向）
9	F－－00012	过负荷

思考与练习

1. 电能表抄读工作具体内容有哪些？
2. 抄读电能表需注意的问题有哪些？
3. 电能表抄读数据上传工作包括哪些内容？

模块 2　抄表器现场抄读三相多功能电能表（TQJL01002）

模块描述

本模块包括多功能电能表的功能、抄表器初次使用的操作方法、抄表数据的初始化、抄表准备、现场抄表及其注意事项、抄表异常情况标记的处理、完工总结等内容。通过术语说明、流程介绍、公式解析、计算举例、系统截图示例、要点归纳，掌握三相多功能电能表的抄读。

模块内容

一、多功能电能表的功能

多功能电能表是由测量单元和数据处理单元等组成，多功能电能表的功能由基本功能和扩展功能两部分组成。多功能电能表在保证基本功能的同时，扩展功能并不是越多越好，功能多则可靠性要下降，因此考虑够用即可。其主要功能如下：

1. 电能计量功能

计量正、反向有功（总、分时）电能，四象限无功（总、分时）电能，并储存其数据。四象限（或二象限）多功能电能表，能完全实现对感性无功和容性无功分别计量。四象限电子式电能表一般可用于双方向客户（既用电、又发电）的计量；二象限电子式电能表一般用于普通客户（即三相电流单方向客户）的计量。

注：大型电机类设备，当系统停电时，内部正在运行的电动机由于惯性的作用不能立即停止运行，此时电动机就会变成“发电机”，此时，设备本身不用电，发出的电可能通过电能表向电源方向传送，从而引起“反向有功”。比如提升机或者起重机等设备突然停止时都会引起“反向有功”，电梯在下降过程中，电动机被拖着反转，电动机此时处于发电状态，此时发的电能就会通过电能表回馈到电网，存在“反向有功”。对于光伏入户用户，除自身用电外产生的多余电能可以向电网送电，送出的电量就是“反向有功”。

2. 最大需量测量

最大需量测量是指在指定的时间区间内（一个月），测量正、反向有功、无功最大需量、分时段最大需量及其出现的日期和时间，并储存其数据。要了解最大需量，首先要知道什么是需量、需量周期、最大需量、滑差式需量、区间式需量等概念。

需量是指在给定时间间隔内的平均功率。把给定时间间隔叫作窗口时间，我国规定 15min 为窗口时间，所以也可以说需量就是 15min 的平均功率。需量周期连续测量平均功率相等的时间间隔，也叫窗口时间。最大需量是指在指定的时间区内需量的最大值。滑差式需量是指从任意时刻起，按小于需量周期的时间依次递推测量需量的方法，递推时间叫滑差时间。区间式需量是指从任意时刻起，按给定的需量周期依次递推测量需量的方法。我国一般将需量周期规定为 15min，滑差时间 1、3、5、15min 任选。供电企业所要求计量的是需量的最大值，即最大需量。捕捉最大需量的方法很多，可以在 1～15min 计算一次需量，2～16min 再计算一次需量，用每推迟 1min 计算一次需量的办法捕捉最大值，把向后滑动推迟的时间称为滑差时间。滑差时间为 15min 称为区间式需量。目前，一般在贸易结算的电能计量表机除特别要求外，设置滑差时间为 1min。

3. 费率和时段功能

多功能电能表具有日历、计时和闰年自动切换等功能，24h 内具有可以任意编程的 4 种费率、12 个时段。

4. 监控记录功能

（1）具有断相判别、指示功能；

（2）具有失电压判别、记录功能；

（3）具有失电流判别、记录功能。

5. 瞬时量测量

瞬时量测量是指测量当前各分相电流、电压有效值及当前电网频率。测量各分相及总的瞬时有功功率、无功功率和功率因数，并可通过 RS–485 和红外通信口读取。

6. 多通信接口功能

多通信接口功能是指具有 RS–485 通信接口、近红外和远红外通信接口，可同时通过

RS–485 接口、近红外接口和红外接口进行通信，真正实现两方同时通信而互不干扰。

7. 电能冻结功能

多功能电能表具有数据冻结功能，可实现点电能冻结和即时电能冻结，并通过通信口抄录冻结数据。

8. 数据显示功能

数据显示功能可实现数据轮显、键显和停显，数据显示的顺序和格式可任意设置，显示方式可以设置，即轮显、键显和停显。

9. 扩展功能

在保证基本功能的同时，电能表还可扩展许多功能，如负荷记录功能、停电唤醒功能、双继电器输出信号、多功能输出信号（秒脉冲、需量等检测信号）等。

二、抄表器初次使用的操作方法

初次使用的抄表器，必须阅读抄表器使用的操作方法并严格检查，针对使用指导书所列功能进行组合项试验，试验合格后，通过维护操作，可以新增抄表器与营销系统关联，在维护过程中，一定明确抄表器使用人和管理人员，通过查找确认抄表器所属单位，在此情况下，该抄表器才能使用。抄表器编码是机器内部码，不可修改。以某省电力营销系统为例，具体方法步骤如下：

（1）电费核算部门的操作员登录营销系统。

（2）在“抄表管理”菜单下单击“抄表机维护”菜单，显示“抄表器维护”窗口。

（3）查询抄表器，输入所查询抄表器编码可定位到要查找的抄表器。

（4）对抄表器进行【抄表器设置】，主要是选择机型、波特率等。

（5）在抄表器维护页面中，单击【新增】即可新增一部抄表器，如图 1–2–1 所示。

图 1–2–1　修改删除抄表器信息的按钮图

（6）抄表器设置完成后，单击【确认】，返回到“抄表机维护”页面，单击该页面的【保存】按钮，完成抄表器的设置。

三、抄表数据的初始化

对于已完成维护工作的抄表器要严格保管，按管理和使用的要求专人负责。在使用抄表器抄表前须对抄表数据进行初始化，抄表数据初始化的过程也就是针对抄表册的一个处理过程，这是因为由于客户的变化需对抄表册进行一系列的调整，具体包括新增客户、客户移册、客户顺序调整、客户销户、客户信息变化等，所以需对抄表册进行数据的重新整理，所以需对抄表数据进行初始化。

四、抄表

1. 抄表准备

（1）要求抄表工作人员能在指定抄表日前做好抄表的准备工作。对使用抄表器进行现场抄表的供电企业，抄表工作人员应在规定抄表日前，完成指定抄表区信息数据的下装工作，并检查信息的正确性及完整性。在使用抄表器前，还应检查抄表器的内存、电池是否能满足正常使用要求等。

对使用自动抄表方式进行现场抄表的情形，抄表工作人员应在规定抄表日的前一天，完成对全部应抄客户的试抄表工作，对发现无法正常抄录数据的客户，应及时查找原因设法消除故障；对确认无法排除的故障，应及时报告，另行组织人员采用其他方式完成数据的获取工作。

（2）要求抄表工作人员，对初次抄表的新增客户，提前与客户取得联系，约定好抄表方式及说明抄表时间。对须去现场抄表的客户，抄表人员还应向客户了解计量装置现场安装情况，必要时还可以进行现场查勘，以保证在规定抄表日内顺利完成抄表工作。

（3）要求抄表人员在去客户现场抄表前，完成检查需携带的相关物件。

1）检查抄表资料是否齐全、完好，包括《电费交费通知单》《抄表联系单》《计量装置故障处理单》及其他相关证件（证明）等。

2）检查抄表常用工（器）具是否齐全、完好，包括封印、设备、笔、电筒、备用电池、计算器、低压验电笔、个人工具等。

3）检查客户预留的电能表室（箱）钥匙是否齐全。

4）检查抄表用交通工具的完好情况，确保出车安全。对约定抄表的客户，还应提前进行联系，约时抄表。

2. 现场抄表及其注意事项

（1）现场抄表的要求：

1）输入现场表示数并经确认后，即可完成抄表任务。

2）输入现场表示数后，在确认之前，抄表器客户突增突减电量有提示，要求抄表员重新核对计量参数后再确认，确认之前抄表输入数据可以更改。客户表计电量大于前三个月平均电量的2倍或小于一半时，为突增突减电量。

3）抄表确认后，方能查阅到下装时的表示数，客户使用电量。

4）当抄表员输入对该户估抄标记时，可显示该户前三个月表计电量平均数，供抄表员估抄电量时使用。

5）当抄表员输入故障表的标记时，也可显示该户前三个月的表计电量平均数，供抄表员追补电量时使用。

6）对第一类及第二类客户在抄表确认后，可查本月客户受电量、电费额及本月止购电余额。

7）可允许抄表员将现场各种特殊情况以标记形式输入抄表器，以备抄表后处理。

8）自动记录抄表时间。

（2）现场抄表的注意事项：

1）完成抄表现场的“三核对”工作，即核对客户是否正确，核对客户安装的计量装置是否正确，核对客户计量装置的倍率是否正确等。

2）能认真记录客户电能表的实际读数，做到“眼明、手快、心细”。“眼明”是要求抄表人员在抄表时，要看清楚电能计量装置的实际读数，特别是看清楚哪些是计度器的整数位，哪些是计度器的小数位。“手快”是要求抄表人员在记录（输入）电能计量装置读数时，速度要快，特别是对计度器采用轮显模式的电能表，在记录数据时必须要快。“心细”是要求抄表人员在抄表时，不但要做到看读数、记数据不出错，而且还要仔细检查抄录的各类数据是否存在相互矛盾，或与实际使用是否有出入等。

3）在现场抄录数据时，对计数器的尾数处理应有统一的标准。为避免出现因电费计算时的进位造成多（少）计电量，用手工抄录（输入）数据时，可考虑直接忽略尾数（即不论尾数数据的大小，一律不计）；对采用自动读取数据者，可考虑在计算机系统中删除尾数（只对正常抄表有效，四舍五入）。

4）当使用抄表器手工抄表时，应根据抄表器提示的项目，逐项输入数据，以避免发生漏抄信息；特别是当抄表器发出异常信息提示后，要求能再次复抄该客户的全部数据，只有在确认无误后，方可继续其他的工作。

5）在当天抄表工作结束前，完成对全部客户数据信息的检查工作，特别是要检查是否有新增客户出现，避免出现漏抄客户现象发生。

（3）抄表员抄表之外还需注意：

1）抄表人员在现场抄表时，在完成正常抄表的同时，检查客户计量装置的运行情况。

a. 检查一些直接影响计量装置准确计量，而又相对比较容易发生故障的设备（如计量压变熔丝、计量二次回路等）是否正常运行。

b. 检查客户的计量装置是否存在表计停走（停闪）、发热等异常现象。

c. 检查计量封印等是否完整、齐全。特别是在抄表过程中，发现客户的电量异常，而生产经营情况又相对正常时，要特别检查客户计量装置的运行情况（包括计量封印等）。

d. 对安装有事件记录的电能表，检查本抄表周期内是否存在有影响计量装置正常运行的时间记录等。

2）对采用非直接接触抄表（包括采用自动抄表或委托抄表公司抄表的情形）的客户，指定人员需不定期地完成对客户现场安装的电能计量装置的检查和监督抄表工作，一般每年一次，最长不得超过两年。

3）抄表人员在抄表时，注意现场工作安全。进入变配电室（电能表室）时，遵守Q/GDW 1799.1—2013《国家电网公司电力安全工作规程（变电部分）》的相关规定；以及《中华人民共和国电力法》第三十三条规定：“供电企业查电人员和抄表收费人员进入用户，进行用电安全检查或者抄表收费时，应当出示有关证件。”另应遵守客户的保卫保密规定，不得在检查现场替代客户进行电工作业。

4）抄表人员应能学会与客户进行沟通，及时了解客户的实际生产、经营状况等。抄表人员应能正确解答客户提出的有关问题，并做好有关用电知识的宣传工作。一般客户的用电量都与实际生产经营状况有着很大的联系，通过与客户的交谈，经比较可以间接判断抄录的电量是否正确。供电企业的抄表人员是实际接触客户，与客户沟通最频繁的人员之一。现场工作人员，要起到电力企业对客户服务的桥梁和纽带作用，不但要抄好表，而且要做好相关信息的传递工作，当好客户的参谋，使客户多用电、用好电。

（4）抄表异常情况标记。当抄表员到客户处抄读电能表时，有可能发现客户处电能表有异常情况，此时抄表员应及时做好抄表标记。抄表员遇下列情况，可输入标记代号等信息：

1）换表信息。当抄表员发现客户计费电能表已经更换时，可输入此标记，并输入新表的表型、表号、容量、现示数、现倍率等参数。

2）故障表。当抄表员发现客户计费电能表处于故障状态，可输入此标记。此时可查阅下装时表示数，输入现表示数及追加电量。在将输入抄表示数确认后，发现电量突减的原因是由于故障表所造成的，也可输入此标记及追补电量。

3）有卡无表。当抄表员在本区段内找不到已下装的客户计费电能表时，要对该户做此标记。

4）有表无卡。当在抄表器中查阅不到现场客户时，将该户的用电地址（编码）、表型、表号及现表示数输入抄表器，并输入此标记。

5）窃电户。当抄表员发现原有客户窃电时，可输入此标记。当发现非原有客户窃电时，可将该户用电地址（编码）等信息输入抄表器，并输入此标记。

6）违章户。当抄表员发现原有客户有违章现象时，可输入此标记。

7）订正信息。当抄表员发现现场参数与抄表器不符时（指与计量计费及其他费用无关的参数），可输入此标记，并将正确参数输入抄表器。

8）销户信息。当发现客户在本次抄表前已将用电设备全部拆除，可输入此标记。

9）长期无人。输入此标记是说明对该户估算“0”电量及没有发生电量的原因。长期无人指在用电器具完备的情况下，没有用电的客户，例如无人居住、歇业、长期停工等情况。

10）估抄。① 当抄表员在现场无法抄到该客户的表示数时，可输入此标记，并输入估抄电量；② 修改经确认的抄表示数（准许），则自动形成估抄标记。

11）谎抄。抄表员在上次抄表时是估抄，而没有输入估抄标记，使本月抄表示数小于基期表示数时，则要输入谎抄标记。否则按电能表绕周计算。

12）各种标记在上传之前可以更改、取消。当改标记时，数据信息要在抄表器中重新走一下，按新标志处理。

五、抄表异常情况标记的处理

（1）换表标记。说明现场所抄到的表示数并非与抄表器中的下装表示数发生计算关系。记入此标记后，抄表员应查阅“内线工作任务书”，如任务书已由信息审核员经过竣检确认，则可照常上传；如未经确认，则再输入暂不上传标记，待确认后，取消此标记就可上传，应在月末之前完成。如没有关于涉及该户换表的“内线工作任务书”，则将换表标记改为窃电（动表）的标记，可照常上传。

（2）故障表标记。说明现场表发生故障，对此类客户要有追补电量发生，该追补电量截止时间为对该户的本次抄表之时止。有此标记的客户可正常上传。

（3）估抄标记。说明在现场对该户没有抄到表，所记电量为抄表员的估抄电量，所记表示数为根据估抄的电量而推算的表示数。

表示数推算方法为

$$推算数=原表上月示数+\frac{估抄电量}{电能表实际计费倍率} \tag{1-2-1}$$

当 $\frac{\text{估抄电量}}{\text{电能表实际计费倍率}}$ 的值出现小数时，取整数位，此时所估抄电量按所推示数修正。有此标志的客户可正常上传。

（4）有卡无表标记。说明抄表器中的客户在本区段内没有找到。

1）该户原属本区段内，但抄表时已销户，或正在办理销户，此时可正常上传。

2）由于地址编码错误等原因，误进入此区段内，此时可正常上传。

3）由于客户没有办理销户手续而拆迁用电处所，此时将标记改为销户标记，可正常上传。

（5）有表无卡标记。说明现场有此户，在抄表器中没有找到。

1）属本区段客户，但由于地址编码错误而未在本区段下装。此时调阅“用电检查岗”的待处理信息资料，如有此户则可正常下装。

2）调阅《待处理资料》和《内线工作任务单》都没有该户信息，则输入暂不上传标记，待查到后，取消暂不上传标记，就可上传。如在月末时还未查到，则将标记改为窃电标记，可正常上传。

（6）窃电标记。有此类标记的客户不影响上传。窃电标记分为私设、越表、卡盘、动表及技术窃电五个标记。

（7）违约标记。有此类标记的客户不影响上传。违约用电分为高价低计、私增容、其他三个标记。

（8）谎抄标记。说明上次抄表时是估抄而未做标记。本月视上月为估抄，按上次表示数作为本次表示数计算，可正常上传。

（9）客户参数订正。有订正信息参数、销户、长期无人标记的客户，不影响上传。

（10）故障换表的处理。

1）对有此标记的客户，上传后按所抄示数及外加电量计算故障表的表计电量后，将此信息传给用电检查岗或计量岗，形成“内线工作任务书”后处理。

2）如属非客户原因，致使电能表反转时，则表计电量按反转电量绝对值计算（表示数仍然如实填记）。如以前对该表是估抄，则表对电量接反转电量绝对值计算后，再退回以前估抄电量。将此信息传给用电检查岗。

3）故障表的标记种类分为不走字、卡盘、跳字、反转、其他五类情况。其中反转标记只能在所记的电能表第一次实抄时使用，否则，输入此标记时将自动改为窃电标记。

（11）对违约的处理。对标有此标记的客户，上传后，按实抄示数计算表计电量，并将该户信息传给稽查岗，形成调查报告后处理。

（12）对谎抄表的处理。对标有此标记的客户，按该户是上月估抄进行处理。

（13）订正信息参数。对标有此标记的客户，上传后仍按原信息发行，并将此信息形成“内线工作任务书”，转用电检查岗（或计量岗）现场核实、处理。

（14）长期无人的处理。对标有此标记的客户，上传后正常发行，但对连续标有此标记超过六个月时，将形成“销户”的内线工作任务书，传递给有关单位处理。

（15）遇到电价变化时的处理。遇到电价变化时，及时对系统进行电价维护，以保证价格的实时性，保证电费及时、正确回收。

六、完工总结

在当天抄表工作结束前，完成对全部客户的数据信息的检查工作，特别是检查是否有新增客户出现，避免出现漏抄客户的现象发生。

抄表完工总结是对工作人员实际抄表工作的汇总、总结，能在一定程度上反映该抄表区内所包含客户的供用电情况，是供电企业营业部门开展其他工作的依据，要求抄表责任人能根据实际情况总结，要求抄表人员对抄表过程中发现的可能影响电费计算的异常情况、客户的各类违约用电、窃电等进行比较详细的说明，作为供电企业其他营业部门开展下一步工作的依据。

思考与练习

1. 多功能电能表的主要功能有哪些？
2. 抄表员现场抄表之外还需注意哪些事项？
3. 抄表异常情况标记的处理过程中对故障换表的处理工作需注意哪些事项？

第 2 章

电费催交与交费方式推广

模块 1　电费催交要求及方式（TQJL02001）

模块描述

本模块包含电费催交服务规范与技巧、非居民客户催费及欠费停电工作流程、居民客户催费及欠费停电工作流程等内容。通过流程介绍、要点归纳，掌握电话催费、短信催费和现场催费技巧，客户催费及欠费停电工作流程。

模块内容

一、电费催交服务规范与技巧

（一）电费催交服务规范

（1）应在规定的日期准确抄录计费电能表读数。因客户原因不能如期抄录计费电能表读数时，可通知客户待期补抄或暂按前次用电量计收电费，待下一次抄表时一并结清。确需调整抄表时间的，应事先通知客户。

（2）应向客户提供不少于两种可供选择的交纳电费方式。

（3）在尊重客户、有利于公平结算的前提下，可采用客户乐于接受的技术手段、结算和付费方式进行抄表收费工作。

（二）电费催交技巧

1. 电话催费

（1）电话催费服务要点：

1）前期提醒可采用电话、传真、短信、电子邮件等方式通知。

2）电话催费时应表明身份，说明来意。

3）应等客户先挂电话，工作人员再挂电话，挂机动作要轻，不要有意或无意地用力扣电话。

4）客户有疑问时，应耐心解答；当不能解答时，应礼貌地告知客户。

5）在电话催费过程中应主动告知客户银行代扣、电费充值卡、支付宝、电 e 宝、掌上电力等交费渠道和使用方法。

（2）服务话术：

表明来意时：“尊敬的客户，您好。我是××供电公司的工作人员×××，您本期应交纳的电费是××元，请您按时交费，谢谢您的配合。”

2. 短信催费

短信催费可与电话催费配合使用，短信催费前需确认客户联系信息的真实有效。

（1）居民及其他电力客户：

“【××电力】您户（户号 68********，用电地址：×××××××）于 2017 年×月×日发生电费××元，请您按时交纳，延期交纳将会产生滞纳金。请您关注国网××电力微信公众号或支付宝服务窗查询并交费。（××省电力公司）”

（2）远程费控居民客户：

“【××电力】尊敬的客户（×××），截止（2017 年×月×日），您户（户号 68********）经测算可用余额为××元，为保证您户正常用电，请您及时预存电费。（××省电力公司）”

3. 现场催费

（1）现场催费服务要点：

1）与客户见面时，须主动自我介绍并出示相关证件。

2）根据客户需要进行必要的解释工作，如不能当场解答，应告知客户与客户约定时间派专业人员电话回复或上门处理。

3）遇客户情绪激动时，应先安抚客户情绪，再处理事情，避免与客户发生争执。

4）对无法直接送达催交电费通知单放在合适位置（如客户的信箱等），或通过社区服务部门转交等方式通知客户，同时要结合电话催收。

5）拒绝签收的，可通过公证送达、挂号信等方式让客户签收。

（2）服务话术：

表明来意时：“您好，我是××供电公司工作人员×××，这是我的证件，这是催交电费通知单，请您签收，请您按时交清电费，非常感谢您对我们工作的支持！”

离开并递送名片时：“这是我的服务名片，欢迎您拨打上面的电话或供电服务热线 95598，我们将随时为您提供服务，再见！”

4. 欠费跟踪

（1）欠费跟踪服务要点：

1）对催交电费通知单发出后还未交费的客户进行再次催费。再次催费时应注意频次，不得同一时段多次拨打客户电话，避免引起客户反感。

2）跟踪欠费时要及时了解客户欠费原因，如非客户原因引起的欠费，应及时向客户解释，取得谅解。

（2）服务话术：

再次催费时：“××先生/女士，我是××供电公司工作人员×××，我们已在×月×日发出催交电费通知单，请您尽快交费，谢谢您的配合。”

代扣未成功时：“××先生/女士，我是××供电公司工作人员×××，因××原因，您的电费未扣款成功，我们会及时跟踪处理，给您带来不便，请您谅解。我们建议您订阅电费短信，便于您了解交费信息。”

二、催费及欠费停复电

（一）非居民客户催费及欠费停复电工作流程

1. 非购电客户

（1）催费流程：

1）非居民客户电费抄表发行时间应以营销系统显示为准，客户应在规定时限内交清电费，如客户在交费期内未交清电费将产生滞纳金。（查看方式参考：营销系统—客户统一视图—电量账务信息—发行日期、违约金起算日期）。

2）从逾期之日起，以短信或电话等方式提醒客户电费已逾期，已产生违约金，请其尽快交纳电费。

（2）停电、复电流程。自逾期之日起超过30日，经催交仍未交付电费的：

1）应将停电的客户、原因、时间报本单位负责人批准。批准权限和程序由省电网经营企业制定。

2）在停电前3～7日内，将停电通知书送达客户（需拍照留存并上传至营销系统）；对重要客户的停电，应将停电通知书报送同级电力管理部门。

3）在停电前30分钟，将停电时间再通知客户一次，方可在通知规定的时间实施停电。

4）客户交费后，24小时内完成复电。

2. 购电客户

（1）远程费控电能表开通远程费控功能的客户：

1）提醒环节。当客户剩余电费金额小于预警阈值后，根据客户在签订协议时选择的预警告知方式通知客户，请客户确保告知渠道的畅通。

2）停电、复电流程。当客户剩余电费金额小于或等于停电阈值后，应采用与客户约定的方式（如短信、微信等）向客户发送停电公告。

客户仍欠费的，经核对无误后，停电审批通过，实施停电；客户交费后，24小时内完成复电。

（2）预付费电能表购电（电卡表购电）客户：

1）提醒环节。当表内剩余电量小于或等于系统所设置的“剩余报警电量”时，电能表会发出声音或亮灯进行提示。客户插卡输电后，电能表报警提示消除。

2）停电、复电流程。表内剩余电量为零时自动停电，客户交费后，需将电卡插入电能表，表计中剩余电量大于零，表计自动送电。

（3）负荷管理终端（负控购电）客户：

1）提醒环节。当剩余电量接近设置报警电量时，负控终端进行报警。

2）停电、复电流程。当剩余电量为零时，负控终端动作，使开关跳闸，切断电源。客户根据《负控购电适用对象、购电方式及平均电价核定原则》要求购电后，系统下发电量完成复电。

注：针对实施欠费停电的客户，在“欠费停电”流程备注一栏录入现场送达或张贴的欠费停电通知单照片，点击图标可查看。

（二）居民客户催费及欠费停复电工作流程

1. 非购电客户

（1） 催费流程（假设客户交费期限为月末）：

1） 每月 17 日左右开始，对当月尚未交费的客户，以电话或短信方式提醒客户交纳电费；每月 20 日以后对当月尚未交费的客户以电话或短信方式提醒客户尽快交纳电费。

2） 从次月的 1 日开始，以电话或短信方式提醒客户电费已逾期，已产生违约金，请其尽快交纳电费。

（2） 停电、复电流程：

1） 从次月 23 日开始，对仍未交费户发起欠费停电流程，由催费员上门将欠费停电通知单送达或张贴到户（需拍照留存并上传至营销系统）。或送达张贴欠费停电通知单 7 日后，流程传递至“欠费停电计划派工”环节，由班长确认分配至实施停电单位人员，现场停电后完成欠费停电流程的流转，使客户档案中停电标志更改为“已实施停电”。

2） 客户到营业厅交清电费、违约金及复电费用后，系统中发起复电流程，停复电人员与营业厅收费人员核对需复电的客户清单，在 24 小时之内对客户恢复供电。现场恢复供电后将复电流程归档，使客户档案中停电标志更改为“未实施停电”。

2. 购电客户

（1） 远程费控电能表开通远程费控功能的客户：

1） 提醒环节。当客户剩余电费金额小于预警阈值后，会根据客户在签订协议时选择的预警告知方式通知客户，请客户确保告知渠道的畅通。

2） 停电、复电流程。当客户剩余电费金额小于或等于停电阈值后，应采用与客户约定的方式（如短信、微信等），向客户发送停电公告。客户仍欠费的，经核对无误后，停电审批通过，实施停电；客户交费后，24 小时内完成复电。

（2） 预付费电能表购电（电卡表购电）客户：

1） 提醒环节。当表内剩余电量小于或等于系统所设置的“剩余报警电量”时，电能表会发出声音或亮灯进行提示。客户插卡输电后，电能表报警提示消除。

2） 停电、复电流程。表内剩余电量为零时自动停电，客户交费后，需将电卡插入电能表，表计中剩余电量大于零，表计自动送电。

注：针对实施欠费停电的客户，在“欠费停电”流程备注一栏录入现场送达或张贴的欠费停电通知单照片，点击图标可查看。

思考与练习

1. 抄表收费服务规范有哪些内容？
2. 电话催费的服务要点有哪些？
3. 现场催费的服务要点有哪些？
4. 简述非居民非购电客户的催费流程及停电、复电流程。
5. 简述居民远程费控购电客户的催费流程及停电、复电流程。

模块2　远程费控业务推广（TQJL02002）

模块描述

本模块包含远程费控的定义、费控电能表的原理、费控业务管控、费控策略管理、电费测算、费控策略应用、异常管理、远程费控推广及办理等内容。通过远程费控业务功能介绍、业务办理流程、电费结算协议介绍，掌握远程费控主要功能、适宜人群和业务办理流程。

模块内容

一、远程费控基本知识

“远程费控”是一种全新的电费管理模式，以具备费控功能的智能电能表为基础，以用电信息采集系统为依托，除了能实时监测电量、电费，还实现了停电、复电流程的远程自动化控制，具有测算准确、停复电方便等特点。

1. 远程费控的定义

远程费控电能表，本地主要实现计量功能，没有本地计费功能，电能表只是一个计量器具和控制的执行机构；计费功能主要由远程的主站/售电系统完成，电能表接收远程售电系统下发的拉闸、允许合闸、嵌入式安全控制模块（ESAM）数据回抄指令，数据交互过程需通过严格的密码验证及安全认证，遵行DL/T 645—2007《多功能电能表通信协议》及其备案文件。当客户欠费时由远程主站/售电系统发送拉闸命令，使客户断电，当客户充值后，远程主站/售电系统再发送允许合闸命令，允许客户合闸。

2. 费控电能表的原理

远程费控电能表由计量芯片、高速数据处理器、实时时钟、数据接口等设备组成。在高速数据处理器的控制下，通过计量芯片准确获得电网运行各实时参数，并依据相应费率等要求对数据进行处理，其结果保存在数据存储器中，并随时向外部接口提供信息和进行数据交换。

3. 费控业务管控

营销远程实时费控是指基于营销业务应用系统的客户相关信息和客户预先交纳的费用，根据用电信息采集系统实时（准实时）推送的电能表示数信息，自动测算客户用电剩余电费金额，与设置的报警金额、透支门限金额等基准值进行比较后完成预警、跳闸及合闸复电等指令的过程。

4. 费控策略管理

根据用电客户的用户分类、用电量情况、策略应用时间、信用等级等，制定费控业务的各项标准策略。

（1）费控策略标准管理。根据客户分类，分析用户用电量情况，制定各分类和用电区间对应的预警金额、透支金额等，同时管理费控参数的代码标准。

（2）指令延期下发策略管理。管理节假日、夜间等特殊时段，该时段内不向用电信息采集系统下发预警请求、停电请求，保障用户正常用电。

（3）信用门限标准管理。制定各类用户信用等级对应的透支金额标准，并对制定的透支金额进行审批。

5. 电费测算

电费测算是根据用电客户的抄表数据、用电客户档案信息以及执行的电价标准进行用电客户各类型电量、电费的计算。电量计算是对抄见电量、变压器损耗电量、线路损耗电量、扣减电量（主分表、转供、定比定量）、退补电量各种类型电量进行计算，得出测算电量；再通过测算电量和相应的电价，计算出各种电费。测算电费计算包括目录电度电费、基本电费、功率因数调整电费、代征电费等各电费类型的计算。计算完毕后，根据设置的审核规则自动审核测算的电量电费信息，对通过审核的用户进行基准比较。

6. 费控策略应用

根据基准比较的结果，生成费控用户的策略应用请求。包括提醒、预警、取消预警、停电、复电。

（1）提醒。根据用户的提醒策略，发起提醒请求。

（2）预警。根据基准比较的结果，对满足预警条件的用户发起预警请求。

（3）取消预警。根据基准比较的结果，对满足取消预警条件的用户发起取消预警请求。

（4）停电。根据基准比较的结果，对满足停电条件的用户发起停电请求。

（5）复电。根据基准比较的结果，对满足复电条件的用户发起复电请求。

7. 异常管理

接收电费测算中出现的异常，包括电费测算失败和审核异常的数据等，并把异常信息发送到营销业务应用处理。

二、远程费控推广及办理

“远程费控”是智能电网背景下一种新兴预付费用电模式，主要是以具备费控功能的智能电能表为基础，以用电信息采集系统为依托，通过系统每日自动测算电费来实时监测电量、电费和停电、复电流程的远程自动化控制。

（1）四大功能：电费每日测算、余额不足提醒、欠费及时停电、交费方便快捷。

（2）最适宜人群：出租房屋的客户。

（3）办理方法：

1）携带房产证明、房屋产权人身份证证明、经办人身份证等资料至当地供电营业厅办理。

2）签订远程费控结算协议，参见附录。

3）自助预交电费。

（4）交费渠道：

1）微信、支付宝、电 e 宝、掌上电力等方式。

2）电费充值卡充值。

3）供电营业厅交纳。

（5）其他须知：

1）客户方面：

a. 预交电费确保余额充足（可按上次电费金额预交）。

b. 一年内可三次即时结算（更换房客时申请前期电量计算服务）。

c. 微信公众绑定用电户号，预交电费、余额显示、开通短信、账单查询。

2）供电公司方面：

a. 智能程序每日自动电费测算。

b. 电费余额不足及时发送提醒信息。

c. 电费余额为0时，远程停电，客户交费后，远程复电（暂免收复电费）。

思考与练习

1.“远程费控”的定义是什么？

2. 远程费控的四大功能是什么？

3. 居民客户办理远程费控需要提供哪些资料？

模块3　电子化交费方式及推广（TQJL02003）

模块描述

本模块包含电子支付、电费交纳主要电子支付渠道、主要电子化交费方式介绍等内容。通过电子支付概念介绍、电费交纳主要电子支付渠道介绍，掌握主要电子化交费方式应用。

模块内容

一、电子支付

所谓电子支付，是指从事电子商务交易的当事人（包括消费者、厂商和金融机构）通过信息网络，使用安全的信息传输手段，采用数字化方式进行的货币支付或资金流转。与传统的支付方式相比，电子支付是采用先进的技术通过数字流转来完成信息传输的，其各种支付方式都是采用数字化的方式进行款项支付的；而传统的支付方式则是通过现金的流转、票据的转让及银行的汇兑等物理实体是流转来完成款项支付的。

电子支付的工作环境是基于一个开放的系统平台（即因特网）之中；而传统支付则是在较为封闭的系统中运作。电子支付使用的是最先进的通信手段，如因特网、外联网（Extranet）；而传统支付使用的则是传统的通信媒介。电子支付对软件、硬件设施的要求很高，一般要求有联网的微机、相关的软件及其他一些配套设施；而传统支付则没有这么高的要求。电子支付具有方便、快捷、高效、经济的优势。用户只要拥有一台上网的计算机或移动设备（如平板电脑、手机），便可足不出户，在很短的时间内完成整个支付过程。

二、电费交纳主要电子支付渠道

电费交纳主要电子支付渠道见表 2-3-1。

表 2-3-1 电费交纳主要电子支付渠道

电子支付渠道		内容
银行平台	网上银行交费	通过电力公司合作银行的网上银行交费
	银行自助终端交费	通过电力公司合作的银行自助终端交费
	银行代扣	由银行从客户的账户上进行扣款
	银联 POS 刷卡交费	合作的银行发行的 POS 终端刷卡交费
	银行代收	客户去电力公司合作的银行交电费
	网点代收	通过社会化合作网点交电费
	手持 POS 刷卡交费	通过电力公司的手持 POS 机刷卡交费
	特约委托	根据客户、银行签订的电费结算协议扣除电费的方式
	电话银行交费	通过电力公司合作银行的服务电话交费
供电公司平台	负控购电	客户在营业网点购电，供电单位计算出电量或电费，通过电能量采集控制业务传送给电能采集系统，控制客户用电
	卡表购电	指使用卡表的用电客户持卡在营业网点或具备购电条件的银行网点购电，通过读写卡器将客户购买的电量或电费等信息写入电卡的交费方式
	95598 网站交费	通过登录 95598 网站进行交费
	95598 电话交费	通过 95598 电话交电费
	电力自助终端交费	通过电力公司的自助终端进行电费交纳
	充值卡交费	指用电客户购买一定面值的充值卡后，通过电话、短信、网站、柜台等渠道，凭用电客户编号、充值卡卡号、密码交纳电费的一种收费方式
其他平台	掌上电力	通过手机登录网站进行交费
	电 e 宝	通过电 e 宝交费平台进行交费
	微信交费	通过微信平台进行交费
	支付宝	通过支付宝平台进行交费

三、主要电子化交费方式介绍

1. 银行代扣

办理方法：

（1）客户提供本人身份证、银行存折或银行卡、电费发票或提供总户号（如 6800******），与银行签订《代扣电费协议书》，填写务必认真、详细、完整，填写内容如银行户名、账号、客户名称、客户编号（总户号）、联系信息等。以下银行可办理代扣：工行、农行、中行、建行、邮政储蓄银行及农商行。

（2）客户提供本人身份证、银联卡、电费发票或提供总户号（如 6800******），与供电公司营业厅签订《个人账户代扣电费授权委托书》即可，填写务必认真、详细、完整。

温馨提示：签订电费代扣协议后，每次抄表后的应交电费就会通过银行自动转账的方式从代扣账户中划付。为确保每次抄表的电费按时划付，请预存足够金额并定期检查账户余额。

2. 掌上电力

国家电网公司官方手机客户端——“掌上电力”（如图2–3–1所示）是继原有实体营业厅、95598热线、95598智能互动网站外，国家电网公司为广大电力客户提供的一种随时随地全新的“拇指生活体验”服务渠道，也是国家电网公司打造客户全方位互动服务的重要举措之一。

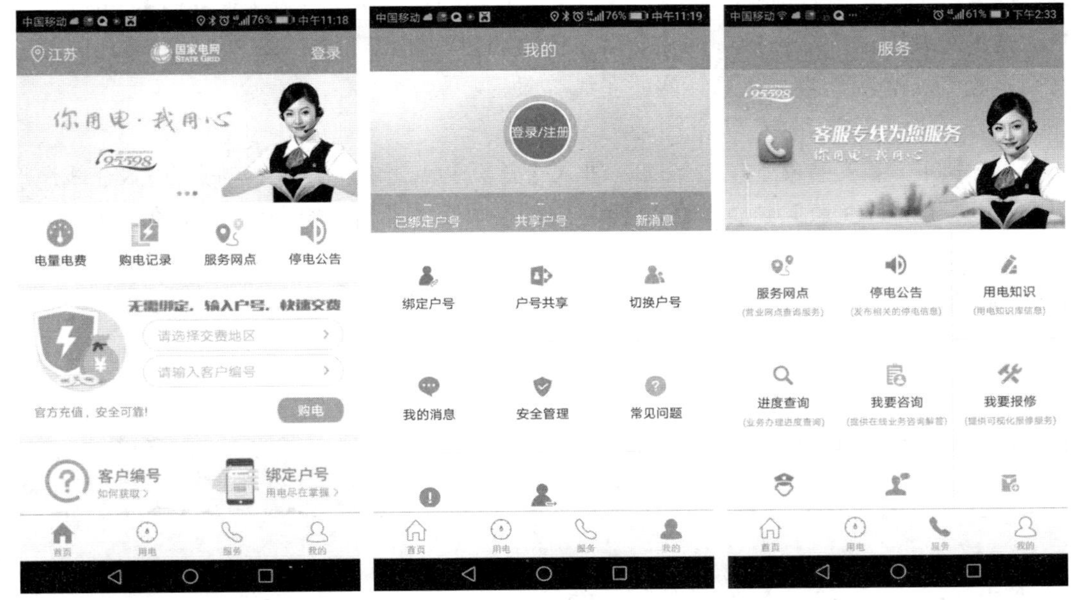

图2–3–1　“掌上电力”APP

（1）“掌上电力”服务内容：

1）用电查询服务。客户注册并开通后，可实时查询自身用电量情况、交费购电情况、欠费及余额情况。执行阶梯电价客户可随时掌握自身当年阶梯用电量情况，以便合理选择用电方式，有效降低费用支出。

2）交费购电服务。客户至银行网点或通过银联持卡人服务网站在线支付模块开通银联在线支付后，可随时随地通过掌上电力银联支付方式快速便利交费和购电，也可为他人代交代购电费。

3）网点导航服务。客户可快速查询最近的营业网点、交费网点、电费充值卡销售网点、电动汽车充换电网点，以及驾车、公交、步行等路线，方便前往办理各类业务。

4）信息订阅服务。客户可订制APP信息推送、各种短信、电费电子账单等免费服务。订制APP信息推送服务后，可及时接到月电量电费信息、环比用电信息、阶梯可用电量等信息；订制短信服务后，可及时收到电费余额预警、电价跳挡提示、购电金额成功入表等信息；订制电费电子账单服务后，可及时接到月电量电费电子账单邮件。

5）停电公告服务。客户可及时获知近一周内所在区域的计划停电信息，提前做好生产和生活用电安排。

6）在线客服服务。客户可使用自助客服和热线直拨两种在线互动服务。通过自助客服，客户可自助查询账户余额、最新电量电费、阶梯可用电量、阶梯电量标准、最新交费购电记录等内容。通过热线直拨，客户可通过“掌上电力”直接连通 95598 人工客服热线。

7）知识查阅服务。客户可通过“掌上电力”进行服务指南、资费标准、服务承诺、用电常识、电力法律法规、常见问题等各类用电常识查阅，深入了解各种用电知识。

除此之外，为方便客户应用，“掌上电力”还提供了账户信息维护、切换用电客户、登录密码修改及找回、用电查询密码修改、应用常见问题解答、软件更新等辅助服务功能。其中，账户注册前可使用的服务内容：网点导航、停电公告、知识查阅，账户注册后增加的服务内容有用电查询、交费购电、信息订阅、在线客服。

（2）掌上电力注册指南（如图 2–3–2 所示）：

1）搜索并下装安装掌上电力 APP，进入【首页】点击右下角【我的】，进入在线注册。

2）进入【用户注册】界面，输入【用户名】，填写【手机号码】，录入【验证码】及【登录密码】并确认，注册成功。

3）在【我的】界面中点击【绑定户号】，通过【快捷绑定】或【手动绑定】方式进行用电户号绑定。

图 2–3–2 掌上电力户号绑定

（3）“掌上电力”交费指南（如图 2–3–3 所示）：

1）进入【首页】点击界面最下端【用电】，进入【用电】界面选择【支付购电】，确认【交费地区、客户编号】后点击进入【下一步】。

2）再次确认【客户编号、客户名称和应交金额】后，选择【支付方式】并点击进入【下一步】。

3）最终核对确认【客户编号、客户名称、支付方式和应交金额】等信息后，点击【确定】后完成在线支付。

图 2–3–3 “掌上电力”电子支付

3. 电 e 宝

“电 e 宝”是国家电网公司自有全网通互联网交费平台，为广大用电客户提供安全可靠，优质高效的支付服务；是国家电网公司互联网线上供电服务的主营载体之一，集支付结算和金融服务为一体，为国家电网公司电力营销、供电窗口、国网商城、国网商旅等业务提供全方位便捷、高效的资金结算服务，有力支撑国家电网公司电力服务水平提升。

（1）注册指南（如图 2–3–4 所示）：

图 2–3–4 电 e 宝手机 APP

1）点击【注册】，输入【手机号码】作为登录ID，点击【获取校验码】并输入。

2）设置用户【登录密码】进行确认。

3）设置用户【支付密码】（支付密码与登录密码不能相同）并确认，注册成功。

（2）平台功能及服务：

1）基础功能：银行卡、充值、提现、转账、账单、设置。

2）特色功能：供电窗、掌上电力、国网商城、国网商旅、电费红包、金财贷、财富好管家。

3）储备功能：电费充值卡、e充电、电掌柜、智慧生活、健康医疗、电力阅读、体验师。

（3）电力交费操作指南（如图2–3–5所示）：

1）点击【生活交费】，选择交费地区、填写客户编号，点击【立即交费】。

2）核对用户信息、输入交费金额、点击【确认支付】。

3）选择支付方式、点击【确认支付】，完成支付。

4. 微信

（1）微信交费注册指南（如图2–3–5所示）：

方式一：进入微信点击【通信录】，点出【添加朋友】（右上角+号）查找公众号，搜索【国网××电力】或【sgcc–××】，点击【关注】。

方式二：进入微信点击【发现】，选择【扫一扫】扫描下图二维码即可添加。点击【关注】，查看消息，点开【我的用电】，点击【户号绑定】，阅读全文，输入【户号和密码】。

户号即总户号，在电费发票、交费卡、催费单上均可见。初始密码为123456，需拨打95598（报户主本人身份证号）或到当地营业厅进行激活！

图2–3–5　微信户号绑定

（2）微信交费操作指南（如图 2–3–6 所示）：

1）进入微信【钱包】点击【生活交费】，进入【电费】。

2）选择【交费地区】、输入【用户编号】，点击【查询账单】。

3）核对【用户信息、应缴金额】、点击【立即交费】，输入【支付密码】，完成支付。

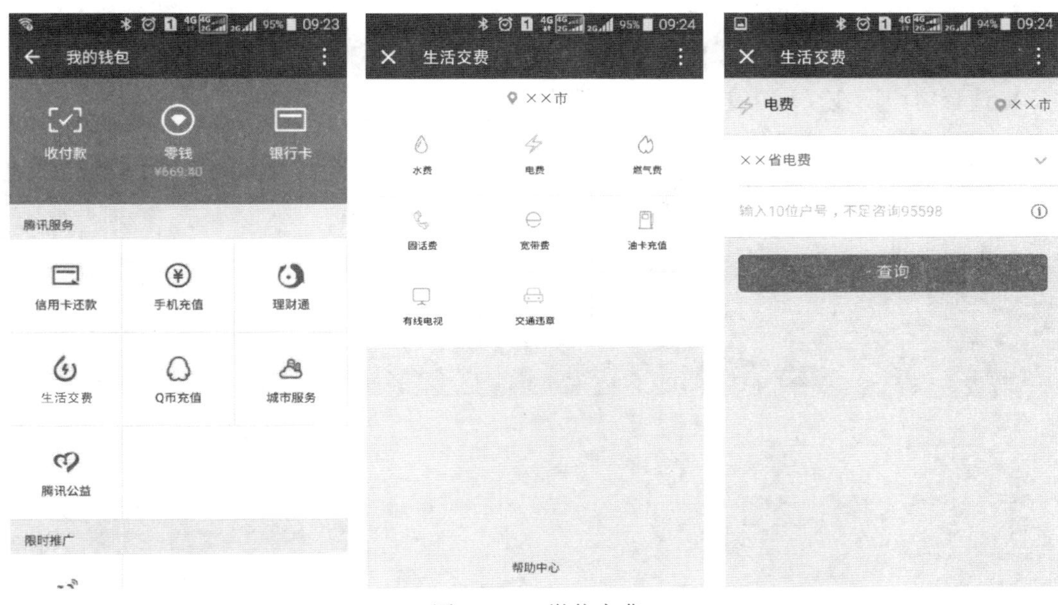

图 2–3–6　微信交费

5. 支付宝

（1）注册指南（如图 2–3–7 所示）：

图 2–3–7　支付宝注册

1）登录支付宝【www.alipay.com】网页或应用商店搜索并下装安装【支付宝】，点击【新用户注册】。

2）选择【手机号归属地】，并输入【个人手机号】后点击【注册】，获取并输入【验证码】。

3）设置【登录密码】后，点击【确定】完成在线注册。

（2）交费指南（如图 2–3–8 所示）：

1）登录支付宝【个人账号】进入【首页】，点击【更多】，进入【生活交费】。

2）选择客户所在【城市】，点击【电费】页面。

3）选择客户所在地【供电公司】，录入【户号】后，点击【下一步】。

4）核对确认【应缴金额、交费单位】等信息，输入【交费金额】，点击【立即交费】，完成在线支付。

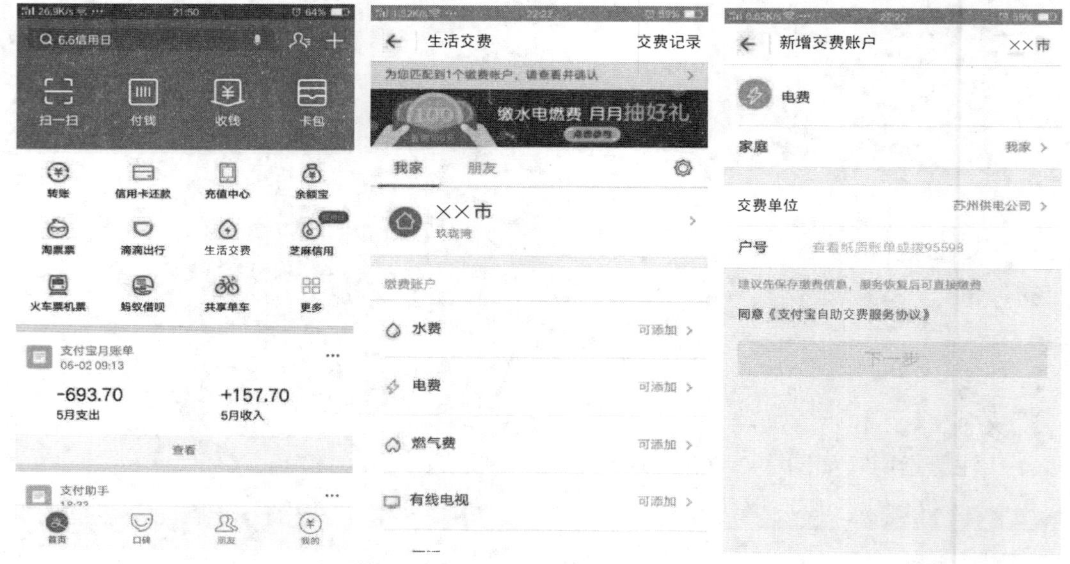

图 2–3–8　支付宝在线交费

6. 第三方收费平台（以"苏邮惠民"为例）

（1）双击打开 IE 浏览器，在地址栏中输入加盟店营业系统网址：http：//218.94.36.6/，点击键盘上的"Enter"键（回车），进入图 2–3–9 所示界面。

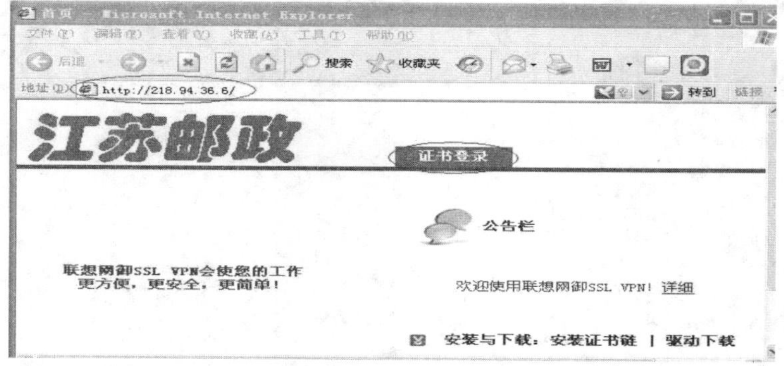

图 2–3–9　江苏邮政

（2）在口令框内输入默认口令“000000”，点击“登录”按钮，进入图 2–3–10 所示界面。

图 2–3–10　苏邮惠民营业系统（苏中、苏北）

（3）登录成功后，点击“苏邮惠民营业系统（苏中、苏北）”按钮（如图 2–3–10 所示），进入图 2–3–11 所示界面。

图 2–3–11　苏邮惠民营业系统登录界面

（4）输入 12 位加盟店店员编号（如图中所示的证书名中的店铺号+ 0101），密码（初始密码为 223300）和校验码，点击“登录”，在弹出的对话框中，点击“确定”，如图 2–3–12 所示。

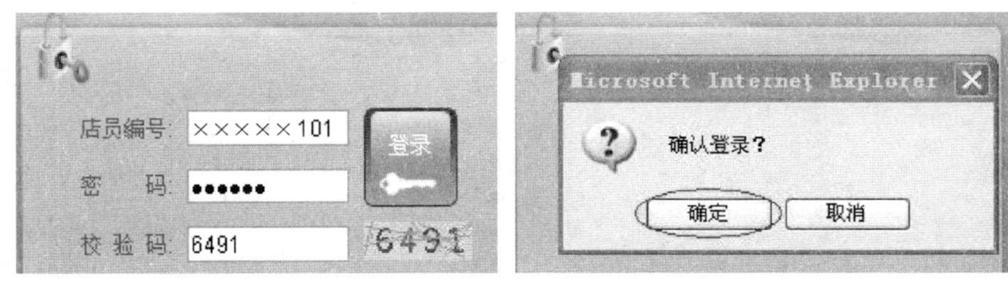

图 2–3–12　苏邮惠民营业系统登录确定

（5）点击“确定”后，进入如下图所示界面，即成功登录“苏邮惠民”加盟店营业系统，如图 2–3–13 所示。

（6）点击“开办业务”，选择“开办业务”下的“电力交费”选项。

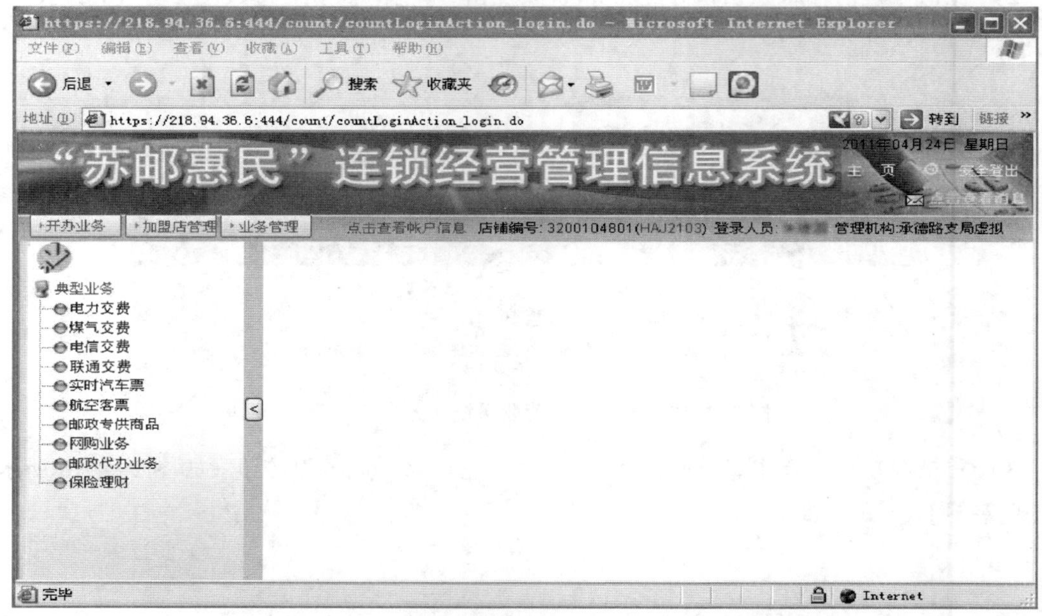

图 2–3–13 苏邮惠民营业系统界面

（7）点击“电力交费”选项后，界面如图 2–3–14 所示。

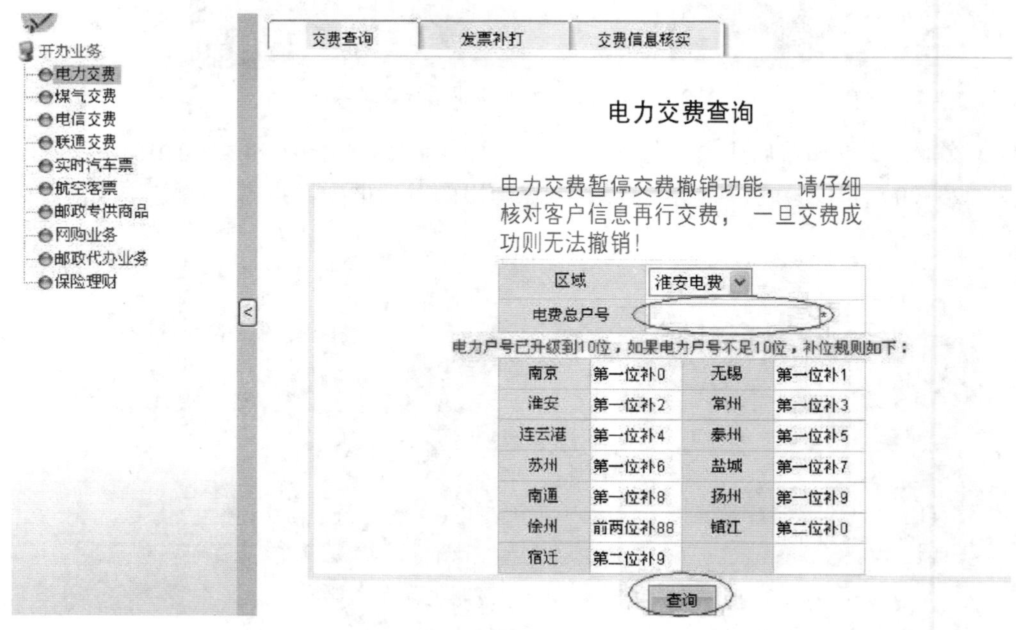

图 2–3–14 苏邮惠民营业系统电力交费查询

（8）输入用户提供的电费总户号，点击“查询”后，界面如图 2–3–15 所示。

缴费查询	发票补打	缴费信息核实

电费明细

新户号		户名	
地址		欠费记录数	1
合计金额	204.0	交费月份	201104
应收金额	204.0	是否有其他未交清业务费用	无

月份	金额	滞纳金	本月合计
201104	204.0	0.0	204.0

备注：

打印发票类型　请选择

请选择
统一代打
电费发票

确认

图 2-3-15　苏邮惠民营业系统查询界面

（9）“电费明细”中的“打印发票类型”，共有 3 个选项，分别是：“请选择”（默认），“统一代打”和“电费发票”，含义如下：“请选择”：不打印任何凭证“统一代打”：打印通用凭证等交费凭据（可用白纸代替）“电费发票”：打印由第三方（供电公司等）提供的正式发票收费时请根据本地实际，选择交费所需的打印发票类型，点击“确认”后，界面如图 2-3-16 所示。

现金支付

业务编号	00010001
业务名称	催交电费
帐户余额	992.20
应付金额	103.00

确认支付

图 2-3-16　苏邮惠民营业系统电费支付

（10）点击“确认支付”后，界面如图 2-3-17 所示，即已完成交易。

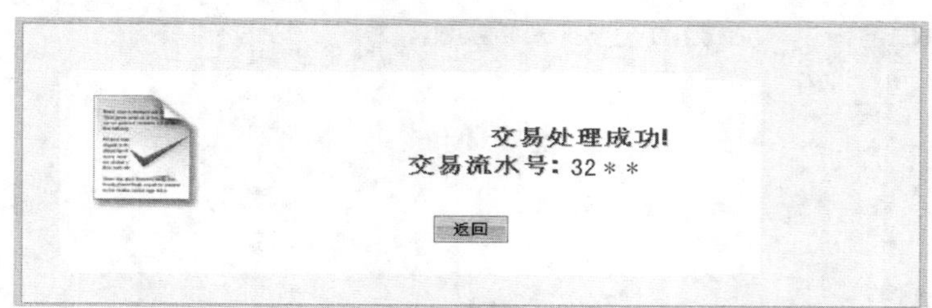

图 2–3–17 苏邮惠民营业系统电费支付交易完成界面

点击“返回”后，进入打印界面，将凭条放入打印机，点击“打印”，将打印出的凭条交客户，完成交费。

思考与练习

1. 电子支付的定义是什么？
2. 电费交纳主要电子支付渠道有哪些？
3. 掌上电力的交费操作步骤有哪些？
4. 支付宝的交费操作步骤有哪些？

第 3 章

电能计量装置安装、检查与更换

模块 1　单相电能计量装置的安装（TQJL03001）

模块描述

本模块包含单相电能计量装置安装的作业内容、危险点分析与预控措施、作业前准备、操作过程、质量要求及注意事项等内容。通过概念描述、流程介绍、图解示意、要点归纳，掌握单相电能计量装置的安装。

模块内容

一、作业内容

作业内容主要包括装接工作票的填写、接线图的识读、工具准备、材料选取、电压回路安装接线、电流回路安装接线及安装后质量检查等，适用于单相电能计量装置停电或电源进线带电的安装接线工作。

二、危险点分析与预控措施

单相电能计量装置安装的危险点与预控措施主要有以下几点：

（1）注意剥削导线时不要伤手。操作中要正确使用剥线、断线工具。使用电工刀时刀口应向外，要紧贴导线成 45° 角左右切削。

（2）配线时不让线划脸、划手。

（3）使用仪表时应注意安全，避免触电、烧表、触电伤害和电弧灼伤。

（4）使用有绝缘柄的工具，必须穿长袖工作服，接电时戴好绝缘手套。

（5）临时接入的工作电源必须用专用导线，并装有剩余电流动作保护装置。

（6）防止高处坠落、高处坠物和人员摔伤。正确使用梯子等高处作业工具。

（7）作业前应认真检查周边环境，发现影响作业安全的情况时应做好安全防护措施。

（8）正确使用、规范填写电能计量装置装接作业票。

电能表带电装（拆）作业票式样见表 3–1–1，工作过程中应正确使用、规范填写。

三、作业前准备

1. 着装检查

操作人员作业前应进行着装检查：检查并戴好安全帽，检查工作服并扣好衣扣和袖口，检查绝缘鞋并系好鞋带，检查并戴好棉纱劳保手套。

2. 工具准备与检查

（1）工具种类。作业时应配齐钢丝钳、螺丝刀、剥线钳、尖嘴钳、钢锯或断线钳、冲击电钻、小榔头、套筒扳手、压接钳、钳形电流表、万用表、封印钳及铅封、低压验电器（笔）等工具。

（2）工具检查。作业前，应逐件检查工具、仪表、设备及材料，确保安全可用。

1）通用工具的检查。依次检查钢丝钳、螺丝刀、剥线钳、尖嘴钳、钢锯或断线钳、冲击电钻、小榔头、套筒扳手、压接钳、卷尺、封印钳等的规格、外观质量及机械性能。

2）电气安全器具的检查。检查低压测电笔外观质量和电气性能，并在确认有电的电源插座上试验电，发音时为正常。

3）测量仪表检查。检查钳形电流表、万用表、500V 绝缘电阻表的外观和电气性能。

3. 材料准备与检查

作业前应配备并检查的材料主要有：按负荷大小选择确定的截面符合要求的红、蓝色塑料绝缘铜芯线若干，5mm×150mm 尼龙扎带足量，红、蓝两色绝缘胶带、封印辅件，要求数量适量、规格合格且质量良好。

表 3-1-1　××供电企业电能表带电装（拆）作业票（试行）　No:

单　位			工作任务	
户　号		户名		地点
工作许可人：				工作负责人：
工作班成员：　　　　共　人				
计划工作时间：　年　月　日　时至　年　月　日　时				
工作任务和现场安全措施交代（完成后打√）				
工作任务交代：（　）现场安全措施交代：（　） 其他：				
工作危险点告知　（完成后打√）				
触电伤害：（　）电弧灼伤：（　）高处坠落：（　）高处坠物：（　）损坏设备：（　）人员摔伤：（　） 周边环境：（　） 其他：				
工作人员状况检查（完成后打√）				
精神状态：（　）衣着：（　）安全帽：（　）安全带：（　） 其他：				
工作负责人签名：　　　　工作班成员签名：				
现场作业程序（每项完结后由工作负责人打√）				
1. 离地 2.0m 以上登高作业应系好安全带，在梯子上作业应有人扶持（　） 2. 检查金属表箱接地，确认良好（　） 3. 对金属表箱外壳验电，确认不带电（　） 4. 检查用户侧开关已断开（　）悬挂警示牌（　） 5. 交代保留带电部分（　） 6. 逐相拆开电源进、出相线，并用绝缘胶带包扎（　） 7. 电能表安装并检查施工工艺符合标准要求（　） 8. 逐相拆开绝缘胶带，逐一搭接电源进、出相线（　） 9. 检查接线是否正确（　） 10. 测量电压，测得的电压应在合格电压范围内（　） 11. 取下警告牌，检查负荷侧开关合上，并观察电能表运行正常（　） 12. 清洁工作现场，清点物品，工作终结，人员安全撤离工作现场（　） 13. 其他补充安全措施：				
工作终结时间：　年　月　日　时 工作负责人签名：				

以上出工前事先填好

以上在现场班前会时填写

此处在现场安装作业时，工作负责人完结每项工作后在（）内打√

此处在工作终结后如实填写

4. 设备准备与检查

需配备的材料主要有单相电能表一只、低压断路器两只、计量箱一只、采集器。

电能表要求外观无损伤，铭牌齐全，规格正确，接线孔完整无错。在计量箱上检查已经安装好的低压断路器的外观、型号、铭牌参数。要求低压断路器设备的外观无损伤，铭牌齐全，规格正确，接线端子完整。

5. 安装场所检查

检查电能计量装置安装场所是否符合安装要求，主要检查内容为：

（1）周围环境应干净明亮，不易受损、受振，无磁场及烟灰影响。

（2）无腐蚀性气体、易蒸发液体的侵蚀。运行安全可靠，抄表读数、校验、检查、轮换方便。

（3）装表点的气温应不超过电能表标准规定的工作温度范围。

电能表原则上应装于室外的走廊、过道内及公共的楼梯间，或装于专用配电间内（二楼及以下）；高层住宅一户一表，宜集中装于公共楼梯间内。

6. 接线图的阅读

操作人员在装表接电前应熟悉单相电能计量装置接线图，以保证接线正确。

对直接接入式单相有功电能表，我国目前采用“一进一出”接线方式。其接线原理如图3–1–1所示。

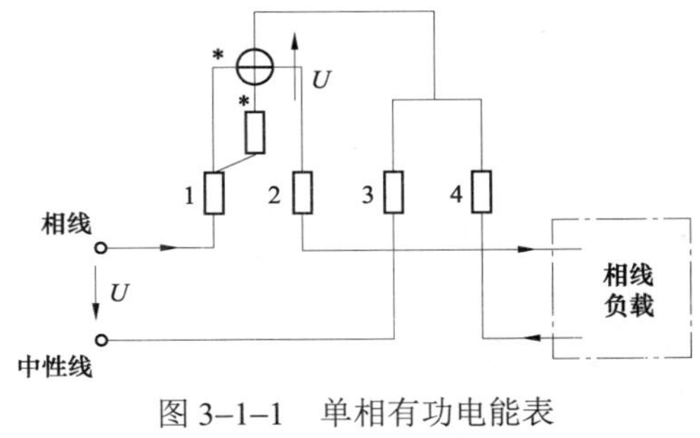

图3–1–1　单相有功电能表“一进一出”直接接入式

单相直入式电能表“一进一出”接线方式的特点是：

（1）接线标准，“一进一出”属于标准正确接线：“1、3进，2、4出”，接线简单明了，符合DL/T 825—2002《电能计量装置安装接线规则》。

（2）安全性好，“一进一出”接线方式相邻表尾接线端同电位，相对安全，即1和2、3和4均为同电位，只是2和3间隔不同电位，故在接线盒上绝缘间隔加厚、突出，既增强绝缘，又便于安装表尾盖板。这种接线方式主要适用于负荷电流小于或等于60A，即负荷功率小于或等于12kW的单相低压生活照明用电客户的单相负载有功电量计量，适用的电能表规格主要为电压220V，电流5（20）、10（40）A等。

DL/T 448–2016《电能计量装置技术管理规程》中规定：“低压供电，计算负荷电流为60A及以下时，宜采用直接入电能表的接线方式；计算负荷电流为60A以上时，宜采用经电流互感器接入电能表的接线方式。选用直接接入式的电能表其最大电流不宜超过100A。”

四、操作过程、质量要求

单相计量装置的安装接线操作过程应严格按照《电能表带电装（拆）作业票》规定的相关程序进行，这里主要介绍现场作业中的接线过程。直接接入式单相电能计量装置元件布置如图3–1–2所示，工艺接线、走线及接线步骤如图3–1–3所示。总体要求导线走线时要遵循“从上到下、从左到右；正确规范、层次清晰；布置合理、方位适中；集束成捆、互不交叠；横平竖直、边路走线”。

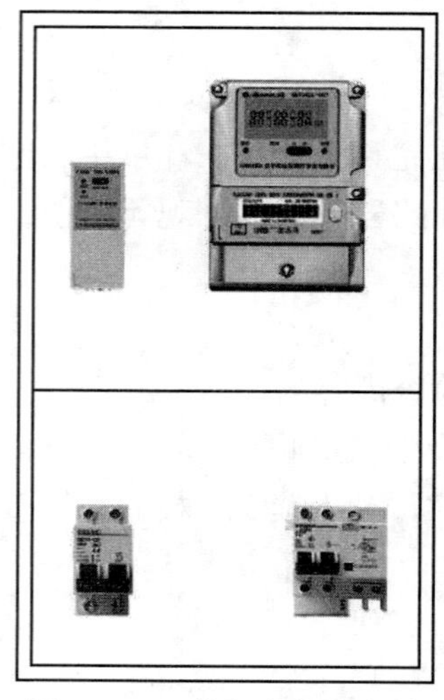
图 3–1–2 单相电能表表箱

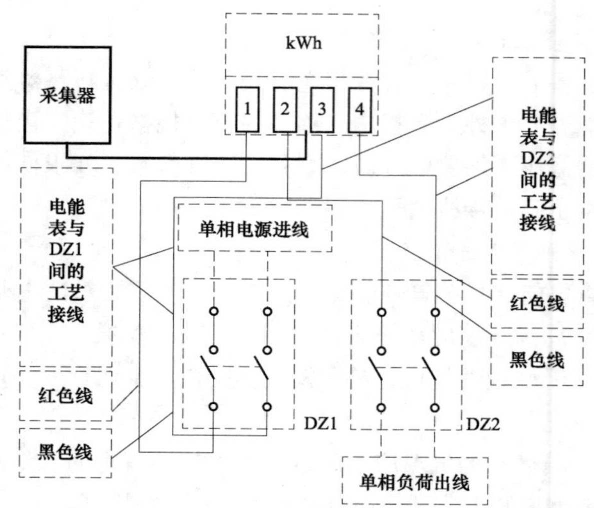

图 3–1–3 单相电能表内部接线示意图

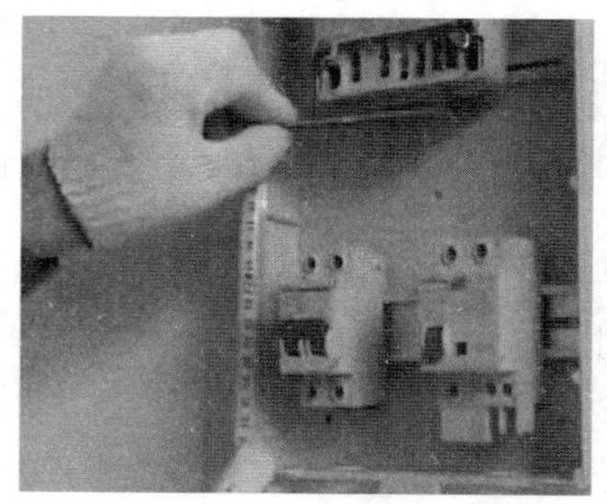
图 3–1–4 线长测量

1. 电能表进线接线

即电能表与低压断路器 DZ1 下接线端间接线。

（1） 线长测量。在初步确定线路的走向、路径和方位后，用卷尺丈量从低压断路器 DZ1 下桩头与电能表表尾之间导线的长度，如图 3–1–4 所示。

（2） 导线截取。首先用卷尺丈量一根导线且留有适当的裕度后截取，然后按相同长度截取另一根导线。

（3） 电能表进线端线头剥削。如图 3–1–5 所示，先根据接线孔深确定剥削长度，用电工刀或剥线钳分别剥去每根导线线头的绝缘层，然后清净线头表面氧化层。

注：导线线头的剥削长度为接线孔的深度，用电工刀剥削时电工刀要紧贴导线成 45° 角左右切削。

（4） 表尾进线端接线。如图 3–1–6 所示，导线线头与表尾接线孔连接时，要按红色、蓝色分次接入表尾 1、3 接线孔，并用螺钉针压式固定。注意：导线线头紧固时先从左至右依次进行。

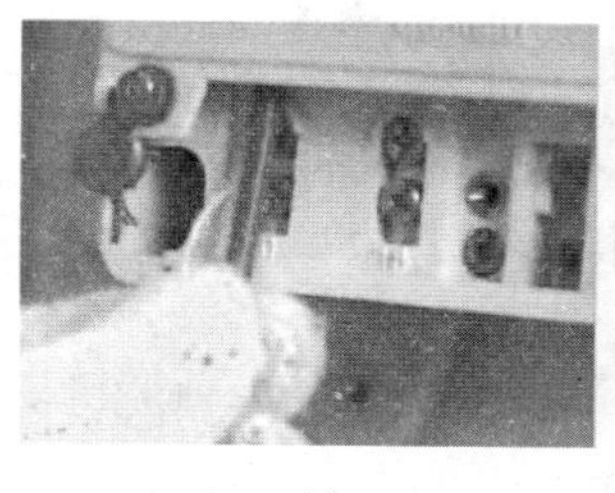
(a)

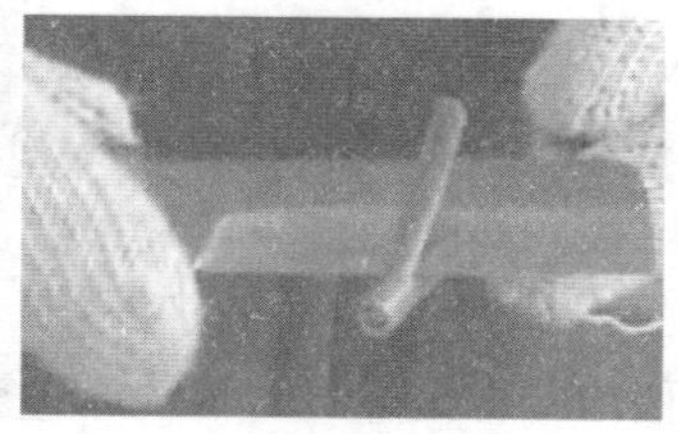
(b)

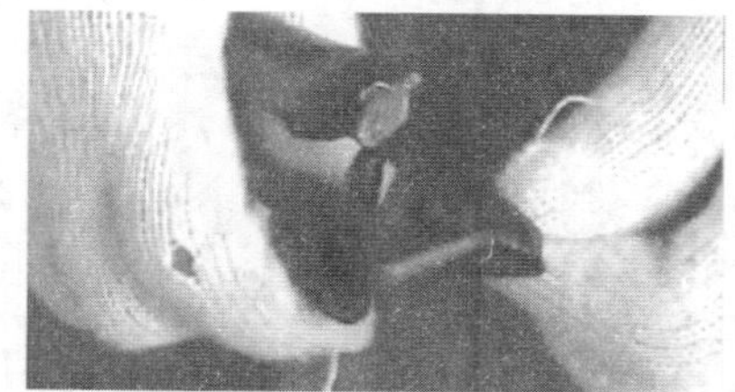
(c)

图 3–1–5 导线剥削

（a）确定剥削长度；（b）用电工刀剥削；（c）用剥线钳剥削

（5）导线走线。导线的走线方位，依据“横平竖直、走边路”的原则进行布置；导线的弯角按单根进行弯曲，其曲率半径不小于3倍导线的外径。注意走线时，要求从上到下、从左到右，横平竖直、层次清晰，布置合理、美观大方，成捆集中、边路走线。电能表表尾导线要注意上下叠压的次序，从外到里按红、蓝两色导线依次布置。

（6）低压断路器DZ1下接线端余线处理。如图3–1–7所示，当导线至低压断路器DZ1下接线端时，要对多余线头进行处理。首先分别量取各线头需要剥削的长度尺寸，并划好线，再用斜口钳剪去多余线头。

（7）低压断路器DZ1下接线端线头剥削。线头绝缘层的剥削方法与前面相同。

（8）低压断路器DZ1下接线端接线。导线线头与低压断路器DZ1下端接线孔连接时，要按红色、蓝色分次接入低压断路器DZ1两接线孔，并用螺钉针压式固定。

（9）导线捆绑。用3mm×150mm的尼龙扎带把导线捆绑成型，绑扎时要注意布局合理、位置适当、间距均匀。

2. 电能表出线接线

即电能表与低压断路器DZ2间工艺接线，主要分线长测量、导线截取、表尾出线端线头切削、表尾出线端表尾接线、导线走线、低压断路器DZ2上接线端余线处理、低压断路器DZ2上接线端线头切削、低压断路器DZ2上接线端接线、导线捆绑九个步骤，其操作方法和要求与电能表进线接线操作中对应的环节相同。

不同之处：导线线头与表尾接线孔连接时，要按红色、蓝色分次接入表尾2、4接线孔。

(a)

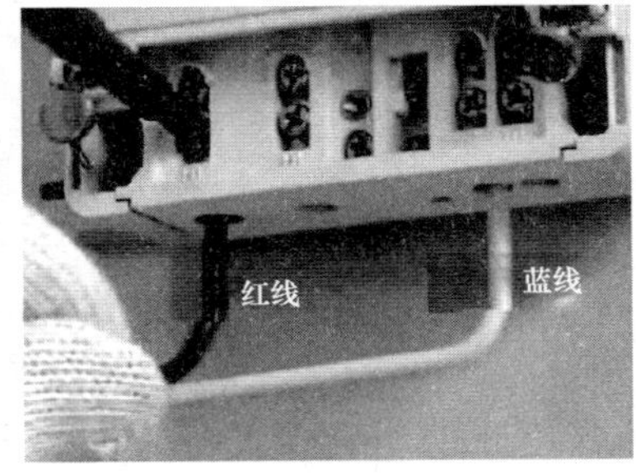

(b)

图3–1–6　表尾进线端接线

（a）接线孔深度；（b）按顺序接入

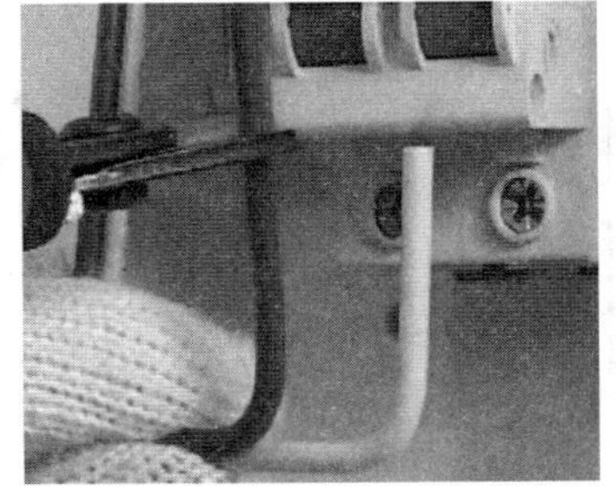

图3–1–7　余线处理

3. 结束工作

（1）接线整理。对整个计量箱工艺接线进行最后检查，确认接线正确，然后修剪尼龙扎带，在距离根部2mm处用斜口钳剪去扎带尾部的多余长度。

（2）停电接线检查。如图3–1–8所示，用万用表对接线进行一次全面检查，确认接线正确。

（3）通电检查。如图3–1–9所示，对电能表通电，并用万用表检查各回路的通断情况，听电能表声音是否正常。

（4）电能表接线盒封印。如图3–1–10所示，用封印钳将电能表接线盒封印。

（5）计量箱封印。如图3–1–11所示，拧紧计量箱外壳螺钉，用封印钳将电能表计量箱封印。

图 3–1–8 停电接线检查

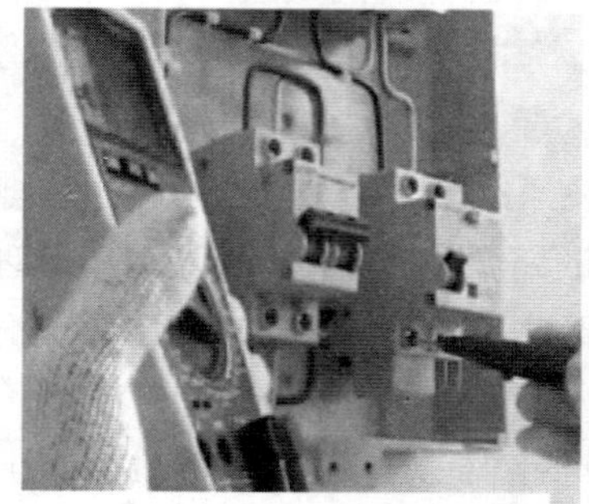
图 3–1–9 通电接线检查

图 3–1–10 电能表接线盒封印

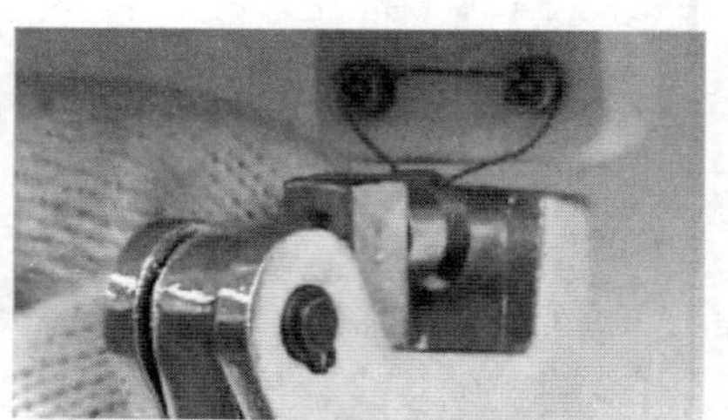
图 3–1–11 计量箱封印

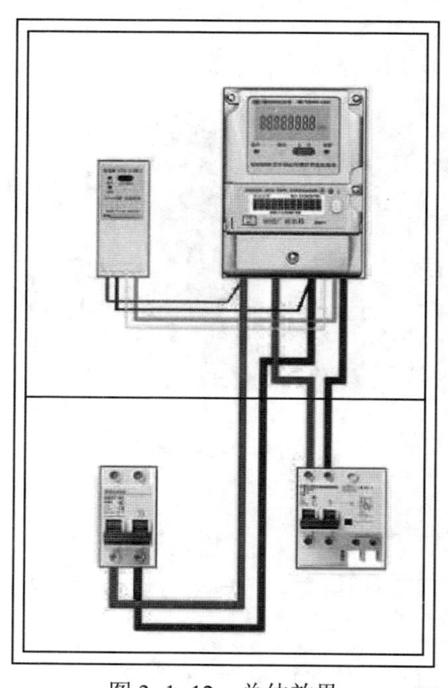
图 3–1–12 总体效果

（6）工器具整理。逐件清点、整理工器具，分别放回工具包和工具箱中。

（7）材料整理。逐件清点、整理剩余材料及附件，整理并带走。

（8）现场清理。清理计量柜及操作现场，在整个工作过程中做到文明施工、安全操作。

（9）抄录电能表示数、铭牌等相关数据，填写装表接电工作票的各项内容，且要求用户签字认可。

五、注意事项

安装过程中应注意导线绝缘层不要损伤，每个接线孔只能接一根导线线头，接线孔外不能裸露导线线头，表尾针式接头不能只压一只螺钉。导线弯角曲率半径不小于导线外经的 3 倍，导线绑扎均匀、位置合理，导线应腾空，尽量不贴盘面。导线直角拐弯时不出现硬弯。

安装完成后，总体效果如图 3–1–12 所示，注意图中电源线、负荷侧出线未连接。

思考与练习

1. 直接接入式单相电能计量装置的接线安装操作过程分哪几个步骤进行？
2. 单相电能计量装置安装的危险点与控制措施有哪些？

3. 单相电能计量装置安装的结束工作主要有哪些？
4. 画出一进一出式单相电能计量装置的接线图。

模块 2　直接接入式三相四线电能计量装置的安装（TQJL03002）

模块描述

本模块包含直接接入式三相四线电能计量装置安装的作业内容、危险点分析与控制措施、作业前准备、安装步骤、质量标准、注意事项等内容。通过概念描述、流程介绍、图解示意、要点归纳，掌握直接接入式三相四线电能计量装置的安装。

模块内容

低压三相四线制系统的有功电能计量，应安装三相四线有功电能计量装置，主要有直接接入式和经互感器接入式两种。本模块介绍直接接入式三相四线电能计量装置的安装。

一、作业内容

作业内容主要包括装接作业票的填写、接线图的识读、工具准备、材料选取、电源刀开关与电能表间工艺接线、电能表与负荷刀开关间的工艺接线及安装后质量检查等。

二、危险点分析与控制措施

危险点分析与控制措施与单相电能计量装置的安装（TQJL03001）的危险点分析与控制措施相同。在此不再重述。

三、作业前准备

1. 接线图识读

直接接入式三相四线有功表的接线原理如图 3-2-1 所示，表尾接线如图 3-2-2 所示。

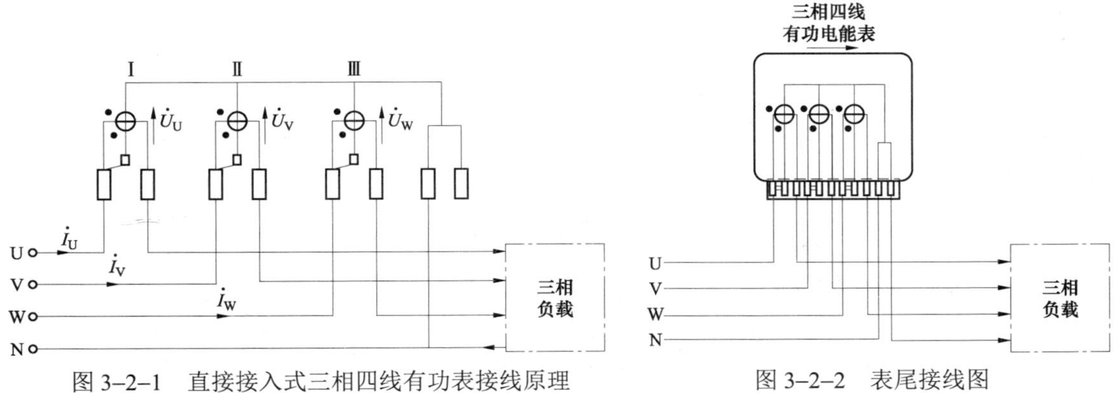

图 3-2-1　直接接入式三相四线有功表接线原理　　图 3-2-2　表尾接线图

直接接入式三相四线有功电能表内部三个计量元件分别加上对应相的相电流和相电压，计量的总功率表达为

$$P' = 3U_{ph}I_{ph}\cos\varphi$$

式中：U_{ph} 为相电压有效值；I_{ph} 为相电流有效值；$\cos\varphi$为每相负载的阻抗角。

这种接线一般用于低压 380/220V 的供电系统中，计量不对称生活照明用电的总表，负荷电流小于或等于 50A 的情况。适用于这种计量方式电能表的规格主要有：电压 3×380/220V，电流 3×5（20）、3×5（30）、3×10（40）A 三种。

三相四线电能表中性线的接法与单相电能表不同，其总中性线直接由电源接至负载，电能表的中性线用 2.5mm^2 及以上的铜芯绝缘线 T 接到总中性线上，如图 3–2–1 所示。如采用图 3–2–2 所示接法时，中性线实际上是不剪断的，而是中间剥去绝缘层后整根接入的。目的是：若中性线剪断接入时，如在电能表表尾接触不良，则容易造成中性线断开，会使负载的中性点与电源的中性点不重合，负载上出现电压不平衡（过电压或欠电压），导致设备不能正常工作，承受过电压的设备甚至还会被烧毁。而 T 形接法时，总中性线是在没有断口的情况下直接接到用户设备上，不会发生上述情况。同时注意，T 接处应恢复绝缘并且铅封于表箱内，以防接口处被窃电及产生不安全因素。

2. 着装检查、工具准备与检查

操作人员作业的着装检查、工具种类、工具检查要求与单相电能计量装置的安装（TQJL03001）基本相同，此外，还应配上相序表。

3. 材料准备与检查

（1）材料种类。配备的材料主要有：按负荷大小选择确定的截面符合要求的黄、绿、红、蓝四色塑料绝缘铜芯线，带 TA 接入时应配 4mm^2 塑料绝缘铜芯线，尼龙扎带足量，黄、绿、红、蓝四色绝缘胶带等。

（2）材料检查。作业前应检查导线、5mm×200mm 尼龙扎带、绝缘胶带、封印辅件的数量、型号、规格、质量是否符合要求。

4. 设备准备与检查

（1）设备种类。需配备的材料主要有：直接接入式三相四线电能表、采集器、电源刀开关、出线刀开关、出线剩余电流动作保护器、计量箱各一只。

（2）设备与安装场所检查。表箱内部设备配置与布置如图 3–2–3 所示，设备与安装场所检查要求与单相电能计量装置安装（TQJL03001）基本相同。

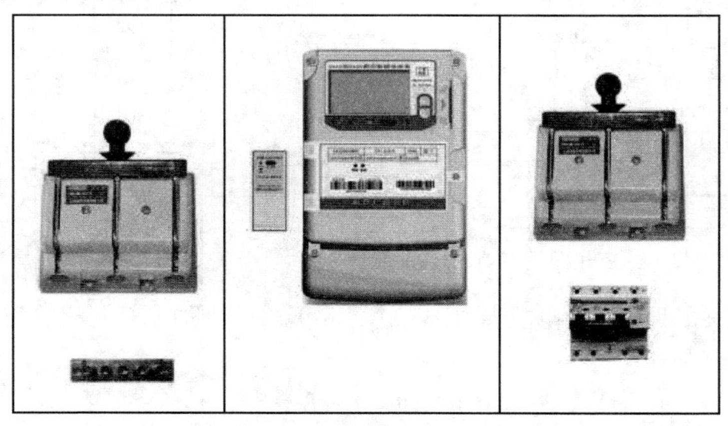

图 3–2–3　直接接入式三相四线电能表内部设备配置与布置

5. 熟悉安装接线图

直接接入式三相四线电能表计量表箱内的接线及走线方式如图 3–2–4 所示。

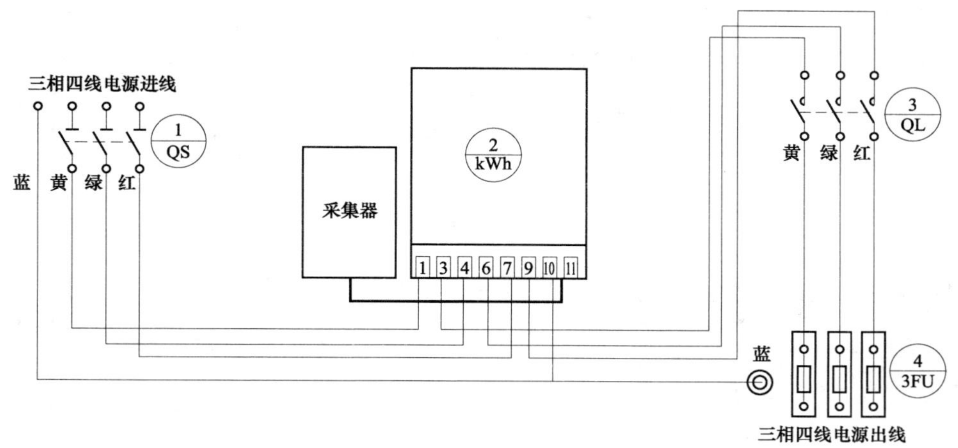

图 3–2–4　直接接入式三相四线电能表计量表箱内的接线及走线方式

四、安装步骤、质量标准

1. 计量箱安装检查

计量箱在装表通电前，主要检查内容为：安装是否牢固、离地高度是否达到 1.8m，箱内设备安装是否符合要求，确认进线电源已断开、出线无倒送电的可能，并做好验电、挂接地线等安全措施。

2. 电源隔离开关与电能表间接线

（1） 线长测量与导线截取。在初步确定线路的走向、路径和方位后，量取从电源隔离开关下桩头与电能表表尾之间的导线长度。按 U、V、W、N 三根相线和一根中性线，分别选用黄、绿、红、蓝四色塑料绝缘铜芯导线，按量取的长度并留有一定的裕度后截取。应注意：① 选用 $6mm^2$ 蓝色的铜芯线作为进表中性线；② 与相线规格相同的铜芯线作为主中性线，其长度要考虑直送至出线刀开关的上桩头。

（2） 电源隔离开关端线头剥削。方法与要求和单相电能计量装置的安装（TQJL03001）基本相同。

（3） 电源隔离开关端线头制作。主导线接线铜端子采用液压钳压接，进表中性线弯圆形线头采用尖嘴钳制作。应注意：① 液压钳使用时要正确选取钳口压接模规格，其尺寸与铜端子相匹配。线头压接时，第一道先压近导线绝缘层一端、压痕距导线绝缘层 3～5mm；第二道再压近铜端子螺孔一端，两模之间留取一定的距离。② 进线中性线只要求制作弯圆形线头。线头制作质量要求如图 3–2–5 所示。

（4） 电源隔离开关端绝缘恢复。绝缘胶带由导线根部距铜接头端部两个绝缘带宽度处开始起绕，以斜向 45°、1/2 带宽交叠，来回缠绕两层即可。线头绝缘恢复方法如图 3–2–6 所示。

（5） 电源隔离开关端线头连接。导线线头接线端子采用螺钉平压式与电源隔离开关的下桩头连接；两根蓝色中性线和三根黄、绿、红相线在设备上的布置，按面向计量箱从上到下、

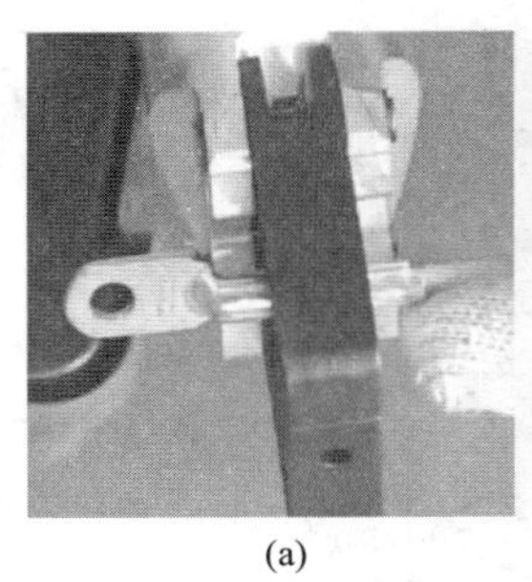

(a)

(b)

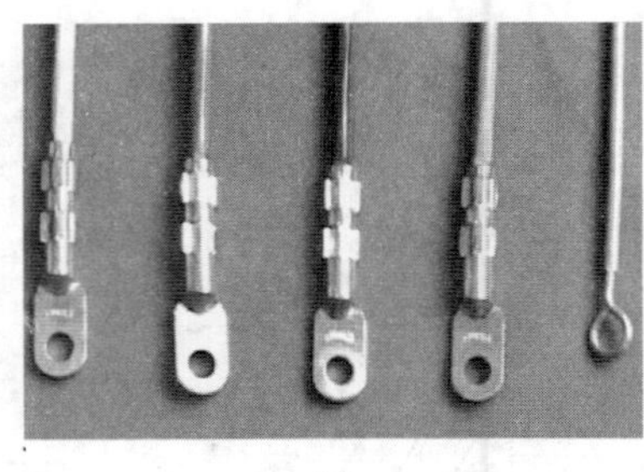

(c)

图 3–2–5 线头制作方法及工艺质量要求示意图

（a）多股铝导线压接铝接线端子；（b）单股铝导线制作羊眼圈；（c）制作完成后的线头

图 3–2–6 线头绝缘恢复方法

从左到右依次排列；其中两根中性线线头接于电源隔离开关左下方桩头，三根相线的接线端子分别接于电源隔离开关下桩头相应的接线柱上。应注意：① 考虑到操作的方便性，连接前可以对线头端进行适当的整理，然后再进行连接；② 电源隔离开关左下方的接线桩头需引出两根不同规格的蓝色中性线，其中与相线规格相同的中性线直接送至出线刀开关、$6mm^2$ 的中性线送至电能表表尾中性线端。

（6） 导线走线。导线的走线方位与要求与单相电能计量装置的安装（TQJL03001）基本相同。电能表表尾导线要注意上下叠压的次序，黄、绿、红、蓝四色线依次分层布置，不得交错重叠。

（7） 导线捆绑。用 5mm×200mm 的尼龙扎带把导线捆绑成型，绑扎时要注意工艺要求。

（8） 表尾进线端余线处理。当三根相线和一根进表的中性线送至电能表表尾进线端，另一根中性线送至出线隔离开关上桩头后，要对多余线头进行处理，分别量取各线头需要剥削的长度并划好线，剪去多余线头。

（9） 表尾进线端线头剥削与接线。表尾导线线头剥去绝缘层后，除去表面氧化层，并绞紧导线线头。导线线头与表尾接线孔连接时，要按相色、分层次接入，即表尾 1、4、7、10 号接线孔，依次插进黄、绿、红、蓝色四种颜色的导线线头，同时安装采集器，并用螺钉针压式固定。导线线头紧固时应先上后下、从左至右依次进行，并要紧两遍。

3. 电能表与负荷刀开关间的工艺接线

电能表与负荷刀开关间的工艺接线主要分线长测量、导线截取、负荷刀开关端线头剥削、负荷刀开关端线头制作、负荷刀开关端绝缘恢复、负荷刀开关端头连接、导线走线、导线捆绑、表尾进线端余线处理、表尾出线端线头剥削、表尾出线端接线十一个步骤进行。其操作要点与要求与电源隔离开关与电能表间工艺接线对应环节基本相同。应注意以下几点：

（1） 截取导线时，不需截取 $6mm^2$ 中性线。

（2） 负荷刀开关上端头连接时，导线线头与接线端子采用螺钉平压式与电源隔离开关的下桩头连接；一根蓝色中性线和三根黄、绿、红相线在设备上的布置，按面向计量箱从上到下、从左到右依次排列；其中一根中性线线头接于负荷刀开关左下方桩头，三根相线的接线端子按黄、绿、红从左向右分别接于负荷刀开关上桩头相应的接线柱上。应注意：考虑到操作的方便性，连接前可以对线头端进行适当的整理，然后再进行连接。

（3）表尾出线端接线时，导线线头与表尾接线孔连接时，表尾 3、5、9 号接线孔，依次插进黄、绿、红色三种颜色的导线线头，并用螺钉针压式固定。

4. 结束工作

与单相电能计量装置的安装（TQJL03001）基本相同。总体工艺要求及效果如图 3–2–7 所示。

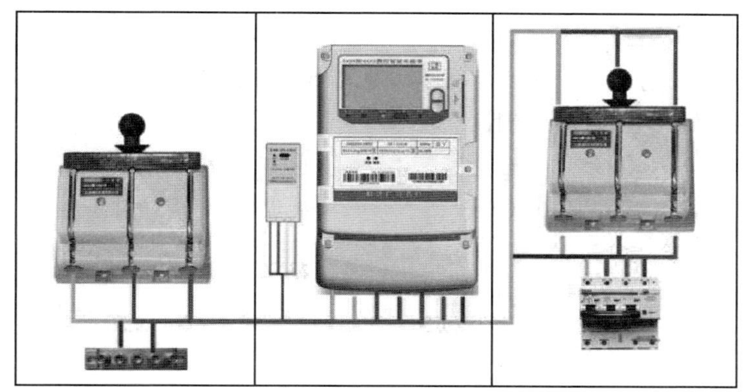

图 3–2–7　直接接入式三相四线电能表安装后总体工艺要求及效果

五、注意事项

安装的注意事项除单相电能计量装置的安装（TQJL03001）中所述的内容外，还应特别注意，安装中不能发生如下错误或不规范情况。

1. 原理上接线错误

（1）相序不按正相序接入，造成计量误差。接线时不能将相线对换。

（2）剩余电流动作保护器的相线、中性线对换，造成不能可靠安全工作。

（3）表尾相线、中性线调换，不能正确计量且易烧表。

（4）表尾进出线接反，不能正确计量。

2. 工艺上的错误与不规范

（1）中性线穿越电能表接线。电能表表尾中性线应采用分支连接，不应采用断开接线。

（2）表尾线头剥削过长造成露芯，易被窃电且不安全。

（3）表尾接线端子只压一只螺钉，造成发热和烧表事故。

（4）不同规格导线在接线柱处叠压不规范。不同规格导线在接线柱处叠压时应大导线在下，小导线在上，以防减少接触面积造成接触不良。

（5）线鼻子弯圆方向与接线柱螺母旋紧方向相反，易造成螺母旋紧操作不方便且易使线鼻子弯圆变形而使接触不良。

思考与练习

1. 直接接入式三相四线电能计量装置的接线安装操作过程分哪几个步骤？

2. 画出直接接入式三相四线电能表的原理接线图和表尾接线图。

3. 直接接入式相四线电能计量装置安装时对中性线有何特别规定？

4. 直接接入式相四线电能计量装置安装时常见的错误有哪些？

模块 3　经 TA 接入式三相四线电能计量装置的安装（TQJL03003）

模块描述

本模块包含经 TA 接入式三相四线电能计量装置安装的作业内容、危险点分析与控制措施、作业前准备、安装步骤、质量标准、注意事项等内容。通过概念描述、流程介绍、图解示意、要点归纳，掌握带 TA 接入式三相四线电能计量装置的安装。

模块内容

一、作业内容

安装的作业内容主要包括装接作业票的填写、接线图的识读、工具准备、材料选取、一次回路的安装接线、二次回路的安装接线及安装后质量检查等。

二、危险点分析与控制措施

与单相电能计量装置的安装（TQJL03001）基本相同，但应特别强调以下几点：

（1）电压回路在电源侧隔离开关接线时，隔离开关上桩头有可能带电，必须验电，并做好安全措施，保持足够的安全距离，以防触电。

（2）电流互感器二次侧接地端必须接入接地螺栓，不可将接地与中性线绝缘支柱混接，以防失去可靠接地。

（3）当二次回路均采用相同颜色的导线时，各接线端子标号必须标注正确，以防出现错接线现象。

三、作业前准备

1. 接线图的识读

经 TA 接入式三相四线电能计量装置接线方式一般宜采用电压电流分线接入式，如图 3-3-1 所示，主要适用于三相四线总表、一次负荷电流大于 60A（相当于三相负荷大于 30kW）的情况。电能表的规格主要有：电压 3×380/220V；电流 3×1.5（6）A、3×3（6）A 等。

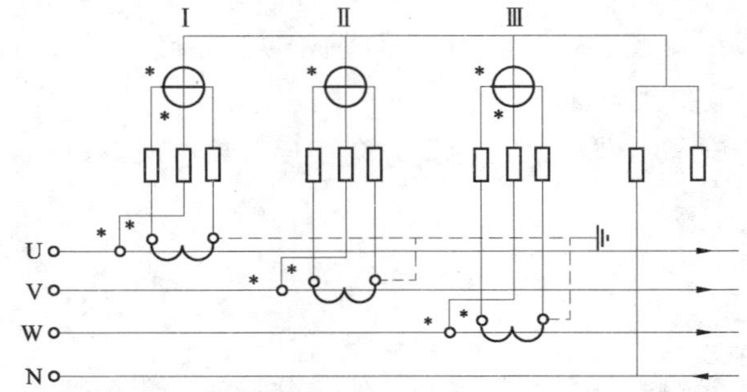

图 3-3-1　三相四线有功电能表经 TA 接入式电压、电流线分线接法接线

2. 准备与检查

着装检查、工具准备与检查、材料准备与检查、设备准备与检查、电能计量装置安装场所检查与单相电能计量装置的安装（TQJL03001）基本相同，但设备检查时应特别注意电流互感器的检查。电流互感器在安装前的检查内容包括：

（1）核对电流互感器的变比是否与装接单上规定的一致。

（2）电流互感器的极性核对：单电流比的电流互感器，一次绕组出线端首端标为 P1，末端标为 P2，二次绕组出线端首端标为 S1，末端标为 S2。

（3）安装时应使主回路电流从 P1 流入，P2 流出；S1 与电能表电流接线端子电流进线端子相接，S2 与电能表电流接线端子电流出线端子相接。

（4）带联合接线盒时，必须特别注意上述端子的对应关系，否则就会造成错接线引起计量错误。

3. 熟悉安装接线图

设备间接线和走线方式如图 3–3–2 所示，安装接线前应熟悉掌握，并使实际接线与图纸对应。

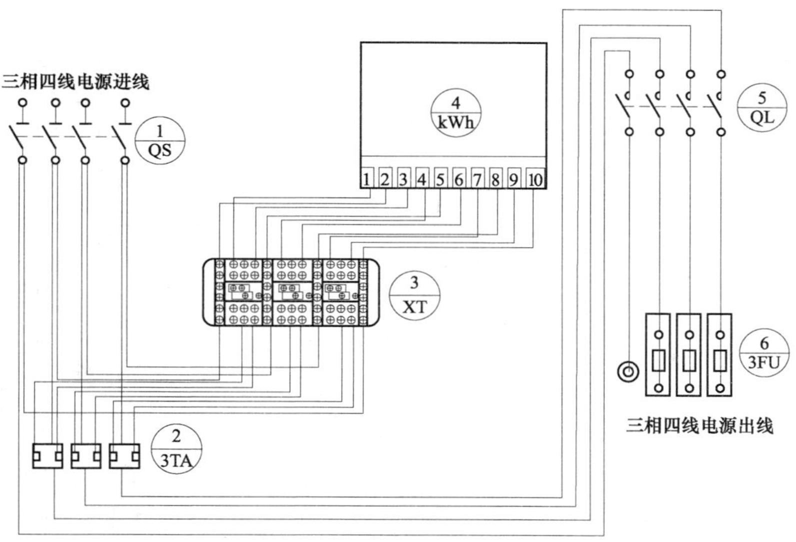

图 3–3–2　经 TA 接入式三相四线电能计量装置的接线布置

四、操作步骤、质量标准

1. 一次回路的安装接线

计量箱、计量柜中的一次回路接线，一般在出厂前已由生产厂家安装完成，其布线、线长测量、导线截取、线头剥削、线头制作、绝缘恢复、线头连接、捆绑及余线处理与直接接入式三相四线电能计量装置的安装（TQJL03002）操作中相关部分相同。

2. 二次回路的安装接线

二次回路是指电流互感器二次端子到电能表接线端子之间的电流回路。电压电流分线接法中还包括电能表的电压回路。二次回路接线时，电流回路的导线截面不小于 $4mm^2$，其他回路导线截面不小于 $2.5mm^2$，导线应采用 500V 的绝缘导线。带接线盒的电能计量装置接线时应先接负荷端，后接电源端。

（1）电能表至接线盒之间的接线。其安装操作分线长测量与截取、线头剥削、导线走线、电能表表尾进出线端子接线、接线盒电能表侧出线端子接线五个步骤进行，其操作要点和方法与直接接入式三相四线电能计量装置的安装（TQJL03002）基本相同。但应注意：

1）导线线头与表尾接线孔连接时，要分清相色、电压、电流端子、接线端子，按标号依次接入，即表尾 1、3、4、6、7、9 号接线孔，依次插进黄、绿、红、黑色四种颜色的电流导线（或对应标号的接线端子）线头，2、5、8 依次插进黄、绿、红、黑色四种颜色的电压导线（或对应标号的接线端子）线头，10 号插进黑色的中性线导线（或对应标号的接线端子）线头，并用螺钉针压式固定。

注意：每根导线线头紧固时应先拧紧上面一颗螺钉，后拧紧下面一颗螺钉，以保证两颗螺钉均能拧紧，保证导线不松动。

2）接线盒出线端导线线头剥去绝缘层后，用毛巾清净线头表面氧化层。导线线头与表尾接线孔连接时，要分清相色、分清电压、电流端子（或对应标号的接线端子）依次接入，即应按图 3–3–3 要求接入，并用螺钉针压式固定。

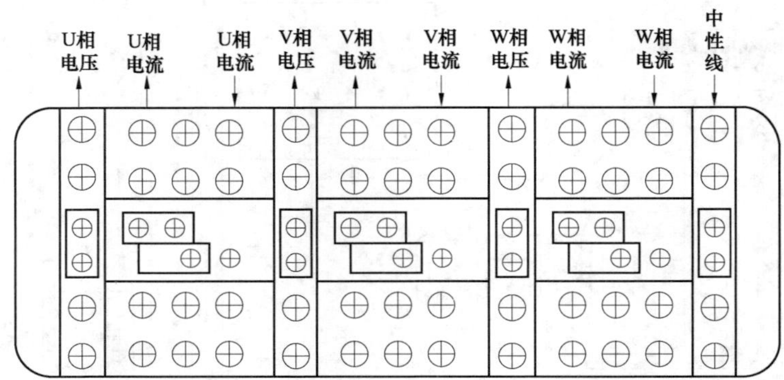

图 3–3–3 接线盒电能表侧出线端子接线方式

注意：每根导线线头紧固时应先拧紧下面一颗螺钉，后拧紧上面一颗螺钉，以保证两颗螺钉均能拧紧，保证导线不松动。

（2）电压回路、电流互感器至接线盒之间的电流回路的接线。DL/T 825—2002《电能计量装置安装接线规则》中规定：“电流互感器至接线盒之间的电流回路导线应采用单股绝缘铜质线；各相导线应分别采用黄、绿、红色线，中性线应采用黑色线或采用专用编号电缆。电流回路的导线截面不小于 4mm^2，电压回路不小于 2.5mm^2。其安装接线分线长测量与截取、线头剥削、接线端子编号标注、导线走线、电流互感器端接线端子接线、接线盒互感器侧出线端子接线、接线盒电压回路接线、导线捆绑八个步骤进行。”其操作要点和方法与直接接入式三相四线电能计量装置的安装（TQJL03002）基本相同。但应注意：

1）剥去每根导线线头的绝缘层后，套入方向套，并根据接图上的编号，对每个方向套进行编号。

2）采用电压电流共线接法时，电流互感器二次侧必须可靠接地。此时，三只电流互感器二次侧的 S2 接线端子用相同的导线短接，并接至计量箱上接地端子螺钉上。采用电压电流分线接法时，电流互感器二次侧不允许接地。

3）导线线头与接线盒接线孔连接时，要分清相序依次接入接线盒的进线端子上，即应按图 3–3–4 要求接入。

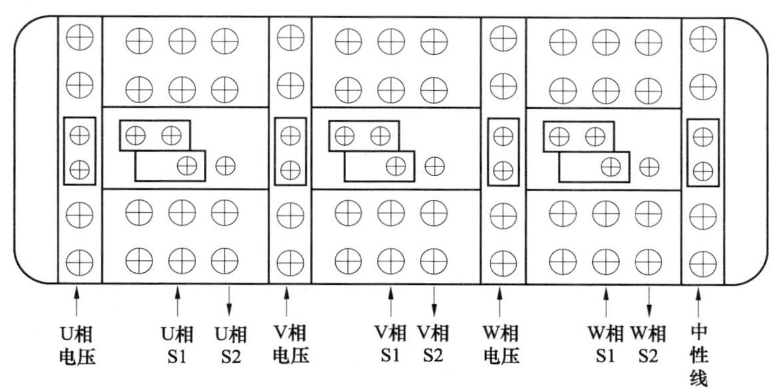

图 3–3–4　接线盒互感器侧出线端子接线方式

4）采用电压电流分线接法时，接线盒的电压应从计量箱（柜）的电源隔离开关处取样。导线接入接线端子时必须按图 3–3–4 规定的位置接入。

五、注意事项

与单相电能计量装置的安装（TQJL03001）基本相同，但应特别注意：

（1）要进行接线端子编号的再次核对，并对各接线端子螺钉进行一次检查紧固。

（2）送电后检查电能表运行是否正常，检查电流互感器运行声音、温升是否正常等。

（3）接线完成后应对电能表、联合接线盒、电流互感器等处加封印。

（4）电流互感器的极性一定要核对，一次应保证电流从 P1 流入，从 P2 流出。二次应保证电流从 S2 流入，从 S1 流出。

（5）经 TA 接入式三相四线电能计量装置几个关键部分的接线和总体效果如图3–3–5所示。

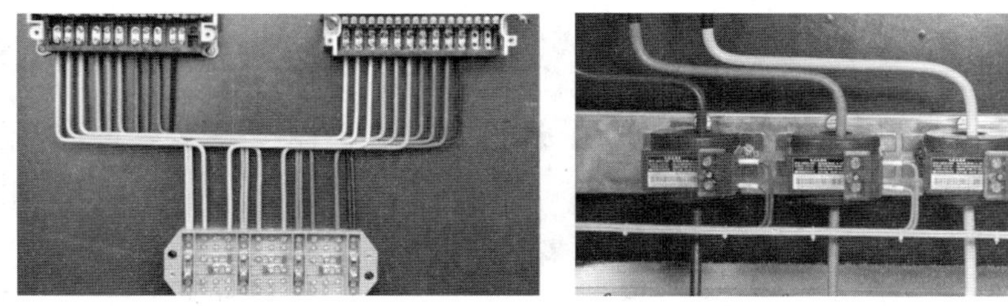

图 3–3–5　经 TA 接入式三相四线电能计量装置接线总体效果

思考与练习

1. 经 TA 接入式三相四线电能计量装置安装操作过程分哪几个步骤进行？
2. 画出经 TA 接入式三相四线带接线盒电能计量装置的原理接线图。
3. 经 TA 接入式三相四线电能计量装置安装时应注意哪些事项？

模块4 装表接电工作结束后竣工检查（TQJL03004）

模块描述

本模块包含装表接电工作结束后竣工检查的技术资料检查、现场核查和验收试验（通电检查）、验收结果的处理等内容。通过概念描述、要点归纳，掌握装表接电工作结束后的竣工检查。

模块内容

电能计量装置投运前应由相关管理部门组织专业人员进行全面的验收。其目的是：及时发现和纠正安装工作中可能出现的差错；检查各种设备的安装质量及布线工艺是否符合要求；核准有关的技术管理参数，为建立用户档案提供准确的技术资料。

验收的项目及内容应包括技术资料检查、现场核查、验收试验、验收结果的处理。

一、技术资料检查

装表接电工作结束后竣工检查的检查资料主要包括电能计量装置计量方式原理接线图，一、二次接线图，施工设计图和施工变更资料；电压、电流互感器安装使用说明书、出厂检验报告、法定计量检定机构的检定证书；计量柜（箱）的出厂检验报告、说明书；二次回路导线或电缆的型号、规格及长度；电压互感器二次回路中的熔断器、接线端子的说明书等；高压电气设备的接地及绝缘试验报告；施工过程中需要说明的其他资料。

二、现场核查

（一）现场核查主要内容

装表接电工作结束后竣工检查的现场核查的主要内容包括：

（1）计量器具型号、规格、计量法定标志、出厂编号等应与计量检定证书和技术资料的内容相符。

（2）产品外观质量应无明显瑕疵和受损。

（3）安装工艺质量应符合有关标准要求，检查电能表、互感器安装是否牢固，位置是否适当，外壳是否根据要求正确接地或接零等。

（4）电能表、互感器及其二次回路接线情况应和竣工图一致。

（5）检查电能表，互感器一、二次接线及专用接线盒，接线是否正确，接线盒内连接片位置是否正确，连接是否可靠，有无碰线的可能，安全距离是否足够，各接点是否坚固牢靠等。

（6）检查进户装置是否按设计要求安装，进户熔断器熔体选用是否符合要求。

（7）检查有无工具等物件遗留在设备上。

（8）按工单要求抄录电能表、互感器的铭牌参数数据，记录电能表起止码及进户装置材料等，并告知用户核对。

（二）安装质量检查

1. 电能表

（1）电能表的安装场所应符合以下规定：

1）周围环境应干净明亮，不易受损、受震，无磁场及烟灰影响。

2）无腐蚀性气体、易蒸发液体的侵蚀。

3）运行安全可靠，抄表读数、校验、检查、轮换方便。

4）电能表原则上装于室外的走廊、过道内及公共的楼梯间，或装于专用配电间内（二楼及以下）。高层住宅一户一表，宜集中安装于二楼及以下的公共楼梯间内。

5）装表点的气温应不超过电能表标准规定的工作温度范围，即对P、S组别为0～+40℃；对A、B组别为−20～+50℃。

（2）电能表的一般安装规范要求：

1）高供低计的用户，计量点到变压器低压侧的电气距离不宜超过20m。电能表的安装高度，对计量屏应使电能表水平中心线距地面在0.8～1.8m的范围内，对安装于墙壁的计量箱宜为1.6～2.0m。

2）装在计量屏（箱）内及电能表板上的开关、熔断器等设备应垂直安装，上端接电源，下端接负荷。相序应一致，从左侧起排列相序为U、V、W或U（V、W）、N。电能表的空间距离及表与表之间的距离均不小于单相表30mm、三相表80mm。

3）电能表安装必须牢固垂直，每只表除挂表螺钉外，至少还有一只定位螺钉，应使表中心线向各方向的倾斜度不大于1°。

4）在装表接线时，必须遵守以下接线原则：单相电能表必须将相线接入电流线圈，三相电能表必须按正相序接线，三相四线电能表必须接中性线，电能表的中性线必须与电源中性线直接连通，进出有序，不允许相互串联，不允许采用接地、接金属外壳等方式代替，进表导线与电能表接线端钮应为同种金属导体。

5）进表线导体裸露部分必须全部插入接线盒内，并将端钮螺钉逐个拧紧。线小孔大时，应采取有效的补救措施。带电压连接片的电能表，安装时应检查其接触是否良好。

6）零散居民户和单相供电的经营性照明用户电能表的安装要求：

a. 电能表一般安装在户外临街的墙上，装表点应尽量靠近沿墙敷设的接户线，并便于抄表和巡视的地方，电能表的安装高度应使电能表的水平中心线距地面1.8～2.0m。

b. 电能表的安装采用专用电能表箱的方式。

c. 电能表的电源侧应采用电缆（或护套线）从接户线的支持点直接引入表箱，电源侧不装设熔断器，也不应有破口、接头。电能表的负荷侧，应在表箱外的表板上安装熔断器和总开关，熔体的熔断电流宜为电能表额定最大电流的1.5倍左右。

d. 电能表及电能表箱均应分别加封，用户不得自行启封。

2. 进户装置

（1）接户线。从低压配电线路到用户室外第一支持点的一段线路，或由一个用户接到另一个用户的线路，称为接户线。接户线安装应符合以下规定：

1）每一路接户线，支持进户点应不多于10个，线长应不超过60m。超过60m时，应按低压配电线路架设。

2）接户线的挡距不应大于 25m，超过 25m 时应装设接户杆，超过 40m 时应按低压配电线路架设。沿墙敷设的接户线，挡距不应大于 6m。同杆架设的接户线横担与架空线横担的最小距离为 0.3m。接户线的对地距离不应小于 2.5m。

3）接户线与建筑物有关部分的距离不应小于下列数值：与接户线下方窗户的垂直距离为 0.3m；与接户线上方阳台或窗户的垂直距离为 0.8m；与窗户或阳台的水平距离为 0.75m；与墙壁构架的距离为 0.05m。

4）接户线与通信线或广播线等弱电线路交叉时，接户线在上方时为 0.6m，接户线在下方时为 0.3m。

5）接户线最小线间距离一般不小于下列数值：

自电杆引下：150mm；

沿墙敷设：100mm。

6）接户线和室外进户线应采用耐气候型绝缘电线，电线截面按允许载流量选择，其最小截面应符合表 3–4–1 的规定。

表 3–4–1 接户线最小允许截面 mm^2

架设方式	挡距	铜线	铝线
自电杆引下	10m 及以下	2.5	6.0
	10～25m	4	10.0
沿墙敷设	6m 及以下	2.5	6.0

7）接户线与低压线如系铜线与铝线连接，应采取加装铜铝过渡接头的措施。

8）装置在接户线上的绝缘子，其工作电压不应低于 500V。绝缘子瓷釉表面应光滑，无裂纹、破损现象。自电杆上引下的接户线，两端均应绑扎在绝缘子上。装置在建筑物上的接户线支架必须固定在建筑物的主体上，不应固定在建筑物的抹灰层或木结构房屋的板壁上。接户线支架应端正牢固，支架两端水平差不应大于 5mm。

9）在低压配电线路接入单相负荷时，应考虑配电线路电流平衡分配。

（2）进户线。由接户线引到计量装置的一段导线称为进户线。进户线安装应符合以下规定：

1）进户线应采用护套线或硬管布线，其长度一般不宜超过 6m，最长不得超过 10m。进户线应是绝缘良好的铜芯导线，其截面的选择应满足导线的安全载流量。

2）进户点的选择应符合下列条件：

a. 进户点处的建筑物应坚固，并无漏水情况。

b. 便于进行施工、维修和检修。

c. 靠近供电线路和负荷中心。

d. 尽可能与附近房屋的进户点取得一致。

3）进户线穿管引至电能计量装置，应符合下列条件：

a. 管口与接户线第一支持点的垂直距离宜在 0.5m 以内。

b. 金属管或塑料管在室外进线口应做防水弯头，弯头或管口应向下。

c. 穿墙硬管的安装应内高外低，以免雨水灌入，硬管露出墙部分不应小于30mm。

d. 用钢管穿线时，同一交流回路的所有导线必须穿在同一根钢管内，且管的两端应套护圈。

e. 管径选择，宜使导线截面之和占管子总截面的40%。

f. 导线在管内不准有接头。

g. 进户线与通信线、广播线进户点必须分开。

4）进户线引入到用电计量装置前，相线宜装进户熔断器（或自动开关），中性线不装熔断器。进户熔断器应装在封闭式进户保险（开关）箱内或计量箱（屏）内，安装位置应便于维护操作。进户熔断器的选择应略大于熔体的容量，一般熔断电流可按电能表额定最大电流的1.5～2倍选用。

3. 低压电流互感器

低压电流互感器一般应遵循以下安装规范：

（1）低压电流互感器安装必须牢固，互感器外壳的金属外露部分应可靠接地。同一组低压电流互感器应按同一方向安装，以保证该组低压电流互感器一次及二次回路电流的正方向均为一致，并尽可能易于观察铭牌。

（2）低压电流互感器二次侧不允许开路，对双二次侧互感器只用一个二次回路时，另一个未用的二次侧应可靠短接。低压电流互感器的二次侧可不接地。

4. 二次回路

（1）电能计量装置的一次与二次接线，必须根据批准的图纸施工。二次回路应有明显的标志，最好采用不同颜色的导线。二次回路走线要合理、整齐、美观、清楚。对于成套计量装置，导线与端钮连接处，应有字迹清楚、与图纸相符的端子编号排。

（2）二次回路的导线绝缘不得有损伤，不得有接头，导线与端钮的连接必须拧紧，接触良好。

（3）低压计量装置的二次回路连接方式：低压计量装置的二次回路连接方式应采用分相接线（DL/T 825—2002《电能计量装置安装接线规则》4.2.1）。每组电流互感器二次回路接线应采用分相接法。电压线宜单独接入，不与电流线共用，取电压处和电流互感器一次间不得有任何断口，且应在母线上另行打孔连接，禁止在两段母线连接螺钉上引出。当需要在一组互感器的二次回路中安装多块电能表（包括有功电能表、无功电能表、最大需量表、多费率电能表等）时，必须遵循以下接线原则：

1）每块电能表仍按本身的接线方式连接。

2）各电能表所有的同相电压线圈并联，所有的电流线圈串联，接入相应的电压、电流回路。

3）保证二次电流回路的总阻抗不超过电流互感器的二次额定阻抗值。

4）电压回路从母线到每个电能表端钮盒之间的电压降，应符合DL/T 448—2016《电能计量装置技术管理规程》中的要求。

5. 低压计量屏（箱）

低压计量屏（箱）的安装要求如下：

（1）由专用变压器供电的低压计费用户，其计量装置可选用以下两个方案之一：

一是将变压器低压侧套管封闭，在低压配电间内装设低压计量屏（箱）的计量方式。低压计量屏（箱）应为变压器过来的第一块屏；变压器至计量屏之间的电气距离不得超过 20m，应采用电力电缆或绝缘导线连接，中间不允许装设隔离开关等开断设备，电力电缆或绝缘导线不允许采用地埋方式。

二是对于严重窃电，屡查屡犯的用户，可采取将变压器低压侧套管封闭，在变压器低压封闭套管侧装设计量箱的计量方式。

（2）由公用变压器供电的动力用户，宜在产权分界处装设低压计量箱（箱）计量。

三、验收试验（通电检查）

验收试验（即通电检查）的主要内容有：

（1）检查二次回路中间触点、熔断器、试验接线盒的接触情况。对电能计量装置通以工作电压，观察其工作是否正常；用万用表（或电压表）在电能表端钮盒内测量电压是否正常（相对地、相对相），用试电笔核对相线和中性线，观察其接触是否良好。

（2）接线正确性检查。用相序表核对相序，引入电源相序应与计量装置相序标志一致。带上负荷后观察电能表运行情况；用相量图法核对接线的正确性及对电能表进行现场检验，对低压计量装置该工作需在专用端子盒上进行。

（3）对最大需量表应进行需量清零，对多费率电能表应核对时针是否准确和各个时段是否整定正确。

四、验收结果的处理

经验收的电能计量装置应由验收人员及时实施封印。封印的位置为互感器二次回路的各接线端子、电能表端钮盒、封闭式接线盒、计量柜（箱）门等；实施铅封后应由运行人员或用户对铅封的完好签字认可。检查工作凭证记录内容是否正确、齐全，有无遗漏；施工人、封表人、用户是否已签字盖章。以上全部齐整后将工作凭证转交营业部门归档立户。经验收的电能计量装置应由验收人员填写验收报告，注明“计量装置验收合格”或者“计量装置验收不合格”及整改意见，整改后再行验收。验收不合格的电能计量装置禁止投入使用。对成套电能计量装置，验收时应重点检查的项目有：

（1）计量装置的设计应符合 DL/T 448—2016《电能计量装置技术管理规程》的要求。

（2）计量装置所使用的设备、器材，均应符合国家标准和电力行业标准，并附有合格证件。

（3）各种铭牌标志清晰。

（4）电能表、互感器的安装位置应便于抄表、检查及更换，操作空间距离、安全距离足够。

（5）计量屏（箱）可开启门应能加封。

（6）一、二次接线的相序、极性标志应正确一致，固定支持间距、导线截面应符合要求，引入电源相序应与计量装置相序标志一致。

（7）核对二次回路导通情况及二次接线端子标志是否正确一致，计量二次回路是否专用。

（8）检查接地及接零系统。

（9）测量一次、二次回路绝缘电阻，检查绝缘耐压试验记录。

（10）各种图纸、资料应齐全。

思考与练习

1. 装表接电工作结束后竣工检查的现场核查的主要内容包括哪些？
2. 通电检查有哪些内容？
3. 装表接电工作结束后竣工验收结果如何处理？

模块5　直接式、间接式电能表的带电调换（TQJL03005）

模块描述

本模块包含直接式、间接式电能表的带电调换的作业内容、危险点分析与控制措施、作业前准备、操作步骤、质量标准、注意事项等内容。通过流程介绍、图解示意、要点归纳，掌握直接式、间接式电能表的带电调换。

模块内容

电能表在烧坏、误差超限、达到轮换周期等情况下必须进行更换。电能表的轮换周期，按制造厂的规定年限进行轮换。

一、作业内容

（1）填写并办理电能表带电装（拆）作业票，见表3–1–1。

（2）联系用户并检查装接单地址、户名、户号、表计参数与现场情况。

（3）安全、规范地拆除旧电能计量装置。

（4）安全、规范地安装新电能计量装置。

二、危险点分析与控制措施

危险点主要有触电伤害、电弧灼伤、高处坠落、高处坠物、损坏设备、人员摔伤等。具体控制措施是：

（1）离地2.0m及以上登高作业应系好安全带，在梯子上作业应有人扶持。

（2）检查金属表箱接地，确认良好。

（3）对金属表箱外壳验电，确认不带电。

（4）检查用户侧开关已断开，悬挂警示牌。

（5）明确保留的带电部分，并做好安全措施、保持安全距离。

（6）逐相拆开电源进、出相线，并用绝缘胶带包扎；逐相拆开绝缘胶带，逐一搭接电源进、出相线。

三、作业前准备

（1）工具准备与检查。电能表带电调换作业安全生产工器具两类：

一类是必带工具，包括手用绝缘安装工具、低压验电笔、万用表、相序表、封印钳、应急灯、绝缘垫。手用绝缘安装工具有绝缘斜口钳、绝缘尖嘴钳、钢丝钳、剥线钳、绝缘螺钉、绝缘电工刀、活扳手、小榔头等。

二类是备带工具，包括防滑梯子、登高板、安全带、保安线。

工具的检查内容和要求与电能表安装的工具检查相同。

（2）指定工作负责人（监护人）和工作班成员，明确职责。作业前应明确装接单所示装拆任务，确定作业人员和工作职责，核对电能表和电能表装接单是否相符、电能表装接单与领用的电能表的型号、规格、出厂编号、户号等是否相符，检查电能表外观完好，进行作业前安全教育、安全措施、技术措施交底。

（3）检查作业人员身体精神状况和劳保用品使用情况。要求：

1）参加作业人员的精神状态饱满，无社会干扰及思想负担。

2）参加作业人员有符合作业条件的身体及技术素质，有安全上岗证。

3）参加作业人员按规定着劳保服、低压绝缘鞋和棉纱劳保手套。

4）作业人员没有饮酒。

（4）熟悉电能计量装置的正确接线图。

（5）事先联系用户，说明工作任务。工作负责人（监护人）和工作班成员携带装接单和带电作业票一起到达工作地点。要尊重用户的意见，遵守用户处的规章制度。使用供电服务文明用语和行为规范。

（6）检查装接单地址、户名、户号、表计参数与现场情况是否相符。要求定位电能表的准确位置。若存在票面和现场的户号、电能表参数等不相符的，应暂时中止作业，返回调查清楚。

（7）检查作业环境，确认是否需要增加隔离、登高和照明设施。电能表位置较高时使用梯子；要求有专人扶持。登高离地 2.0m 及以上时必须使用安全带。车辆来往密集时应使用围栏或隔离标志，需增加现场照明时使用低压应急灯。

（8）按电能计量安装作业票的内容进行现场教育和检查，并将完成的项目在作业票上打“√”，工作班成员确认签名。根据现场实际情况，作业票中没有提到的安全措施在补充安全措施一栏里填写。

四、操作步骤、质量要求

直接式、间接式电能表的带电调换步骤基本相同，区别在于互感器的处理，因此，在此将它们的操作步骤合在一起介绍。

（一）更换前的检查

目测检查金属表箱的接地极、导线和表箱的连接是否良好，用验电笔验明金属表箱无电。如果发现金属表箱有电或金属表箱接地装置不可靠应检查带电原因，排除带电缺陷后，方可进行作业；如现场不能排除金属表箱带电或接地装置缺陷，应终止电能表装接拆换作业，并通知相关部门进行设备消缺，消缺完成后方进行电能表的装接拆换作业。

打开表箱门检查电能表及接线，并记录原表计的示度，确认户号和表计编号，检查封印、外观、防窃电是否完好。要求封印完好、接线正常。如果检查发现电能计量装置运行异常，窃电或有明显违约迹象，应终止电能表装接拆换作业，保持或恢复原状，并通知相关部门处理。

对于更换直接式电能表更换前应先断开用户侧开关，并观察电能表运行状态指示，确认已切除负荷，要求电子式电能表的指示灯停止闪动或熄灭。确定用户侧的负荷开关在拉开位置，并挂上“禁止合闸”的警示标志。

（二）更换操作

1. 直接式电能表的带电调换

正确抄录电能表当前示数数据记录并由客户签字确认。

2. 间接式电能表的带电调换

（1）抄录电能表数据。记录电能表换装开始时间和瞬时功率，正确抄录电能表当前示数数据记录并由客户签字确认。

（2）短接电流连片。逐相短接接线盒电流回路连接片，短接时作业人员应戴护目镜。记录电能表换装开始时间。

（3）断开电压连片。逐相（先相线、后中性线）断开电压连片，断开时作业人员应戴护目镜。

（4）作业回路验电。逐相检查接线盒电压连接片上部是否有电压、各相电流是否接近于零。防止工作时误碰带电部位，验电完毕罩上接线盒罩壳。

（5）拆除旧表。

1）打开电能表封印，拆出电能表接线。要求先拆相线，再拆中性线。检查接线、电能表接头是否因超容量使用痕迹。如果发现用户超容量使用痕迹明显，立即终止电能表装接拆换作业，保持或恢复原状，并通知相关部门处理。

2）依次松开进线相线、出线相线、进线中性线、出线中性线的接线端子螺钉，轻轻拔出导线，做好标志，并用绝缘胶带绑扎依次用绝缘胶带包好导线接头，切实起到保护作用。

3）松开电能表固定螺钉轻轻取下电能表，核对拆下电能表和装接单标明的是否一致，用布擦干净。核对拆下电能表和装接单标明的是否一致，放入运输箱内。箱内要有防震保护措施。

（6）安装新表。

1）检查待装电能表封印，要求电能表检定标记和检定证书、校准证书有效、输入数据或操作的措施完好。

2）把电能表牢牢地固定在表箱的底板上，安装完毕，用手推拉电能表，无松动现象并垂直于地面。

3）用螺丝刀松开电能表接线端子盒盖螺钉，取下盒盖。检查端子的排列，通常有两种，从左到右数：单相表的排列是相线进、中性线进；相线出、中性线出；三相表的排列是U（A）相进，U（A）相出；V（B）相进，V（B）相线出；W（C）相进，W（C）相出；中性线进，中性线出。

4）依次检查、分辨标志并剥开中性线接头、相线的绝缘胶带，把接头连接到电能表的中性线进线、中性线出线、相线进线、相线出线端子上。要求接头连接要牢固，用手捏住导线的绝缘层，轻拉无松动现象。

5）如果是带电流互感器的电能表，在完成电能表表尾接线后，应将联合接线盒上接有电流互感器S1、S2端子导线的连接片断开，以防通电后造成电流回路短路。

6）检查整理导线并进行绑扎，要求导线排列应为横平、竖直、整齐、美观，导线应有良好的绝缘，中间不允许有接头。

7）检查整理完毕，盖上电能表接线端子的盒盖。要求确认接线正确，无错误接线。

（7） 新表通电检查。

1）通知用户准备送电，由用户合上用户侧开关，检查电能表运行状态。带负荷后，电能表的脉冲信号灯能闪烁。

2）用万用表和相序表测量表后线的电压和相序：单相表测得的电压应在 220V 左右（+7%～10%）；三相表测得的线电压应在 380V 左右（±7%），安装三相电能表时需用相序表测量相序为正相序。

（8） 新表加铅封。完成电能表表盖、联合接线盒盒盖、表箱门的封印工作并记录封印编码。要求封印的螺钉以不可转出为准，封印用的铜线长短适中，确保封印起到防窃电的作用。

（三）终结阶段

清理作业现场，告之客户电能表起止度单，客户确认签名。要求作业现场不留有电线头、胶带等杂物，场地打扫清洁；客户在现场的，应请客户确认起止度，并签字，不在现场的应张贴书面告知书。

工作负责人和工作班成员在装接单和作业票上签字，确认工作完毕。要求装接单和作业票票面清洁、整齐，内容详尽。

五、注意事项

注意事项与电能计量装置安装要求基本相同。但应重点注意以下几点：

（1） 应先根据要求开具合适的工作票，使用个人安全防护用品，并履行工作许可制度，然后开始换表。

（2） 原来一次线采用的是铝线或铝排的应尽量换成铜线或铜排。

（3） 换表时应做好电压线和电流进出线记号，防止恢复时插错接线盒孔（特别有些老表电压孔位置不同），造成错接线。

（4） 电能表接线盒、联合接线盒、计量柜（箱）门都应加封。计量柜内应有启封记录卡，并应有拆封原因、日期、拆封人姓名的记录，并应贴好倍率纸和启封警告贴纸。

思考与练习

1. 直接式、间接式电能表的带电调换的危险点与控制措施有哪些？
2. 与电能计量装置停电安装相比，带电安装应特别注意哪些安全问题？
3. 更换电能计量装置前应检查、记录电能计量装置的哪些信息？
4. 安装新表时应该注意哪些事项？

第4章

用电信息采集装置运行维护

模块1　集中器和采集器的基本常识（TQJL04001）

模块描述

本模块包含集中器和采集器的基本常识（包括基本知识、结构、功能要求等）。通过介绍，掌握集中器和采集器的基本概念、结构和功能。

模块内容

一、集中器

（一）基本知识

1. 集中器定义

集中器是指收集各采集终端或电能表的数据，并进行处理储存，同时能与主站或手持设备进行数据交换的设备。集中器按功能分为Ⅰ型集中器和Ⅱ型集中器两种型式。集中器为集中抄表系统的核心设备。

集中器和采集器统称采集终端或集中抄表终端。集中器和采集器应具备自动中继和组网的能力。安装在公用变压器计量箱内或公用变压器箱体内，具备下行通信信道电力线载波方式，上行通道信道支持 GPRS 无线公网，同时具备交采功能，采集公用变压器计量考核点电量信息。集中器与采集器之间的本地通信采用低压电力线载波方式。采集设备应具备必要的抗干扰能力，以确保在不同环境下的正常通信。

2. 具体要求

集中器标识代码为 DJ××××–××××，具体要求如下：

（1）上行通信信道可选用 230MHz 专网、GPRS 无线公网、CDMA 无线公网、以太网、光纤通信。

（2）下行通信信道可选用微功率无线、RS–485 总线、以太网等。

标配交流模拟量输入、2 路遥信输入和 2 路 RS–485 接口，温度选用 C2 或 C3 级。

（二）结构（以Ⅰ型集中器为例）

Ⅰ型集中器外形及实物如图 4–1–1 和图 4–1–2 所示。

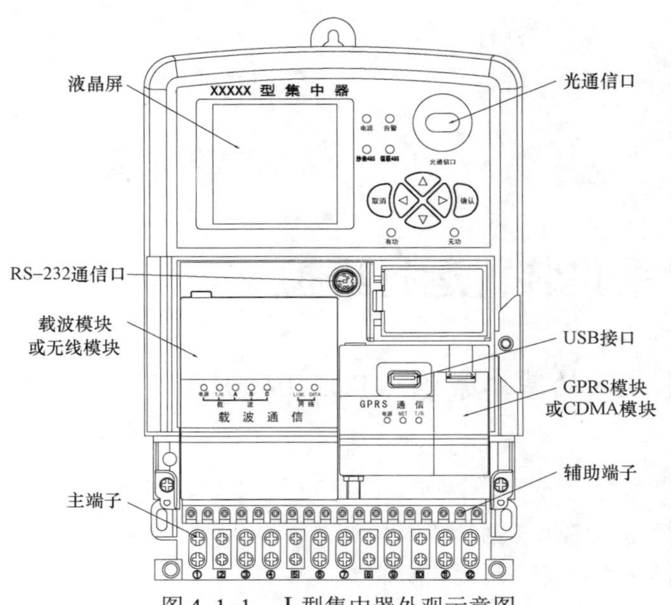

图 4–1–1　I 型集中器外观示意图

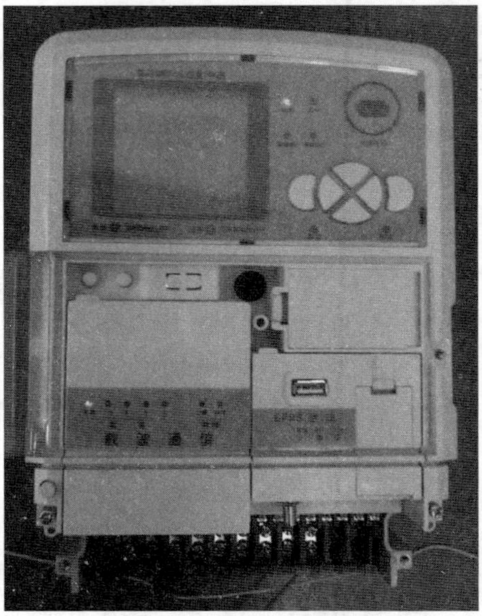

图 4–1–2　I 型集中器外形实物图

载波模块（I 型集中器）实物如图 4–1–3 所示。

图 4–1–3　载波模块（I 型集中器）实物图

I 型集中器主端子示意如图 4–1–4 所示。

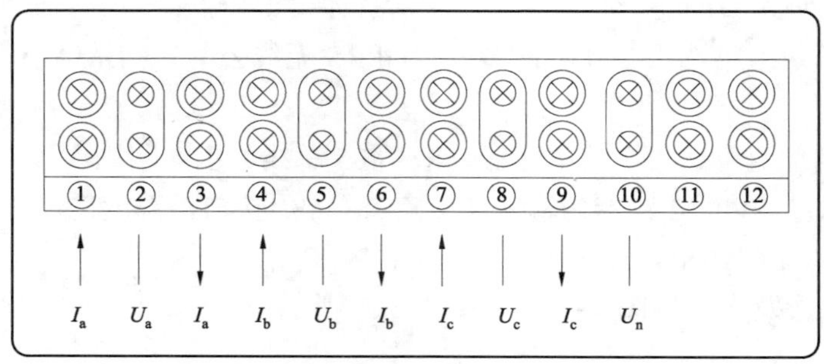

图 4–1–4　I 型集中器主端子示意图

Ⅰ型集中器辅助端子示意如图 4–1–5 所示。

图 4–1–5　Ⅰ型集中器辅助端子示意图

Ⅰ型集中器状态指示见表 4–1–1。

表 4–1–1　　**Ⅰ型集中器状态指示**

指示灯	说　明	备　注
电源灯	模块上电指示灯，红色。灯亮时，表示模块上电；灯灭时，表示模块失电	远程通信模块状态指示 电源　NET　T/R
NET 灯	网络状态指示灯，绿色	
T/R 灯	模块数据通信指示灯，红绿双色。红灯闪烁时，表示模块接收数据；绿灯闪烁时，表示模块发送数据	
电源灯	模块上电指示灯，红色。灯亮时，表示模块上电；灯灭时，表示模块失电	载波通信模块状态指示 电源　T/R　A　B　C 载　波 LINK　DATA 网络
T/R 灯	模块数据通信指示灯，红绿双色。红灯闪烁时，表示模块接收数据；绿灯闪烁时，表示模块发送数据	
A 灯	U（A）相发送状态指示灯，绿色	
B 灯	V（B）相发送状态指示灯，绿色	
C 灯	W（C）相发送状态指示灯，绿色	
LINK 灯	以太网状态指示灯，绿色。表示以太网口成功建立连接后，LINK 灯常亮	
DATA 灯	以太网数据指示灯，红色。以太网口上有数据交换时，DATA 灯闪烁	

（三）功能要求

Ⅰ型集中器功能配置见表 4–1–2。

表 4–1–2　　**Ⅰ型集中器功能配置**

序号	项　目		配置
1	数据采集	电能表数据采集	√
		状态量采集	√
		交流模拟量采集	√

续表

序号	项 目		配置
2	数据管理和存储	实时和当前数据	√
		历史日数据	√
		历史月数据	√
		重点用户采集	√
		电能表运行状况监测	√
		公用变压器电能计量	√
3	参数设置和查询	时钟召测和对时	√
		终端参数	√
		抄表参数	√
		其他（限值、预付费等）参数	√
4	事件记录	重要事件记录	√
		一般事件记录	√
5	数据传输	与主站（或集中器）通信	√
		中继（路由）	
		数据转发（通信转换）	√
6	本地功能	运行状态指示	√
		本地维护接口	√
7	终端维护	自检自恢复	√
		终端初始化	√
		软件远程下装	√
		断点续传	√

（四）数据采集

1. 数据采集类型

终端采集各电能表的实时电能示值、日末/月末冻结电能示值、抄表日冻结电能示值。电能数据保存时应带有时标，终端采集或产生的实时或当前数据内容。

终端采集数据时，应注意区分数值为 0（零值）、测量点不具备该数据项（空值 EE）、测量点数据采集失败（缺值 EF）。

2. 采集方式

Ⅰ型集中器可用下列方式采集电能表的数据：

（1）实时采集：根据主站要求立即采集指定电能表的数据。

（2）定时自动采集：根据主站设置的抄表方案自动采集电能表的数据。

（3）自动补抄：对在规定时间内未抄读到数据的电能表应有自动补抄功能。补抄失败时，生成事件记录，并向主站报告。

（4）手动补抄：对在规定时间内未抄读到数据的电能表也可进行手动补抄工作。补抄失败时，生成事件记录，并向主站报告。

3. 电能表运行状况监测

终端监视电能表运行状况，电能表发生参数变更、时钟超差或电能表故障等状况时，按事件记录要求记录发生时间和异常数据。

4. 公用变压器电能计量

集中器配置的交流模拟量采集功能，实现公用变压器电能计量，计量并存储正反向总及分相有功电能、最大需量及发生时刻、正反向总无功电能。

二、采集器

（一）基本知识

1. 采集器定义

采集器是用于采集多个电能表电能信息，并可与集中器交换数据的设备。采集器按外形结构和 I/O 配置分为Ⅰ型、Ⅱ型两种型式，按功能可分为基本型采集器和简易型采集器。基本型采集器抄收和暂存电能表数据，并根据集中器的命令将储存的数据上传给集中器。简易型采集器直接转发低压集中器与电能表间的命令和数据。下行通信信道支持 RS–485 方式满足采集 12 只电能表负载能力，上行通信信道支持电力线载波通信方式。采集器用于采集多个或单个电能表的电能信息，并可与集中器交换数据的设备。

2. 具体要求

江苏电力用户用电信息采集系统使用Ⅱ型采集器，类型标识代码 DCZL14–××××，具体要求如下：

（1）上行通信信道选用上行通信信道可选用电力线载波。

（2）下行通信信道为 RS–485 总线，1 路 RS–485 抄表接口，接口驱动能力不低于外接 12 只电能表的要求。

（二）技术指标

采集器技术指标见表 4–1–3。

表 4–1–3　　采集器技术指标

技术指标	指标内容
电源	单相供电，工作电源额定电压：220V，允许偏差–20%～+20%；频率：50Hz，允许偏差–6%～+2%
功率消耗	在非通信状态下消耗的视在功率不大于 5VA、有功功率不大于 3W
可靠性	平均无故障工作时间（*MTBF*）不低于 7.6×10^4h

（三）结构

（1）Ⅱ型采集器外形实物如图 4–1–6 所示。

（2）Ⅱ型采集器外观示意如图 4–1–7 所示。

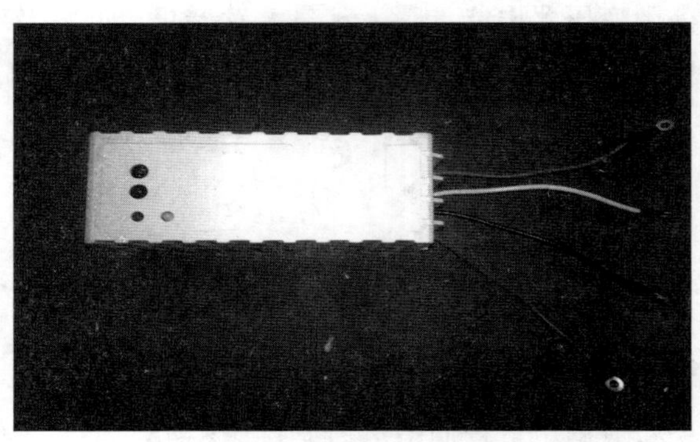

图 4–1–6 Ⅱ型采集器外形实物图

图 4–1–7 Ⅱ型采集器外观示意图

L—交流 220V 电源 L 相输入；N—交流 220V 电源 N 相输入；
A—RS–485 通信线 A；B—RS–484 通信线 B

（3）采集器Ⅱ型状态指示：

红外通信：红外通信口，用于采集器参数的设置和数据的读取，1200bit/s，偶校验，8 位数据位，1 位停止位。

运行：红色 LED 指示，0.5Hz 频率闪烁，表示采集器正在运行，常灭表示未上电。

状态：红绿双色灯，红灯闪烁，表示 RS–485 数据正在通信；绿灯闪烁，表示载波数据正在通信。

（四）功能配置

Ⅰ型集中器功能配置见表 4–1–4。

表 4–1–4　　Ⅰ型集中器功能配置

序号	项　目		配置	
			必备	选配
1	数据采集	电能表数据采集	√	
		状态量采集		
		交流模拟量采集		
		直流模拟量采集		

续表

序号	项　　目		配置	
			必备	选配
2	数据管理和存储	实时和当前数据		√
		历史日数据		√
		历史月数据		√
		重点用户采集		
		电能表运行状况监测		
		公用变压器电能计量		
3	参数设置和查询	时钟召测和对时		√
		终端参数		√
		抄表参数		√
		其他（限值、预付费等）参数		√
4	事件记录	重要事件记录		√
		一般事件记录		√
5	数据传输	与主站（或集中器）通信	√	
		中继（路由）	√	
		级联		
		数据转发（通信转换）	√	
6	本地功能	运行状态指示	√	
		本地维护接口		√
		本地扩展接口		
7	终端维护	自检自恢复	√	
		终端初始化	√	
		软件远程下装		
		断点续传		

思考与练习

1. 简述集中器和采集器的概念。
2. 集中器可采用哪几种方式采集电能表的数据？
3. 采集器技术指标有哪些？

模块2　集中器的安装和接线方式（TQJL04002）

模块描述

本模块包含集中器的安装和接线方式。通过介绍，掌握集中器的安装和接线方式，了解安装的基本要求。

模块内容

一、技术要求

集中器的主接线需要使用截面积不小于 2.5mm^2 的硬芯铜线，一般选择 2.5mm^2 或 4mm^2 的硬芯铜线来连接，由于集中器的下行通信使用的是电力线载波，所以辅助端子一般来说不需要连接，如若遇到特殊情况，则建议使用信号线来连接。另外，集中器安装完毕后需要安装天线，SIM 卡并进行上行通信的调试。

二、集中器安装和接线

1. 安装要求

（1）集中器安装时应将接线端子拧紧，并且挂牢在坚固耐火、不易振动的墙壁或屏柜上。

（2）必须严格按照面板上标明的电压等级接入电压，并将 RS–485 通信接口与表计 RS–485 通信接口相连。安装 SIM 卡（采用 GPRS 通信的集中器应开通 GPRS 功能），设置好相关参数，察看集中器工作是否正常。

（3）在端盖上加上铅封，以防止非授权人开启。

（4）在原包装的条件下储存，叠放高度不超过 5 层。集中器在包装拆封后不宜储存。

（5）本集中器不提供 SIM 卡，当用户需使用 GPRS 功能时，需与当地 GPRS 网络运营商联系，购买适宜的 SIM 卡并及时激活 GPRS 通信功能。

（6）接线后应将端盖加上铅封，建议将集中器的透明上盖也加上铅封。

2. 集中器接线

集中器接线方式为三相四线。为了保证载波的正常抄表，U、V、W（或 A、B、C）及中性线都必须接入且牢固（可查看集中器测量点 1 的电压电流是否正常来判断），安装时需注意卡的安装（卡紧）以及天线位置的摆放（信号强度达到通信要求：2 格以上）。装卡后等待 5min，观察左上角集中器标志，看是否有倒三角出现。主站建档召测数据成功后方能离开现场。

集中器接线芯尺寸如图 4–2–1 所示。

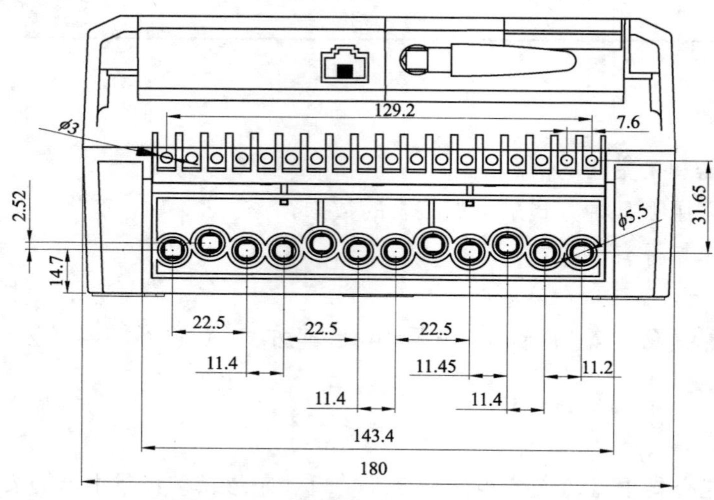

图 4–2–1 集中器接线芯尺寸示意图

3. 集中器的主接线端子

集中器的主接线端子为1～12号端子，用于提供集中器工作所需的电压及电流输入，若集中器不带本地交流模拟量输入功能（交采），则只需要为2、5、8号及10号端子提供三相电压输入即可，如若集中器具备本地交流模拟量输入功能，则需要接入电流线，集中器主接线端子示意如图4–2–2所示。

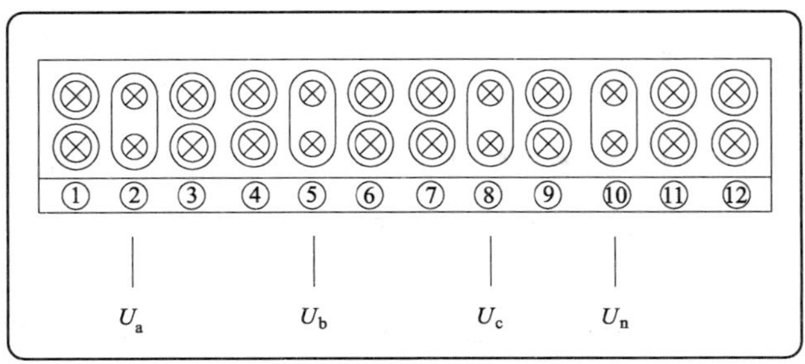

图4–2–2　集中器主接线端子示意

主接线端子功能为：1号端子为U相电流输入；2号端子为U相电压输入；3号端子为U相电流输出；4号端子为V相电流输入；5号端子为V相电压输入；6号端子为V相电流输出；7号端子为W相电流输入；8号端子为W相电压输入；9号端子为W相电流输出；10号端子为电压中性线，11号与12号端子为备用端子，目前为公共地。

4. 集中器的辅助接线端子

集中器的辅助接线端子为13～30号端子，主要功能是提供遥信，12V输出及RS–485接口，辅助接线端子示意如图4–2–3所示。

图4–2–3　集中器辅助接线端子示意图

5. 集中器的各接线端子

集中器的各接线端子定义见表4–2–1。

表4–2–1　　集中器各接线端子定义

①	U相电流端子输入	⑦	W相电流端子输入	⑬	遥信端子1+
②	U相电压端子	⑧	W相电压端子	⑭	遥信端子1–
③	U相电流端子输出	⑨	W相电流端子输出	⑮	遥信端子2+
④	V相电流端子输入	⑩	电压中性线端子	⑯	遥信端子2–
⑤	V相电压端子	⑪	电流中性线端子（预留）	⑰	4～20mA+
⑥	V相电流端子输出	⑫	电流中性线端子　（预留）	⑱	4～20mA+

续表

⑲	12V+	㉓	备用端子	㉗	RS–485Ⅱ A
⑳	12V–	㉔	备用端子	㉘	RS–485Ⅱ B
㉑	备用端子	㉕	RS–485Ⅲ A	㉙	RS–485Ⅰ A
㉒	备用端子	㉖	RS–485Ⅲ B	㉚	RS–485Ⅰ B

三、现场安装（部分）注意事项

RS–485 总线连接注意点：

（1）RS–485 总线要采用手拉手结构将各个节点串接起来，从总线到每个节点的引出线长度应尽量短，较长的连接线采用屏蔽双绞线并有效接地，避免电源线和 RS–485 总线捆在一起走线。

（2）每个Ⅱ型集中器可安装 2 条总线，最多可接 64 块电能表，所接电能表应尽量均匀分布在 2 条总线上。避免 2 台及以上的Ⅱ型集中器安装在同一条 RS–485 总线的回路中，如图 4–2–4 所示。

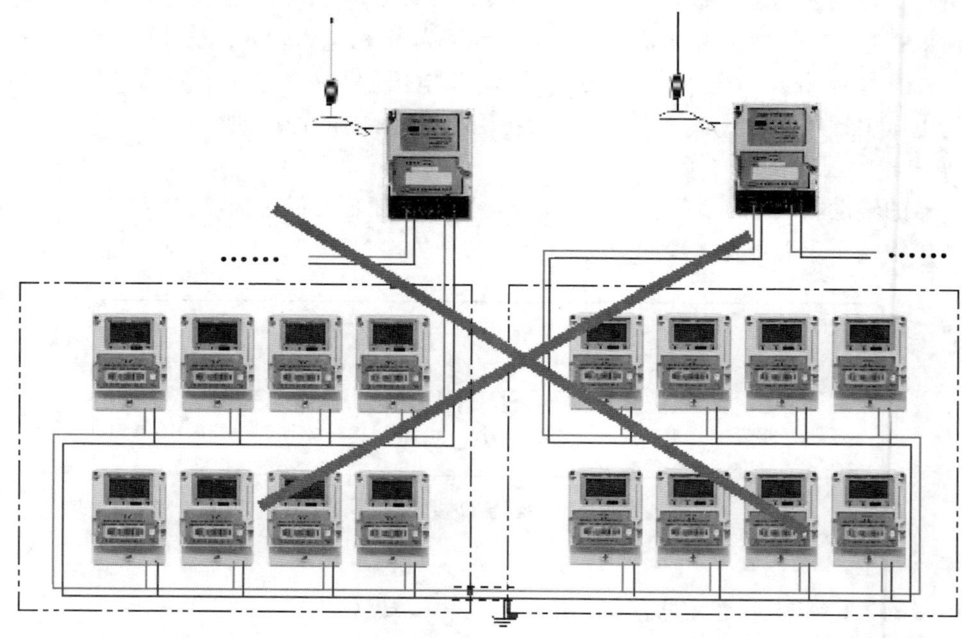

图 4–2–4 Ⅱ型集中器安装示意图

（3）Ⅰ型集中器也可通过 RS–485 总线连接若干电能表，但每台Ⅰ型集中器最多只能挂接 512 只电能表。采集器的电源线应接在电能表的电源侧，每个采集器最多可同时接 6 只电能表。采集器安装时应距离电能表 6cm 以上。

不同载波方案的设备，因调制方式和中心频率不同，无法互联互通。避免与Ⅰ型集中器不同载波方案的采集器混装在同一台区，如图 4–2–5 所示。

江苏主要使用的电力线载波方案见表 4–2–2。

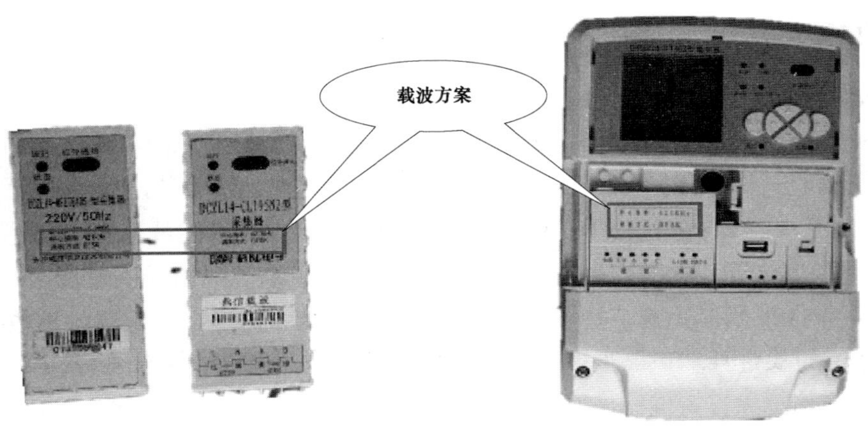

图 4–2–5　电力线载波

表 4–2–2　江苏主要使用的电力线载波方案

类别	鼎信	东软	晓程	力合微	瑞斯康
载波中心频率	421kHz	270kHz	120kHz	60kHz	132kHz
调制方式	BFSK	BFSK	BPSK	正交多载波	BPSK
载波通信速度				800bit/s	5400bit/s

（4）GPRS 智能电能表通过 RS–485 总线连接最多可以 16 只电能表。

（5）避免居民用户安装 5 时段电能表。5 时段电能表不能正确计量居民峰、谷两个时段的分时电量。

（6）避免三相四线电能表，特别是 I 型集中器的电源中性线不接或虚接。三相四线电能表不接电源中性线，在中性线桩和相线之间安装采集器后，电能表中性点会发生很大漂移，不仅影响计量的正确性，而且采集成功率也会打很大折扣。 I 型集中器不接中性线会影响采集成功率。

思考与练习

1. 集中器的安装技术要求是什么？
3. 集中器的具体安装要求有哪些？
3. 集中器主接线端子的功能是什么？
4. 现场安装注意事项有哪些？

模块 3　采集器的安装和接线方式（TQJL04003）

模块描述

本模块包含采集器安装和接线方式。通过介绍，掌握采集器的安装和接线方式，了解安装的基本要求。

模块内容

一、技术要求

（1）采集器的主接线需要使用至少 2.5mm^2 的硬芯铜线，由于采集器的上行使用的是电力线载波通信，下行使用的是 RS-485 通信，所以对于采集器的安装，主要的接线是主接线和 RS-485 接线，RS-485 建议使用专用的信号线，建议使用黄绿两色线，以黄色连接 RS-485A 通信接口，绿色连接 RS-485B 通信接口，以免出现接线错误造成的通信失败。

（2）RS-485 接线应采用手牵手方式接线。星形连接和树形连接很容易造成信号反射，影响数据通信的稳定性和可靠性。总线上的每个连接点上的两根电缆应使用冷压头压接，不允许超过 2 根电缆接入同一节点以免形成星形连接。RS-485 连接完成后请使用万用表的通表测试采集器到每块电能表的连接是否安全、可靠，确保 RS-485 线的 A 与 B 没有短路。

（3）使用线缆布线前，使用万用表监测线缆是否存在断点，检测两芯电缆是否短路。用万用表电阻挡分别检测线缆两端的两芯，检测线缆是否存在内部短路的问题；在一端短接电缆两芯，用万用表电阻挡连接电缆另一端检测两芯电缆是否存在断点。

（4）请务必确保各采集设备接线的稳固与正确，并保持布线工艺的美观。

二、安装要求

（1）施工现场严格遵守各项规章制度，注意安全，做好安全保障，保持断电操作。

（2）保证现场施工质量，如：电源线、RS-485 线正确可靠连接（转接口 4 根连接线的颜色要对应，否则易造成设备损坏）。

（3）做好施工记录（采集器地址、对应表地址、安装位置），并签字确认。

（4）为减少后期维护，施工时做好调试确认工作，使用手持式数据采集器读取采集器内数据，核对搜到的表计地址是否与采集器连接的表计铭牌上地址一致。

三、实施原则

（1）根据现场计量箱实际情况，考虑采集器结构尺寸，首先确认计量箱内是否安装采集器。

（2）计量箱内无空间可安装采集器，结合实际计量箱情况，考虑是否可通过增加采集器外挂箱方式完成低压用户用电信息采集。

（3）计量箱内无空间可安装采集器，需要通过改造计量箱（更换新的计量箱），新的计量箱包括采集器外挂箱配置。完成采集低压用户用电信息采集。

根据 2011 年用电信息采集建设对象，载波采集方案中计量箱结构类型主要分为单体单相计量箱、单体三相计量箱。对于单相、三相计量箱的采集安装方式共分为如下方式。

（一）单体单相计量箱

1. 原计量箱内安装采集器

单相计量箱内有空间可安装采集器，该计量箱无须更换或改造，在原有的计量箱内安装采集器，如图 4–3–1 所示。

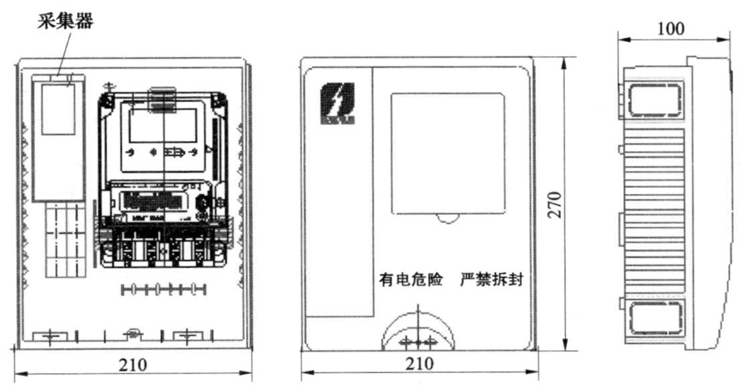

图 4–3–1　原计量箱内安装采集器

2. 加装采集器外挂箱

单体单相计量箱内无空间可安装采集器，同时计量箱设有连接块装置，可通过新增加的采集器外挂箱拼接由连接块来进行完美拼接，原有的单体单相计量箱由于可以外挂采集器，计量箱得以继续使用，如图 4–3–2 所示。

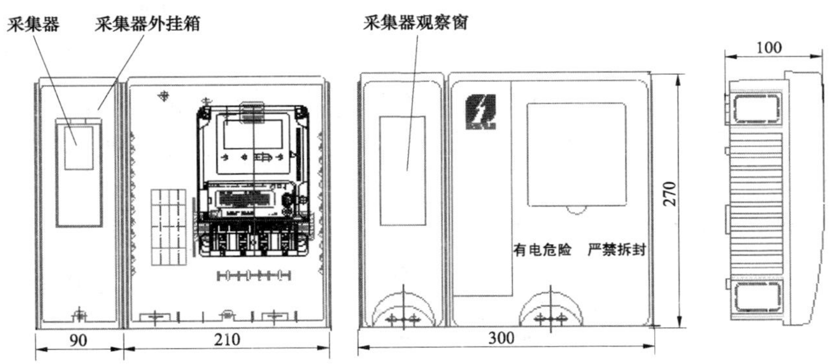

图 4–3–2　加装采集器外挂箱

3. 更换单体单相计量箱

计量箱内无空间安装采集器，同时不能通过增加采集器外挂箱方式或计量箱损坏严重需要改造，此种情况下可通过更换计量箱方式完成采集。配置的新计量箱包括采集器外挂箱，如图 4–3–3 所示。

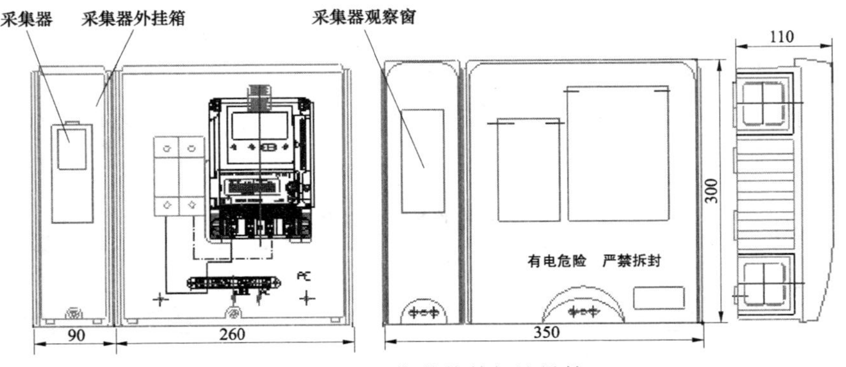

图 4–3–3　更换单体单相计量箱

（二）单体三相单计量箱

1. 原计量箱内安装采集器

三相计量箱内有空间可安装采集器，该计量箱无须更换或改造，在原有的计量箱内安装采集器，如图 4–3–4 所示。

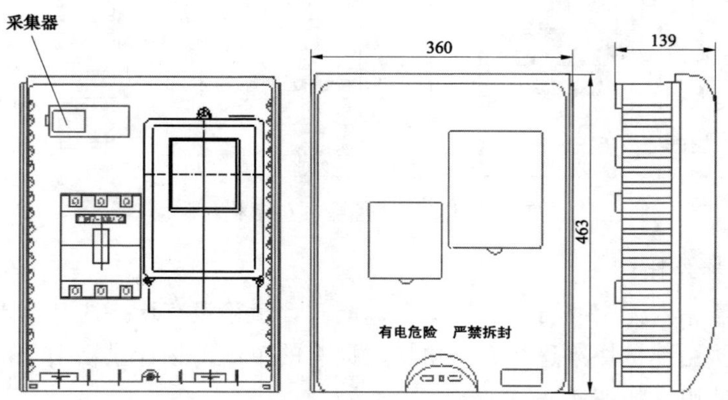

图 4–3–4 单体三相单计量箱原计量箱内安装采集器

2. 更换单体三箱计量箱

计量箱内无空间安装采集器，同时不能通过增加采集器外挂箱方式或计量箱损坏严重需要改造，此种情况下可通过更换计量箱方式完成采集。配置的新计量箱包括采集器外挂箱，如图 4–3–5 所示。

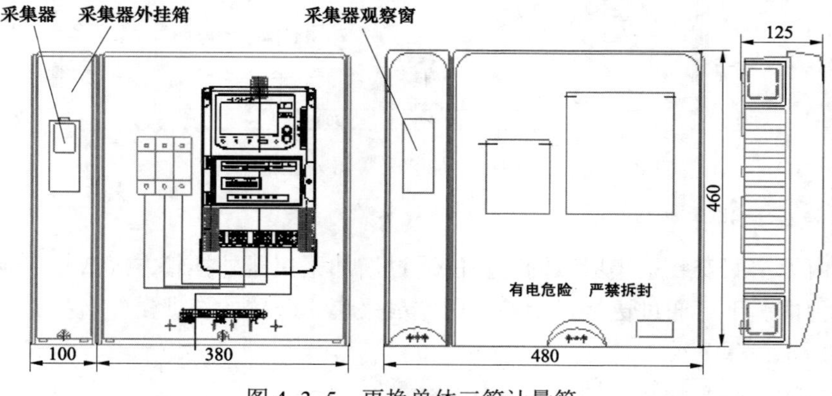

图 4–3–5 更换单体三箱计量箱

四、采集器端子说明及接线方式和安装要求

（1）Ⅱ型采集器的主接线端子电源端子和 RS–485 通信端子，采集器的各接线端子定义见表 4–3–1。

表 4–3–1 采集器的各接线端子

接线端子	L（红色）	N（黑色）	A（黄色）	B（绿色）
功能标识	交流 220V 电源 L 相输入	交流 220V 电源 N 相输入	RS–485 通信线 A	RS–484 通信线 B

注 1. 相线、中性线不能接反。

2. 采集器 RS–485 的 A/B 要和表计的 A/B 对应接入。

（2）接线方式。Ⅱ型采集器外形实物如图 4–3–6 所示。

图 4–3–6　Ⅱ型采集器外形实物图

思考与练习

1. 采集器的安装有哪些技术要求？
2. 采集器的安装要求有哪些？
3. 采集器各接线端子定义是什么？
4. Ⅱ型采集器的接线端子功能标识是什么？

模块 4　现场设备调试（TQJL04004）

模块描述

本模块包含集中器的主界面、菜单界面、现场调试及采集器的现场调试。通过介绍，了解集中器的菜单功能，掌握集中器的现场调试方法与步骤。

模块内容

一、集中器主界面以及主界面菜单

（1）终端主界面如图 4–4–1 所示。

1）主显示界面信息：显示终端日期和时间。

2）顶层状态栏：显示固定的一些参数（不参与翻屏轮显），如终端登录状态、信号强度、信道类型、告警提示、测量点号、终端时钟等。

3）底层状态栏：显示终端各端口通信运行状态，当某端口图标闪烁时表示该端口处于通信状态，包括以太网通信接口、本地通信接口、GPRS/CDMA 通信接口、载波通信接口、交流模拟量数据采样、RS–485 通信接口、USB 维护接口、FLASH 数据存储接口。

图 4–4–1　终端主界面

4）顶层和底层各状态符号含义见表 4–4–1。

表 4–4–1　　顶层和底层各状态符号含义

分类	图标	图标功能说明
顶层状态栏	（天线图标）	终端登录状态指示： 1）当终端正在登录时，闪烁。 2）当终端登录成功后，常亮；登录失败后，消失
	（信号强度图标）	信号强度指示，最高是 4 格，最低是 1 格。 1）当信号只有 1～2 格时，表示信号弱，通信不是很稳定。 2）信号强度为 3～4 格时信号好，通信比较稳定
	G↑↓	G 表示 GPRS 通信方式；C 表示 CDMA 通信方式。 “G”表示处于服务端监听状态，“↑”表示终端以客户端建立到主站的 TCP 连接（主动上报），“↓”表示终端以服务端模式响应主站发起的 TCP 连接
	（!）	异常告警指示，表示集中器或测量点有异常情况。 当集中器发生异常时，该标志将和异常事件报警编码轮流闪烁显示
	00	事件编号
	01	表示第几号测量点数据
底层状态栏	（以太网图标）	集中器以太网通信状态标识，通信时闪烁
	（维护接口图标）	集中器本地维护接口通信状态标识，通信时闪烁
	（无线公网图标）	集中器无线公网（GPRS/CDMA）通信状态标识，通信时闪烁
	（电话图标）1	集中器电力线载波通信状态标识，通信时闪烁
	（电话图标）2	集中器抄表 RS–485 Ⅰ 通信状态标识，通信时闪烁
	（电话图标）3	集中器抄表 RS–485 Ⅱ 通信状态标识，通信时闪烁
	（电话图标）4	集中器抄表 RS–485 Ⅲ 通信状态标识，通信时闪烁
	（USB 图标）	集中器本地 USB 接口操作状态标识，数据读写时闪烁
	（存储器图标）	集中器存储器操作状态标识，数据读写时闪烁

（2）主菜单。主菜单包括测量点数据显示、参数设置与查看、终端管理与维护，如图 4–4–2 所示。

1）测量点数据。主要包括实时数据、日数据、月数据。

2）实时数据。包括正向有功电能示值、正向无功电能示值、反向有功电能示值、反向无功电能示值、一象限无功电能示值、二象限无功电能示值、三象限无功电能示值、四象限无功电能示值、视在功率、电压、电流、有功功率、无功功率、功率因数、正向有功需量、反向有功需量等。

3）日/月数据。包括正向有功电能示值、反向有功电能示值、正向有功需量、反向有功需量等。在进入日、月数据查询时应该弹出日期选择界面。当集中器未配置测量点时，弹出提示窗口“未配置电能表”。

图 4–4–2　主菜单

二、集中器的现场调试

集中器的主要功能是采集电能表信息，并将采集到的信息存储并上传给后台设备，是上行通信（集中器与主站之间的通信）和下行通信（集中器与采集器/电能表）的分界点，是载波集中抄表系统中的重要组成部分。集中器的功能相当强大，为测试与故障分析提供了诸多工具，所以熟悉集中器的功能与操作是相当有必要的，熟悉集中器的功能与相关操作，能使我们便捷的实现诸多需求。

1. 通信参数设置

（1）选择“参数设置与查看”菜单，按确认键进入下一级菜单。

（2）选择“通信信道设置”菜单，进入通信参数设置页面，需选择/输入信道类型（GPRS、以太网等）、主站 IP 地址及端口、工作模式（客户机模式/服务器模式/混合模式）、通信协议（TCP/UDP）。

（3）按“保存设置”，保存本次设置的通信参数。

2. 电能表参数设置

（1）选择“参数设置与查看”菜单，按确认键进入下一级菜单。

（2）选择“电能表参数设置”菜单，进入电能表参数设置页面，选择或输入测量点号，选择测量点状态（有效/无效）、测量点类型（RS–485 表/载波表）、通信协议（国标电能表/交采电能表/国标 07 表[1]）、通信端口号（1：交采/2：RS–485–I/3：RS–485–II/31：载波接口）、波特率（国标 97 表[2]：1200bit/s/国标 07 表：2400bit/s）、通信地址、采集器地址。

（3）按“保存设置”，保存本次设置的电能表参数。

3. 测量点数据显示

（1）选择“测量点数据显示”菜单，按确认键进入“测量点数据”页面。

（2）选择或输入测量点号，按“详细信息”显示测量点数据。

（3）当测量点性质为交采/RS–485 表时，可显示当前/上月有功示数、当前无功示数、需量值、电压值、电流值、功率、功率因数、相位角等。

（4）当测量点性质为载波表时，可显示当前电能表示数、上日日冻结示数。

4. 载波抄表测试

（1）按下确认键不放，再按一下向右键，进入隐藏菜单。

---

[1] 执行 DL/T 645—2007《多功能电能表通信协议》的电能表。

[2] 执行 DL/T 645—1997《多功能电能表通信规约》的电能表。

（2）输入测量点号，按“确定”进入测试。

（3）该功能可以测试短距离内载波表与集中器的通信，或者是 RS–485 表到采集器再到集中器的通信。

（4）根据载波采集系统的典型架构，我们可以将整个系统看成是由两部分组成，即电能表——采集器——集中器；集中器——后台。将对整个系统的调试也依此分为上行与下行的调试。

5. 集中器与主站通信的调试步骤

（1）确认集中器的 SIM 卡安装正确。

（2）确认外置天线安装完好，并且天线所处的位置信号良好，确保集中器的场强在 12dBμV/m 以上。

（3）确认 SIM 相关服务已开通。

（4）确认集中器的通信参数设置正确。

（5）确认集中器的通信模块的各个指示灯工作正常。

（6）确认集中器上电后通信流程走至“连接服务器”并且如果在后台建立了档案的前提下集中器可以“连接服务器成功”否则根据通信流程说明来排查故障。

（7）确认集中器上线（集中器的上线标志是：网络灯常亮，信号强度足够、屏幕左上方的“G”常亮），并与后台对视。

（8）详细记录该集中器的位置及相关的安装信息。

6. 集中器下行通信（下行）的调试步骤

（1）通过相关工具（如掌持机）确认采集器是否可以采集下属 RS–485 电能表信息。

（2）确认采集器与所对应集中器是否在同一台区。

（3）确认电能表地址与主台配置档案一致。

（4）如有采集器地址，确认采集器地址及其所属电能表信息是否正确。

（5）通过相关工具测试集中器载波模块的好坏。

（6）详细记录电能表的安装信息。

三、采集器的现场调试

将采集器安装到表箱，用手持设备通过红外读取采集器内参数，进入掌机程序→检采集器→数据抄读→参数抄读，如果能读取到采集器内电能表地址，与所接电能表地址一致，即表示采集器和 RS–485 表通信正常，如不能抄表则需要检查 RS–485 接线是否正确、采集器状态灯是否正常。常见问题：

（1）RS–485 线 A 和 B 接反。

（2）RS–485 线未可靠接触或不牢固。

（3）数据线卡扣接触不好，有损坏。

思考与练习

1. 集中器的主菜单包含哪些内容？

2. 集中器的主要功能是什么？
3. 集中器与主站通信的调试步骤有哪些？
4. 采集器现场调试常见问题有哪些？

模块 5　常见故障和排查（TQJL04005）

模块描述

本模块包含采集失败的常见故障和分析。通过介绍，掌握基本故障的分析处理。

模块内容

一、常见故障分析和处理

（一）整个台区完全采集不到数据

分析：发生此种故障时较有可能的是集中器故障，因为单个电能表或者采集器的故障一般都不足以影响到整个台区的数据采集，可能集中器断电或集中器出现故障（一是集中器自身就没有采集到数据；二是集中器本身已采集到数据，但是由于通信故障，集中器中的数据无法传输到主台）。

处理方法：

（1）利用后台管理软件来判断集中器是否与主站的通信存在问题，如果集中器无法与主站进行通信，则将故障处理转入对集中器的通信故障处理。

（2）根据集中器上传的事件查看集中器是否出现断电事件，判断终端是否断电。

（3）如果集中器与主站通信良好，则需要进一步确定故障所在。

（4）如果不是通信故障引起的，则需要现场确认集中器中是否采集到数据，若集中器未采集到数据，首先，需要关注的是集中器的接线是否正确、稳固，现场常见的故障是由于 U 相电压接线故障或者 U 相接触不良容易导致集中器无法正常工作，可能导致集中器有时抄表正常，有时完全不抄表。

（5）通过观察集中器的载波模块指示灯或使用相应的设备（如抄控器）来确定集中器的载波模块是否正常。容易出现的故障是集中器与载波模块的接口故障或者载波模块损坏。

（6）如集中器工作正常，需要确定集中器中的档案与现场是否一致，容易出现的故障是，串台区、电能表规约配置错误等。

（7）在新建小区，容易出现现场所有的采集器或者电能表未上电正常运行的情况。

（二）集中器可以采集台区部分数据，部分采集失败

分析：造成该故障的原因可能是集中器的通信故障造成的集中器数据上传或者召测不完全；也有可能是由于部分采集器的故障或者电能表的故障引起的。

处理方法：

（1）根据数据分析，是否存在整个采集器所属的所有电能表不能采集，如有，则可能是采集器没有上电，或者是采集器的载波模块损坏，可以用抄控器来确认。

（2）如有采集器下属的部分电能表无法召测，则可能是 RS–485 表的接线故障，建议每个采集器布线完成后，即对该采集器的下行通信进行检测，来避免该项故障。

（3）查看电能表档案及所归属的采集器档案是否正确。

（4）观察相关电能表是否有通信故障，或者电能表未接入用电系统，可用抄控器来进行确认。

（三）集中器有时可以采集数据，有时不能采集数据

分析：因为集中器可以采集数据，所以可以排除集中器的硬件故障，应分析集中器日志，看集中器是否一直处于正常工作状态，以及观察集中器的档案是否与现场一致，以免在不经意间主站对集中器进行了误操作。

处理方法：

（1）可能是集中器的通信故障，检查集中器与主站之间通信是否正常。

（2）观察集中器 U 相电压输入是否稳定，现场多有 U 相接触不良引起的该问题。

（3）核对档案，检测集中器是否被主站进行了误操作导致档案改变。

（四）个别电能表信息无法采集

分析：如有个别电能表信息无法采集，应从电能表一侧来排查故障。

处理方法：

（1）核对电能表档案，核对其归属的采集器档案。

（2）用抄控器来确认电能表的通信是否工作正常。

（3）观察电能表是否接入用电。

（4）集中器尚处于路由学习期间，尚未能与该电能表建立相关路径。

二、GPRS 通信常见故障

【故障现象 1】

终端安装到现场后，无法获得 IP 地址，无法注册前置机。观察信号强度发现只有一格或没有，重启终端后发现状态栏显示的终端信号强度小于 13dBμV/m。用场强测试仪测试周围发现信号强度衰减数值为：–80～–95dB。

原因分析：这是由于现场 GPRS 信号强度较弱造成。

解决方法：将这些终端逻辑地址、大用户名称以及地址统计出来并提交移动公司或者提交给终端厂家并邀请终端厂家、移动公司共同协商解决方案。

【故障现象 2】

终端安装到现场后，在打开电屏门的状态下，终端可以正常上线并通过主站的联调；但是安装队关上柜门并离开现场一段时间后，由于现场停电等原因导致终端下线，发现终端掉线并再也无法重新上线。

原因分析：这是由于现场 GPRS 信号强度较弱造成。但与第一点不同的是，终端所在配电房周围的信号强度比较大，可以满足终端上线的要求，只是由于电屏门关闭后由于柜门对信号有较强的衰减作用导致柜内终端无法接收外界的信号，一旦终端掉线就需要重新进行拨号并注册网络，此时如果信号强度不够的话则极有可能导致终端无法成功注册前置机。这种现象一般出现在箱式变电站内比较多。

解决方法：针对此类终端，可加装外引天线，通过场强测试仪找到一个安全可靠并且信号强度较强的位置安置好外置天线的接收端。

【故障现象3】

终端安装到现场后，终端可以正常拨号并显示信号强度，但是无法正常通过身份验证并获得IP地址，也没有相应的提示信息显示。

原因分析：SIM卡相关业务开通异常或SIM卡欠费等，导致SIM卡无法通过身份验证导致拨号失败。

解决方法：针对此类终端，可将终端中的SIM卡取出并清除干净SIM卡表面的污垢后重新装入终端，同时检查确信终端的天线连接紧固，在现场信号强度达到要求的情况下，一般可以解决问题，否则可考虑更换终端。

【故障现象4】

终端安装现场信号强度大于18dB，终端可以通过身份验证并获得IP地址，但是注册前置机失败，终端显示“登录前置机失败，休眠5分钟”的信息。

原因分析：这种现象的故障原因一般是由于终端中有关通道的参数设置有误造成。

解决方法：重点检查终端通信通道参数设置，还要检查一下终端地址是否正确。

【故障现象5】

终端液晶屏无信号指示，终端无法获得IP地址，也无法注册前置机上线，重启终端后查看通信调试信息，没有显示正在拨号或信号强度、身份验证等信息提示，检查周围信号强度达到要求，可排除信号不够的可能性。

原因分析：这种故障一般为硬件故障，可能有以下几种原因：

1）终端本身的通信模块损坏或者SIM卡被烧坏、SIM卡数据被损坏。

2）终端在搬运和安装过程中导致通信模块松动或者由于在现场环境的高温条件下导致通信模块变形扩张，从而使得终端上的SIM卡插槽松动，SIM卡接触不良而引起。

3）SIM卡表面存在污垢或者由于高温和现场环境空气污染而导致SIM卡表面的铜膜被氧化。

4）终端天线松动或者接口处在高温下被氧化。

5）SIM卡被注销。

解决方法：首先确定是否由于SIM卡原因造成，可用一张确信没有问题的备用卡来替换终端中原有的SIM卡，重新启动终端，如果成功注册上线说明原来的SIM卡有问题，可交移动公司解决；如果上述方法无法解决问题，可观察终端通信调试信息，若终端无法检测通信模块型号，且停留在“打开串口”状态，则可能是通信模块故障或模块与终端接口故障，需要更换通信模块或终端。

【故障现象6】

终端能够拨号成功上线，并与主站建立通信连接，但在十几秒甚至几十秒后很快掉线并重新开始拨号。并且每次都能够拨号成功，不断重复上述过程。

原因分析：终端上线后与主站建立TCP连接后马上被系统关闭TCP连接，可能是终端IP不在系统路由表中，或系统对于同一个地址只允许一台终端上线，另一台地址相同的终端登录上线后系统自动踢出之前上线的终端。

解决方法：关闭终端电源，请系统操作人员召测终端数据，若系统仍显示终端通信正常，则表明，系统内该终端地址被重复使用，需要同步更改终端地址和系统档案中对应的终端地址，并且设法确认另一台终端地址是否正确，如现场核实所有通信失败终端等。若排除了终端地址重复使用，则需要现场查看终端获取的IP地址，请移动公司确认该地址是否在预先正确分配的IP地址段，系统路由及防火墙配置是否正确。一般现场可通过更换SIM卡的方法解决IP地址分配不当的问题。

三、注意事项

由于采集系统涉及电能表数较多，而每个台区的用户情况并不是固定不变的，每个台区都有动迁、新用户等诸多情况，而由于电能表数目较多，虽然电能表故障率较低，但是整个系统难免会出现不定数目的电能表故障。可能这些情况每日发生的数目并不多，但是日积月累，势必会对采集系统的成功率造成影响。

为了保证采集系统的正常运行，维持系统时刻保持在最佳运行状态，务必要对系统进行一定的日常维护，建议包括：

（1）时刻统计台区的用户变化情况，及时的完成相应的用电流程及更改营销系统中的用户档案，使其时刻保持与现场用户情况一致，以保证采集系统的档案时刻正确。

（2）对于个别电能表损坏的情况，应及时换表，并完成相应的换表流程，保证系统运行正常。

（3）应对出现采集故障的台区及时进行维护，对出现故障的采集器、集中器进行相应的维护，并及时完成相应的档案更改流程。

思考与练习

1. 采集失败常见故障分为哪几种？
2. 当个别电能表信息无法采集时，如何进行处理？
3. 如何对采集系统进行日常维护？

第 5 章

违约用电、窃电的查处

模块 1　窃电及违约用电（TQJL05001）

模块描述

本模块包含窃电及违约用电的定义。通过概念描述、术语说明、案例分析，掌握窃电及违约用电的分类。

模块内容

一、窃电

我国有关电力法规如《供电营业规则》《电力供应与使用条例》等对窃电的定义如下：

窃电，指以非法占用电能，以不交或者少交电费为目的，采用非法手段不计量或者少计量用电的行为。

按《供电营业规则》的规定，任何单位或个人有下列行为之一的，即为窃电：

（1）在供电企业的供电设施上，擅自接线用电。

（2）绕越供电企业的用电计量装置用电。

（3）伪造、开启法定的或者授权的计量检定机构加封的用电计量装置封印用电。

（4）故意损坏供电企业用电计量装置。

（5）故意使供电企业的用电计量装置计量不准或者失效。

（6）采用其他办法窃电。

二、违约用电

根据《供电营业规则》的规定，违约用电定义为：危害供用电安全，扰乱正常供用电秩序的行为，不按照事先约定的供用电合同用电的，属于违约用电行为。

下列危害供用电安全，扰乱正常供用电秩序的行为，属于违约用电行为：

（1）擅自改变用电类别。

（2）擅自超过合同约定的容量用电。

（3）擅自超过计划分配的用电指标。

（4）擅自使用已在供电企业办理暂停手续的电力设备或启用供电企业封存的电力设备。

（5）擅自迁移、更动和擅自操作供电企业的用电计量装置、电力负荷管理装置、供电设施以及约定由供电企业调度的用户受电设备。

（6）未经供电企业同意，擅自引入（供出）电源或将备用电源和其他电源私自并网。

三、案例分析

【例 5–1–1】2004 年 6 月，某供电公司在检查用户用电情况时，发现某宾馆计费的三相四线电能表的表尾铅封有伪造痕迹，且打开该电能表表尾盖，发现其一相电压虚接，用电检查人员现场判定该用户窃电，取证后立即向该宾馆下达《违约用电、窃电通知书》，并对其中止供电。该宾馆负责人对供电公司的检查行为不予配合，并拒绝在通知书上签字。

停电两周后，该宾馆负责人向供电公司递交“恢复供电申请”，并补交了电费，承担了违约使用电费，供电公司即对宾馆恢复了供电。但 2004 年 7 月，宾馆以供电公司违法停电给宾馆造成了经济损失为由，向当地人民法院提起诉讼，请求判令供电公司承担赔偿责任。

（原告诉称：供电公司在用电检查时以发现电压虚接，即认为原告窃电，证据不足。被告停止供电的行为违法，原告补交电费和承担违约使用电费的理由是为了恢复用电，请求法院判决被告为原告恢复名誉、退还已承担的违约使用电费，赔偿因停电造成的经济损失。）

试分析：

（1）作为用电检查人员，你认为该宾馆是否存有窃电行为？

（2）你将以什么理由向法院进行抗诉？

分析：

（1）该案中的“宾馆的计费电能表的表尾铅封有伪造痕迹，电能表表尾盒电压虚接”的现象，分别符合《电力供应与使用条例》第三十一条所规定的禁止窃电行为中的“（三）伪造或者开启法定的或者授权的计量鉴定机构加封的用电计量装置封印用电；（五）故意使供电企业的用电计量装置不准或者失效”的窃电行为。

因此认为该宾馆的窃电行为成立。

（2）抗诉理由如下：

1）供电公司依照《供电营业规则》《电力供应与使用条例》等有关规定，对原告进行用电检查，行为合法有据。

2）被告的“计费电能表的表尾铅封有伪造痕迹，电能表表尾两相电压与电流连接片脱开”的现象，符合《电力供应与使用条例》所规定窃电的表现形式，应认定为窃电行为。

3）供电公司应向法院提交拍摄的原告窃电现场照片、伪造的铅封封印，原告正常月份的用电量电费清单，原告补交电费和违约使用电费单据等证据。

4）《供电营业规则》第一百〇二条规定：“供电企业对查获的窃电者，应予制止，并可当场中止供电。窃电者应按所窃电量补交电费，并承担补交电费 3 倍的违约使用电费。拒绝承担窃电责任的，供电企业应报请电力管理部门依法处理。窃电数额较大或情节严重的，供电企业应提请司法机关依法追究刑事责任。”

5）虽然原告未在《违约用电、窃电通知书》上签字认可，但原告补交电费和承担违约使用电费的行为，足以表明原告认可了自己的行为，现在又翻供否认，与事实不符，请求法院驳回原告的诉讼请求。

思考与练习

1. 窃电的定义是什么？
2. 简述窃电的类型。
3. 什么是违约用电？

模块2　窃电查处规定（TQJL05002）

模块描述

本模块包含窃电查处规定。通过概念描述、案例分析，掌握窃电查处规定和程序。

模块内容

一、窃电查处规定

根据《中华人民共和国电力法》《电力供应与使用条例》《供电营业规则》等法规，选列以下窃电查处规定：

（1）窃电的检查、处理需按照程序规范、手续合法、主体明确的要求进行。

（2）查处窃电案件必须以事实为依据，证据确凿，有法律认可的物证、摄像、笔录等证据。

（3）每例案件均由主持调查责任单位填报、上报。

（4）现场取证，收取证据及材料。

（5）用电检查人员在执行检查任务时，现场用电检查人员不得少于两人，现场检查确认有窃电行为的，检查人员必须当场调查、取证，并下达《违约用电、窃电通知书》一式两份，由客户代表签收，一份送达客户，一份作为处理依据存档备查。

（6）检查人员发现窃电行为应保护现场，及时采取拍照、摄像、录音等手段收集证据，收缴与窃电有关的物证（对不易移动的物证应进行拍照）并及时登记备案。对于窃电工具、窃电痕迹、计量表计等需要鉴定的，检查人员应予以封存。鉴定单位或机关进行鉴定后出具的书面鉴定结论应及时登记备案。

（7）对拒绝承担窃电责任的窃电行为人，其行为构成犯罪的，应依照《中华人民共和国刑法》第一百五十一条或第一百五十二条的规定依法起诉。对已经查获且其窃电行为并构成犯罪的嫌疑人，应向当地公安部门报案，依法起诉。

（8）客户对窃电行为拒不承认和改正，用电检查人员可依照电力法规规定的程序中止供电。

（9）对窃电行为的处理应依照查、处分开原则。用电检查部门应制定窃电处理的内部流程，按照现场开具的连续编号的《违约用电、窃电通知书》，连续登记《违约用电、窃电处理情况登记表》，计算并填写《违约用电、窃电处理工作单》，按照审批权限经相关领导审批后，填写《交费通知单》，并交给客户；《违约用电、窃电处理工作单》（一式两份）交营业收费部门，登记《违约用电、窃电处理情况登记表》内“转营业收费日期”栏。客户持《交费通知单》到营业收费部门交费。营业收费部门依据《违约用电、窃电处理工作单》收取追补电费及违约使用电费，并填写有关内容。填写完毕的《违约用电、窃电处理工作单》，一份留存，一份转回用电检查部门。用电检查部门将“工作单”存档，同时登记《违约用电、窃电处理情况登记表》；对有停限电的客户，安排恢复送电工作。违约、窃电的客户交纳一切费用后，收费营业人员应及时通知用电检查部门，保证尽快恢复对客户的正常供电。

（10）对查实窃电用户的处理，除当场停止供电，根据电量的多少，分级审批后按不同的电价，追补电费和补交追补电费的 3 倍违约使用电费。

（11）因窃电或违约用电造成供电企业的供电设施损坏的，责任者必须承担供电设施的修复费用或进行赔偿。

（12）私制供电企业专用的用电计量装置封印模者，造成窃电的按窃电处理，造成供电设施损坏的，按有关规定处理，情节严重的移送司法机关追究治安处罚或刑事责任。

（13）窃电量和窃电时间的认定方法：

1）在供电设施上擅自接线用电或绕越用电计量装置用电的，所窃电量按私接设备额定容量（千伏安视同千瓦）乘以实际使用时间计算确定。

2）其他行为窃电所窃电量，按计费电能表最大电流值（对装有限流器的，按限流整定电流值）所指的容量（千伏安视同千瓦）乘以实际窃用的时间计算确定。

3）窃电时间无法查明时，窃电日数至少以 180 天计算，每日窃电时间：电力用户按 12h 计算，照明用户按 6h 计算。

（14）供电职工在查处窃电、违约用电过程中，应遵守《供电职工服务守则》，供电职工利用职务之便，内外勾结窃电，或由于工作严重不负责任，在管辖范围内发现多次窃电案件或重大窃电案件时，用电检查应通知其所在单位负责人视其情况及时进行批评、帮助、教育，直至扣发责任者奖金或者给予行政处分、待岗、开除等提议。对构成犯罪的交由司法机关依法惩处。

二、案例分析

【例 5–2–1】 2008 年 9 月某日，一社会群众举报沿街某客户窃电。用电稽查人员现场核实，该户在电能表前接线，用于生活用电设备，共计 2kW（使用时间无法查明）。作为用电稽查人员该如何处理？（居民生活电价 0.54 元/kWh，一般工商业电价 0.71 元/kWh）

分析：

按照《电力供应与使用条例》规定，对照客户上述用电现场检查情况，该户现场行为符合《电力供应与使用条例》第三十一条第一款“绕越供电企业的用电计量装置用电”的内容。根据《供电营业规则》有关规定，应承担相应的违约用电和窃电责任。应作如下处理：

《供电营业规则》第一百〇二条规定：供电企业对查获的窃电者，应予制止，并可当场中止供电。窃电者应按所窃电量补交电费，并承担补交电费 3 倍的违约使用电费。拒绝承担窃电责任的，供电企业应报请电力管理部门依法处理。窃电数额较大或情节严重的，供电企业应提请司法机关依法追究刑事责任。

《供电营业规则》第一百〇三条规定：在供电企业供电设施上，擅自接线用电的，所窃电量按私接设备额定容量（千伏安视同千瓦）实际使用时间计算确定。窃电时间无法查明时，窃电日数至少以一百八十天计算，每日窃电时间：电力用户按12h计算；照明用户按6h计算。

处理：

窃电补交电费和违约使用电费计算如下：

补交电费=2kW×180天×6h/天×0.54元/kWh=1166.40（元）

违约使用电费=1166.4×3=3499.20（元）

以上金额合计=1166.40+3499.20=4665.60（元）

如该户拒绝承担窃电责任，供电企业应报请电力管理部门依法处理，或直至提请司法机关依法追究刑事责任。

思考与练习

1. 窃电量的认定方法是什么？
2. 窃电时间的认定方法是什么？
3. 用电检查人员在执行用电检查任务时应注意什么？

模块3　违约用电处理规定（TQJL05003）

模块描述

本模块包含违约用电处理规定。通过概念描述、案例分析，掌握违约用电处理方法。

模块内容

一、违约用电处理规定

根据《中华人民共和国电力法》《电力供应与使用条例》《供电营业规则》等法规，选列以下违约用电查处规定：

（1）违约用电的检查、处理需按照程序规范、手续合法、主体明确的要求进行。

（2）查处违约用电案件必须以事实为依据，证据确凿，有法律认可的物证、摄像、笔录等证据。

（3）每例案件均由主持调查责任单位填报、上报。

（4）现场取证，收取证据及材料。

（5）用电检查人员在执行检查时，现场检查人员不得少于两人，现场检查确认有违约用电行为的，检查人员必须当场调查、取证，并下达《违约用电、窃电通知书》一式两份，由客户代表签收，一份送达客户，一份作为处理依据存档备查。

（6）检查人员发现违约用电行为应保护现场，及时采取拍照、摄像、录音等手段收集证据，收缴与违约用电有关的物证（对不易移动的物证应进行拍照）并及时登记备案，对于违约用电痕迹、计量表计等需要鉴定的，检查人员应予以封存。鉴定单位或机关进行鉴定后出具的书面鉴定结论应及时登记备案。

（7）对查实的违约用电户，除应立即制止、拆除、查封用电设备（器具）外，并给予经济违约处理：

1）在电价低的供电线路上，擅自接用电价高的用电设备或私自改用电类别的，应按实际使用日期补交差额电费，并承担 2 倍差额的违约使用电量。使用起讫日期难以确定的，使用时间按三个月计算。

2）私自超过合同约定的容量用电的，除应拆除私增容设备外，属两部制电价的用户，应补交私增设备容量使用月数的基本电费，并承担 3 倍私增容量基本电费的违约使用电费；其他用户应承担私增容量每千瓦（千伏安）50 元的违约使用电费。如用户要求继续使用者，按新装增容办理手续。

3）擅自超过计划分配的用电指标的，应承担高峰超用电力每次 1 元/千瓦和超用电量与现行电价电费 5 倍的违约使用电费。

4）擅自使用已在供电企业办理暂停手续的电力设备或启用供电企业封存的电力设备的，应停用违约使用的设备。属于两部制电价的用户，应补交擅自使用或启用封存设备容量和使用日数的基本电费，并承担 2 倍补交基本电费的违约使用电费；其他用户应承担擅自使用或启用封存设备容量每次每千瓦（千伏安）30 元的违约使用电费。启用属于私增容被封存的设备的，违约使用者还应承担本条第 2 项规定的违约责任。

5）私自迁移、更动和擅自操作供电企业的用电计量装置、电力负荷控制装置、供电设施以及约定由供电企业调度的用户受电设备者，属于居民用户的，应承担每次 500 元的违约使用电费；属于其他用户的应承担每次 5000 元的违约使用电费。

6）未经供电企业同意，擅自引入（供出）电源或将备用电源和其他电源私自并网的，除当即拆除接线外，应承担其引入（供出）或并网电源容量每千瓦（千伏安）500 元的违约使用电费。

（8）违约用电用户，拒绝接受处理，可按国家规定的程序和公司规定的审批权限，经批准同意后可停止供电，并追交欠费和违约使用电费，停电造成的后果由违约者自负，情节严重的可依法起诉，追究责任。

（9）因违约用电造成供电企业的供电设施损坏的，责任者必须承担供电设施的修复费用或进行赔偿。

（10）供电职工在查处窃电、违约用电过程中，应遵守《供电职工服务守则》，供电职工利用职务之便，内外勾结窃电，或由于工作严重不负责任，在管辖范围内发现多次窃电案件或重大窃电案件时，用电检查应通知其所在单位负责人视其情况及时进行批评、帮助、教育，直至扣发责任者奖金或者给予行政处分、待岗、开除等提议。对构成犯罪的交由司法机关依法惩处。

二、案例分析

【例 5–3–1】某一冶炼铸造公司，10kV 供电，原报装变压器容量为 800kVA。2008 年 7

月，供电公司用电检查人员到该户进行用电检查，发现变压器铭牌有明显变动的痕迹，即对变压器容量进行现场检测，经检测变压器容量实际为 1000kVA。至发现之日止，其 1000kVA 变压器已使用 9 个月，作为用电稽查人员试分析该户的用电行为，应如何处理？［基本电费按 20 元/（kVA・月）］

分析：

该用户“私自更换变压器铭牌，将原报装变压器容量由 800kVA 更换为 1000kVA”的行为违反了《电力供应与使用条例》所禁止的“第三十条用户不得有下列危害供电、用电安全，扰乱正常供电、用电秩序的行为”第三十条第 2 项“擅自超过合同约定的容量用电”，符合《供电营业规则》第一百条规定“危害供用电安全、扰乱正常用电秩序的行为，属于违约用电行为”，应属于违约用电行为。

《供电营业规则》第一百条第 2 项规定：“私自超过合同约定的容量用电的，除应拆除私增容设备外，属于两部制电价的用户，应补交私增设备容量使用月数的基本电费，并承担 3 倍私增容量基本电费的违约使用电费；其他用户应承担私增容量每千瓦（千伏安）50 元的违约使用电费。如用户要求继续使用者，按新装增容办理手续。”

处理：

补交私增设备容量使用月数的基本电费=200×20×9=36 000（元）

并承担 3 倍私增容量基本电费的违约使用电费=36 000×3=108 000（元）

拆除 1000kVA 变压器，更换为原报装 800kVA 变压器。若用户要求继续使用 1000kVA 变压器，则应到供电公司按新装增容办理手续。

思考与练习

1. 何谓违约用电？
2. 在电价低的供电线路上，擅自接用电价高的用电设备或私自更改用电类别的违约用电行为，应如何处理？
3. 私自迁移、更动和擅自操作供电企业的用电计量装置的违约用电行为，应如何处理？
4. 供电职工、用电检查人员违反《供电职工服务守则》的如何处理？

模块 4　防止窃电的技术措施（TQJL05004）

模块描述

本模块包含窃电分析、防窃电常用技术措施等内容。通过概念描述、公式推导、要点归纳，掌握防止窃电的常用技术措施。

模块内容

一、窃电分析

窃电是一直存在的问题，长期困扰着供电部门。一些个人或企业，将盗窃电能作为获利手段，采取各种方法不计或者少计电量，以达到不交或者少交电费的目的，造成电能的大量流失，损失惊人。窃电严重损害了供电企业的合法权益，扰乱了正常的供用电秩序，而且给安全用电带来威胁。

对窃电方法分析如下：

电能与功率成正比，与用电时间成正比，即

$$W = Pt \tag{5-4-1}$$

式中：P 为有功功率；t 为用电时间。

单相有功功率为

$$P = U_{\mathrm{ph}} I_{\mathrm{ph}} \cos\varphi \tag{5-4-2}$$

式中：U_{ph}、I_{ph} 为相电压、相电流；$\cos\varphi$ 为功率因数。

三相四线制三表法有功功率测量为三个单相功率之和。其表达式为

$$P = U_{\mathrm{A}} I_{\mathrm{A}} \cos\varphi_{\mathrm{A}} + U_{\mathrm{B}} I_{\mathrm{B}} \cos\varphi_{\mathrm{B}} + U_{\mathrm{C}} I_{\mathrm{C}} \cos\varphi_{\mathrm{C}} \tag{5-4-3}$$

三相三线二表法有功功率为

$$P = U_{\mathrm{ab}} I_{\mathrm{a}} \cos(30^\circ + \varphi_{\mathrm{a}}) + U_{\mathrm{cb}} I_{\mathrm{c}} \cos(30^\circ - \varphi_{\mathrm{c}}) \tag{5-4-4}$$

可见，要使计量装置正确计量，三个因素不能忽视：电压、电流和电能表。

常见的窃电方式如下：

1. 改变电流的窃电

（1）把电流互感器的 k1 端与 k2 端短接，使大部分电流不经过电流互感器的一次绕组，从而绕过电能计量装置窃电。

（2）断开电流互感器二次侧、短接电流互感器二次侧或使之分流，使电流幅值从大变小或为零。

（3）改变电流互感器变比，将大电流比的电流互感器铭牌换成小电流比的铭牌。

（4）电流互感器变比过大，利用电流互感器的误差特性窃电。

（5）将电流互感器二次极性接反，使电能表反转窃电，或在电能表电流线圈中通入反向电流窃电。

2. 改变电压的窃电

（1）失电压窃电，将电压互感器的熔断器断开或在电压互感器二次回路装一个开关，随时断开电压进行窃电。

（2）欠电压窃电，虚接电压线。即将电压线芯线揉断，或外层塑料未剥直接压接；采用电容分压，减小电压线圈电压。

（3）将电压互感器二次相序接反，使电能表反转。

3. 改变电能表的结构和接线方式的窃电

（1）在计度器上做文章，改变电能表常数，或使计度器不显示，损坏其机械传动部分。

（2）改变永久磁铁位置，使磁铁与铝盘间隙变小，电能表走慢。

（3）改变电能表电流线圈匝数。

（4）改变电能表电压与电流相序接线，即相序错接线。

（5）改变进入电能表的相线与中性线，将进电能表的相线与中性线对调，负载接于相线与外加中性线之间。

（6）在电能表接线端子盒或联合接线端子盒背后安装遥控窃电装置窃电。

4. 三相四线式电能表窃电方法

（1）在三相四线计量回路内任何位置切断电能表的一相、两相或三相电压，使电能表少计。

（2）在三相四线计量回路内切断电能表的连接中性线，使电能表少计。

（3）在三相四线计量回路内，将一相、两相或三相电流互感器二次侧开路，使电能表少计。

（4）在三相四线计量回路内，将一相、两相或三相电流互感器二次侧电流旁路，使电能表少计。

（5）在三相四线计量回路内接入与正常计量无联系的电压或电流，使电能表少计或反计电能。

（6）在三相四线计量回路内，改变一相、两相或三相电流互感器极性、变比。

（7）在三相四线计量回路外，将一相、两相或三相电流绕过计量装置而旁路用电，且不改变原来的用电系统，使电能表少计。

二、防窃电常用技术措施

通过对上述几种窃电方式的分析，可以看出常用的窃电方法，多是直接接触和改变电能计量装置才能达到窃电的目的。所以加强电能计量装置技术改造，使互感器、计量二次回路、电能表、联合接线盒及表箱等由以前的敞开式计量更改成全封闭式计量，是防止窃电的最有效的方法。

1. 对居民用户的防窃电措施

采用集中装表箱或全封闭表箱，即线进管、管进箱、箱加锁和封印的办法，使人表分离，让用户无法接触到电能表和二次线。

2. 对高压用户的防窃电措施

电能计量装置的改造方案：采取加装干式组合互感器（高压计量箱），并在组合互感器一次侧用热缩护套（或冷缩护套）进行封闭，以防止在一次接线端子人为短路窃电，二次回路使用铠装导线，电能表、联合接线盒安装在设有密码和防撬锁的全封闭式表箱内等方法，使整个电能计量装置处在一个全封闭状态，并将计量点按以下方法迁移（即室内向室外迁移）：

（1）对部分专线专柜用户因历史原因计量点设在用户侧的一律依法将计量点迁移到产权分界点或变电站，并安装干式组合互感器（高压计量箱），使计量回路同其他回路分开，以避免通过中间环节窃电。

（2）对 10kV 公用线路上 T 接的专用变压器用户，特别是小型炼钢厂、页岩砖厂等私营企业、乡镇企业，将计量点迁移到 10kV 公用线与用户支线的上下层间，计量装置按高压用户的电能计量装置改造方案进行安装。表箱安装在电杆上，同时在表箱内加装无线抄表装置，使抄收人员抄表更方便、快捷。给窃电带来一定的难度和风险，使窃电者无可乘之机。

（3）对计量点设在用户侧，且计量方式为高供低计的用户，将计量方式改为高供高计，并将计量点迁移到配电室外进线电杆上或变压器高压侧，电能计量装置按高压用户的电能计量装置改造方案进行安装，使原来敷设在地下的电缆由表前线变成表后线。

3. 对低供低计带电流互感器用户的防窃电措施

（1）改造时将电能计量装置用计量箱或计量柜进行一次全封闭防止窃电。

（2）将油浸式互感器更换成干式组合互感器。将原有的油浸式组合互感器更换成精度0.2S级干式组合互感器。因油浸式组合互感器可以撬开在内安装遥控窃电装置，而干式组合互感器采用整体浇注成一体，同时计量用电流互感器采用0.2S及以上精度，铁芯采用超微晶合金，使误差曲线近似一条水平直线，即使提高电流变比，只要实际一次电流在额定一次电流的1%以上，就有足够的计量精度，可以防止通过组合互感器窃电。

（3）更换原有的机电式电能表，使用新一代全电子式多功能电能表。因全电子式多功能电能表具有不能倒装、不可更改常数且具有失电压、失电流记录，电流不平衡记录及逆相序记录等事件记录式防窃电功能。

4. 对用电量大而且有窃电嫌疑用户的防窃电措施

应在表箱中加装电能计量装置异常运行测录仪。这种测录仪可以利用移动通信网络直接报警计量回路的各种故障（如失电压、欠电压、电流开路和短路、相序错误、接线错误等），又能随时和定时采集用户用电负荷情况，对用户的用电情况进行实时监测和科学管理。

5. 其他一些防窃电措施

（1）对原有的编程器加装设置密码程序。安装设置密码程序的编程器，可以方便快捷地为电能表加装密码保护，如果不输入正确的密码，任何编程器将无法对电能表进行操作，这是解决通过编程器窃电最为简单有效的办法。

（2）装设电量监视器。电量监视器又称防窃电装置，是利用高科技手段对计量设备的运行状况进行在线监视。一些防窃电计量监控器和监控计量箱能有效地防止三相四线制接线窃电。电量监视器是根据三相四线制平衡原理研究出来的。在三相四线回路内，计量监控器监测系统实时收集用户电能计量装置中的信号，对其进行放大、比较、逻辑判断，一旦出现三相四线制平衡被破坏，监测系统输出信号推动内部控制系统动作，切断用户供电回路，从而达到防窃电效果。另外，该类装置还具备自动识别功能，能自动识别外部低压输电线断电等。

（3）选用具有防窃电功能的有功电能表。防窃电电能表具有防倒转、防脱钩、防电流短路、防一线一地用电等功能。

（4）装设专用的计量柜、计量屏和防窃电的配电变压器。

1）高压供电且高压计量的用户。在开关室装专用的电能计量柜，高压供电、低压计量的用户在配电室装电能计量屏，各屏柜均应妥善加锁加封，钥匙由电力部门专人管理。

2）将配电变压器低压出线瓷套管用特制的铁箱罩住，不打开铁箱的门，则无法挂线，且门锁可使用专门制作的一次性门锁。

3）配电变压器与计量屏之间的引线用三相四芯电缆，防止将计量装置进出线进行短接窃电。

4）保护好电能表的表尾中性线，表尾中性点中性线要在计量屏柜内引接，配电变压器的中性线应和相线一起，封闭于电缆内、直接引入计量屏柜，不能在计量屏柜外引接。

5）将防窃电装置的电流检测元件安装在配电变压器油箱内的低压侧出线瓷套管的下方，将测得的电流值与通过电能表的电流值相对比，用以监视用户是否有窃电行为。

思考与练习

1. 写出三相二表法测量有功功率的公式。
2. 常见的防窃电方式有哪些？
3. 对居民用户常用的防窃电措施有哪些？

第 6 章

10kV 及以下配电设备运行维护及事故处理

模块 1　低压设备运行、维护（TQJL06001）

模块描述

本模块包含低压设备运行标准、低压设备维护要求、危险点预控及安全注意事项等内容。通过概念描述、要点归纳，掌握低压设备运行、维护。

模块内容

一、低压设备运行标准

（一）低压开关类控制设备的运行标准

1. 常用低压开关类控制设备种类

（1）低压隔离开关。

（2）低压熔断器组合电器，熔丝熔断器式刀开关、刀开关。

（3）开关熔断器组。

（4）组合开关，也称转换开关。

（5）智能型万能式低压断路器。

（6）小区变压器抽屉式开关柜。

2. 低压开关类控制设备的运行标准

（1）低压开关类控制设备应选用国家有关部门认定的定型产品，严禁使用明文规定的淘汰产品。

（2）低压开关类控制设备的各项技术参数须满足运行要求。其所控制的负荷必须分路，避免多路负荷共用一个开关设备。

（3）各设备应有相应标识，并统一编号。

（4）各种仪表、信号灯应齐全完好。

（5）动触头与固定触头的接触应良好。

（6）低压开关是控制设备应定期进行清扫。

（7）操作通道、维护通道均应铺设绝缘垫，通道上不准堆放杂物。

（二）低压保护设备的运行标准

1. 低压保护设备的种类

（1）低压保护设备。

（2）剩余电流动作保护器。

（3）交流接触器。

（4）启动器。

（5）热继电器。

（6）控制继电器。

（7）组合式漏电保护器。

2. 低压保护设备的运行标准

（1）低压保护设备应选用国家有关部门认定的定型产品，严禁使用明文规定的淘汰产品。

（2）低压保护设备各项技术参数须满足运行要求。

（3）低压保护设备的选择和整定，均应符合动作选择性的要求。

（4）低压保护设备应定期进行传动试验，校验其动作的可靠性。

（5）低压保护设备应定期进行清扫。

（6）操作通道、维护通道均应铺设绝缘垫，通道上不准堆放杂物。

二、低压设备的维护要求

（一）人员要求

（1）低压设备维护人员应持证上岗。

（2）低压设备维护人员应由工作经验的人员担任。

（3）低压设备维护人员维护过程中严格执行规程标准、规定。

（二）周期要求

（1）低压配电设备巡视周期宜每月进行一次，最多不超过两个月进行一次。根据天气和负荷情况，可适当增加巡视次数。

（2）低压设备维护工作可根据巡视情况确定。

（三）巡视要求

（1）巡视工作应由有电力线路工作经验的人担任。新人员不得单独巡线，暑天、夏天必要时由两个人进行。

（2）单人巡线时不得攀登电杆和铁塔。

（3）巡线人员发现导线断落地面或悬吊空中，应设法防止行人靠近断线地点 8m 以内，并迅速上报，等候处理。

（4）巡线发现缺陷及时记录，确定缺陷类别，及时上报管理部门。

三、危险点预控及安全注意事项

危险点预控及安全注意事项见表 6–1–1。

表 6-1-1　　危险点预控及安全注意事项

危险点	控制措施
误入带电设备	维护设备与相邻运行设备必须用围栏明显隔离，并悬挂“止步，高压危险”标示牌，标示牌应面对检修设备
	中断维护工作，每次重新开始工作前，应认清工作地点、设备名称和编号，严禁无监护单人工作
高处作业	正确使用安全带，戴好安全帽
零部件跌落打击	应使用传递绳和工具袋传递零部件，严禁抛掷
	不准在开关等设备构架上存放物件或工器具

思考与练习

1. 低压设备的运行标准是什么？
2. 低压设备的巡视应注意什么？
3. 低压设备检修的危险点预控应注意哪些？

模块 2　低压设备检修、更换（TQJL06002）

模块描述

本模块包含低压设备检修前的准备、检修前的检查项目和检查标准、检修操作步骤及工艺要求、低压设备更换程序、危险点预控及安全注意事项等内容。通过概念描述、要点归纳，了解低压设备检修及设备更换。

模块内容

一、低压设备结构

低压设备由低压电路内起通断、监视、保护、控制或调节作用的设备组合而成。

二、检修前的准备

1. 检修技术资料的准备

（1）检修设备说明书。

（2）低压设备安装竣工图。

（3）低压设备台账。

（4）低压设备验收记录。

2. 工具、机具、材料、备品配件、试验仪器和仪表的准备

（1）工具、机具应使用专用工具，保证齐全、好用。

（2）材料、备品备件应选用合格产品，保证数量充足。

（3）各种试验仪器和仪表应选用合适型号，并在使用前进行测量试验，保证各种试验仪器和仪表合格、好用。

三、检修前的检查

1. 检查项目

（1）外观检查。

（2）手动试验。

2. 检查标准

（1）各种设备外壳无破损、无裂纹。

（2）各种仪表表面无破损，指针指示正确、无摆动。

（3）各种设备触头的接触平面应平整；开合顺序、动静触头分合闸距离应符合设计要求或产品技术文件的规定。

（4）各种设备触头闭合、断开过程中可动部分与其他位置不应有卡阻现象。

（5）各种开关设备应进行操作试验，保证其正常工作。

（6）断路器受潮的灭弧室安装前应烘干。

（7）禁止使用淘汰型产品。

四、检修操作步骤及工艺要求

1. 检修操作步骤

（1）检修人员将检修所需工具、材料、备品、备件、仪器、仪表等带到检修现场。

（2）检修人员核对检修设备及作业危险点，做好控制措施。

（3）检修操作前做好保证检修安全的各种措施。

（4）由专人监护，检修人员对检修设备进行检修。

（5）检修结束拆除各种安全措施，自行验收，确认更换质量良好，申请验收。

（6）验收结束，对检修设备投入运行。

2. 检修工艺要求

（1）检修后的设备外表良好，无损伤。

（2）检修后的设备功能齐全、完好。

（3）检修后的设备布线应横平竖直，达到检修前标准。

五、低压设备更换

（1）更换设备前，检修人员将所需工具、材料、备品、备件、仪器、仪表等带到更换现场。

（2）更换人员核对本次更换设备及作业危险点，做好控制措施。

（3）更换前记录原始接线并复核，做好保证安全的各种措施。

（4）由专人监护，工作人员对更换设备进行更换。

（5）更换结束拆除各种安全措施，自行验收，确认更换质量良好，申请验收。

（6）验收结束，对检修设备投入运行。

六、危险点预控及安全注意事项

危险点预控及安全注意事项见表6–2–1。

表 6–2–1　　危险点预控及安全注意事项

危险点	控制措施
拆接低压电源	应由两人进行，一人操作，一人监护
	检修电源应有剩余电流动作保护器，移动电动工具金属外壳均应可靠接地
	检修前应断开交流操作电源，严禁带电拆接操作回路电源接头
感应触电	在强电场下进行部分停电工作应使用个人保安线
	若有试验电源，检修人员必须在断开试验电源并放电完毕后才能工作
误入带电设备	检修设备与相邻运行设备必须用围栏明显隔离，并悬挂"止步，高压危险"标示牌，标示牌应面对检修设备
	中断检修，每次重新开始工作前，应认清工作地点、设备名称和编号，严禁无监护人，单独工作
高处作业	应戴好安全帽，正确使用安全带
零部件跌落打击	应使用传递绳和工具袋传递零部件，严禁抛掷
	不准在构架上存放物件或工器具

思考与练习

1. 低压设备的检修分哪几个步骤？
2. 低压设备的更换分哪几个步骤？
3. 低压设备更换的危险点预控应注意哪些？

模块 3　低压设备常见故障处理（TQJL06003）

模块描述

本模块包含使用仪器仪表判断低压设备故障、低压设备故障的处理步骤、危险点预控及安全注意事项等内容。通过概念描述、要点归纳、案例分析，提高低压设备故障处理的能力。

模块内容

一、使用仪器仪表判断低压设备故障、故障处理步骤及要求

使用仪器仪表判断低压设备故障、故障处理步骤及要求见表 6–3–1。

表 6–3–1　　使用仪器仪表判断低压设备故障、故障处理步骤及要求

常见故障	故障判断	故障处理步骤及要求
接地故障	使用 500V 绝缘电阻表判断低压设备接地故障现象	1）断开低压设备电源。 2）任意测量设备不同相对地绝缘电阻值，分别做好记录并比较。 3）所测得设备某相对地绝缘电阻值很小或为零，说明该设备该相存在接地现象。 4）测量时应使用缩小范围法，先测量主干路，再测量不同分支路。 5）每次测量后，应立即对设备放电

续表

常见故障	故障判断	故障处理步骤及要求
短路故障	使用万用表判断低压设备短路故障现象	1）断开低压设备电源。 2）测量设备相间电阻值，分别做好记录并比较。 3）所测得设备某相电阻值很小或为零，说明该设备该相存在短路现象。 4）测量时应使用缩小范围法，先测量主干路设备，再测量不同分支路设备
断相故障	使用万用表判断低压设备断相故障现象	方法一：电阻测量法 1）断开低压设备电源。 2）测量设备相间电阻值，分别做好记录并比较。 3）所测得断相设备某相电阻值指针不动，说明该设备该相存在断相现象。 4）测量时应使用缩小范围法，先测量主干路，再测量不同分支路。 方法二：电压测量法 1）使用万用表选择合适的电压量程。 2）测量设备相间电压值，分别做好记录并比较。 3）所测得断相设备某相电压值为零值，说明该设备该相存在断相现象。 4）测量时应使用缩小范围法，先测量主干路，再测量不同分支路
过载故障	使用电流表判断低压设备过载故障现象	1）使用电流表测量每相电流值，分别做好记录并比较。 2）所测得设备过载相电流值过高或较说明书数值大很多，说明该设备该相存在过载现象。 3）测量时应使用扩大范围法，先测量不同分支路，再测量主干路
绝缘击穿故障	使用绝缘电阻表判断低压设备绝缘击穿故障现象	1）断开低压设备电源。 2）任意测量不同相设备绝缘电阻值或测量每相对地绝缘电阻值，分别做好记录并比较。 3）所测得接地相设备某相对地绝缘电阻值很小或为零，说明该设备存在绝缘击穿现象。 4）测量时应使用缩小范围法，先测量主干路，再测量不同分支路

二、案例分析

1. 分析题目

使用500V绝缘电阻表判断低压设备接地故障现象。

2. 分析简图

（1）测量U相绝缘电阻（如图6–3–1所示）。

（2）测量V相绝缘电阻（如图6–3–2所示）。

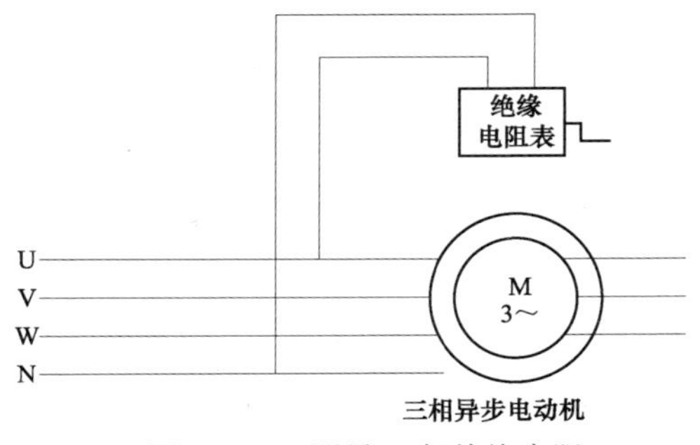

图6–3–1　测量U相绝缘电阻

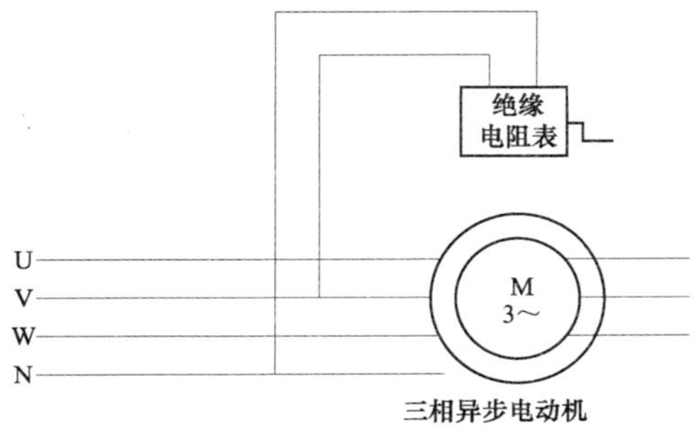

图6–3–2　测量V相绝缘电阻

（3）测量W相绝缘电阻（如图6–3–3所示）。

（4）测量UV相绝缘电阻（如图6–3–4所示）。

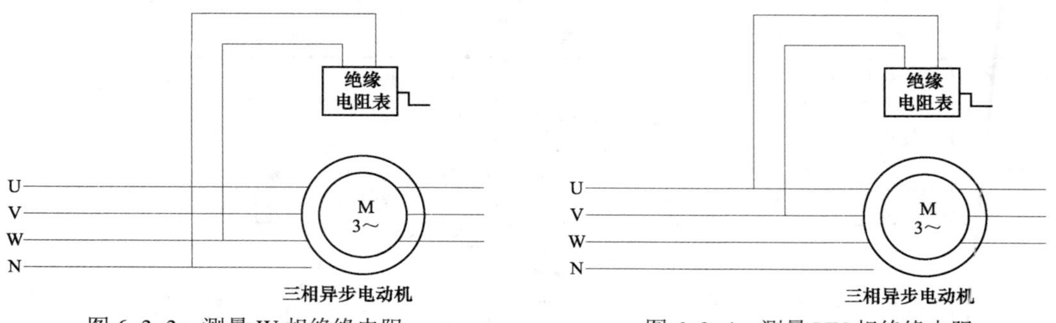

图 6–3–3　测量 W 相绝缘电阻　　图 6–3–4　测量 UV 相绝缘电阻

（5）测量 VW 相绝缘电阻（如图 6–3–5 所示）。

（6）测量 UW 相绝缘电阻（如图 6–3–6 所示）。

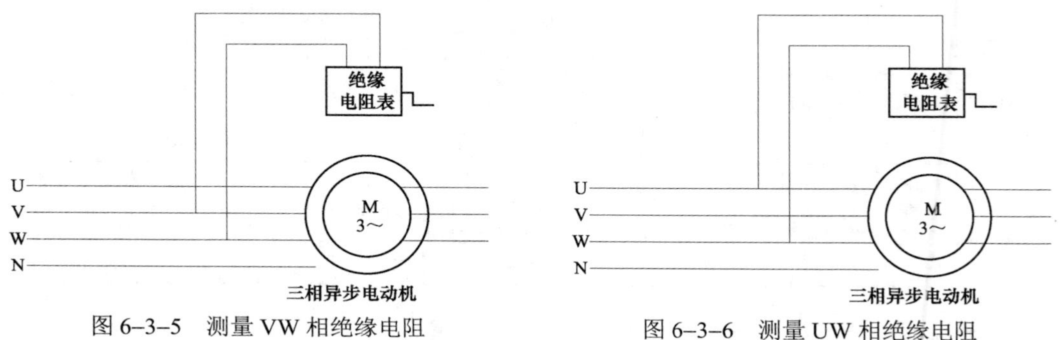

图 6–3–5　测量 VW 相绝缘电阻　　图 6–3–6　测量 UW 相绝缘电阻

3. 分析内容及步骤

（1）断开低压设备电源。

（2）打开电动机接线盒内接线连片。

（3）如图 6–3–1 所示，首先测量设备 U 相对地绝缘电阻值，小于规程规定值，基本等于零值，测量后对设备放电。

（4）如图 6–3–2 所示，其次测量设备 V 相对地绝缘电阻值，满足规程规定值，测量后对设备放电。

（5）如图 6–3–3 所示，最后测量设备 W 相对地绝缘电阻值，满足规程规定值，测量后对设备放电。

（6）对测量结果进行分析，所测得设备 U 相对地绝缘电阻值很小或为零，小于规程规定值，说明该设备 U 相存在接地现象。

（7）如图 6–3–4 所示，测量设备 UV 相绝缘电阻值，测量后对设备放电。

（8）如图 6–3–5 所示，测量设备 VW 相绝缘电阻值，测量后对设备放电。

（9）如图 6–3–6 所示，测量设备 UW 相绝缘电阻值，测量后对设备放电。

（10）测量时应使用缩小范围法，先停掉分支路，测量主干路，主干路无问题时再按照测量不同分支路的方法进行测量，逐一排查，直至查出接地设备。

三、危险点预控及安全注意事项

危险点预控及安全注意事项见表 6–3–2。

表6-3-2　　危险点预控及安全注意事项

危险点	控制措施
高低压感应电	应由两人进行，一人操作，一人监护，夜间作业，必须有足够的照明
	测量人员应了解测试仪表性能、测试方法及正确接线
	测量工作不得穿越虽停电但未经装设地线的导线
误入带电设备	检修设备与相邻运行设备必须用围栏明显隔离，并悬挂“止步，高压危险”标示牌，标示牌应面对检修设备
高处作业	应戴好安全帽，正确使用安全带
零部件跌落打击	不准在测量设备构架上存放物件或工器具

思考与练习

1. 低压设备的常见故障有哪些？
2. 低压设备的常见故障通过哪几步排除？
3. 低压设备故障处理的危险点预控应注意哪些？

模块4　10kV配电设备巡视检查项目及技术要求（TQJL06004）

模块描述

本模块包含10kV配电设备巡视的一般规定、设备巡视的流程、巡视检查项目及要求、危险点分析等内容。通过概念描述、术语说明、列表示意、要点归纳，掌握10kV配电设备巡视检查项目及技术要求。

模块内容

做好配电设备运行、维护工作，及时发现和消除设备缺陷，对预防事故发生，提高配电网的供电可靠性，降低线损和运行维护费用起着重要的作用。

一、设备巡视的一般规定

（一）设备巡视的目的

对配电设备巡视的目的是为了掌握设备的运行情况及周围环境变化，及时发现和消除设备缺陷，预防事故发生，确保设备安全运行。

（二）设备巡视的基本方法和要求

1. 巡视的基本方法

设备巡视可以使用智能巡检系统、巡视卡或巡视记录。巡视人员在巡视中一般通过看、听、嗅、测的方法对设备进行检查。

看：主要用于对设备外观、位置、压力、颜色、信号指示等肉眼看得见的检查项目的分析判断。例如充油设备的油位、油色的变化、渗漏，设备绝缘的破损裂纹、污秽等。

听：主要通过声音判断设备运行是否正常。例如变压器正常运行时其声音是均匀的“嗡嗡”声，内部放电时会有“噼啪”声等。

嗅：通过气味判断设备有无过热、放电等异常。例如通过嗅觉判断配电室有无绝缘焦煳味等异常气味。

测：通过工具检查设备运行情况是否发生变化。例如用红外线测温仪测试设备接点温度是否异常。

2. 巡视的要求和注意事项

（1）设备巡视时，必须严格遵守《电业安全工作规程》关于设备巡视的有关规定，确保巡视人员安全。

（2）巡视工作应由有电力线路工作经验的人员担任。单独巡线人员应考试合格并经工区（公司、所）主管生产领导批准。

（3）巡视人员应熟悉设备运行情况、相关技术参数和周围自然情况及风土人情。

（4）巡视人员应能对发现的缺陷进行准确分类。

（5）单人巡视时，禁止攀登电杆及铁塔。

（6）故障巡视应始终认为线路带电，即使明知线路已停电，也应认为线路随时有恢复送电的可能。

（7）夜间巡视应沿线路外侧进行，大风天气应沿线路上风侧进行，以免万一触及断落的导线。

（8）巡视工作应由有电力线路工作经验的人担任，新人员不得单独进行巡视。偏僻山区和夜间巡视应由两人进行。暑天、大雪天必要时由两人进行。

（9）巡视人员如果发现危及安全的紧急情况，应立即采取防止行人触电的安全措施，并报告相关部门及领导组织处理。

（10）对于发现的缺陷，应及时记录在巡视手册上，要记录详细、准确、字迹工整。

（11）巡视结束后，应及时把发现的缺陷统计分类，传递给检修班组编排检修计划。

（12）巡线时应持棒，防止被狗及动物伤害，必要时携带蛇药。

（13）根据不同地域、天气情况，穿着合适的服装、鞋。

（三）设备巡视周期

配电设备的巡视应与配电线路的巡视同期进行，正常巡视周期为：

（1）市区一般每月进行一次。

（2）郊区及农村每季至少一次。

（3）特殊巡视、夜间巡视、故障性巡视应根据实际情况进行。

（四）设备巡视的分类

配电设备巡视一般分为定期巡视、特殊性巡视、夜间巡视、故障性巡视和监察性巡视等。

（1）定期巡视。由专职巡线员进行，掌握线路的运行状况，沿线环境变化情况，并做好护线宣传工作。

（2）特殊性巡视。在气候恶劣（如台风、暴雨、覆冰等）、河水泛滥、火灾和其他特殊情况下，对线路的全部或部分进行巡视或检查。

（3）夜间巡视。在线路高峰负荷或阴雾天气时进行，检查导线接点有无发热打火现象，绝缘表面有无闪络等现象。

（4）故障性巡视。查明线路发生故障的地点和原因。

（5）监察性巡视。由管理人员或线路专责技术人员进行，目的是了解线路及设备状况，并检查、指导巡线员的工作。

二、设备巡视的流程

配电设备巡视的流程包括安排巡视任务、巡视准备、设备检查、巡视总结、上报巡视结果等部分内容。

1. 安排巡视任务

设备管理人员对巡线人员安排巡视任务，安排时必须明确本次巡视任务的性质（定期巡视、特殊性巡视、夜间巡视、故障性巡视），并根据现场情况提出安全注意事项。特殊巡视还应明确巡视的重点及对象。

2. 巡视准备

准备好巡视工器具和必备用品。

（1）巡视前检查望远镜等工器具是否好用。

（2）巡视前应带好巡视手册和记录笔。

（3）电缆隧道、偏僻山区和夜间巡线应由两人进行。汛期、暑天、雪天等恶劣天气巡线，必要时由两人进行。

（4）根据实际需要，携带必要的食品及饮用水。

3. 设备检查

巡视人员应对所分配巡视任务内的设备不遗漏地进行巡视，对于发现的设备缺陷应及时做好记录，如巡视中发现紧急缺陷时，应立即终止其他设备巡视，在做好防止行人触电的安全措施后，立即上报相关部门进行处理。

4. 巡视总结

巡视结束后，对巡视中发现的异常情况进行分类整理、汇总，如有设备变动应及时通知相关部门修改图纸。

5. 上报巡视结果

巡视人员将巡视结果总结后上报相关设备管理人员，设备管理人员填写缺陷记录，编排检修计划。

三、巡视检查项目

（1）配电变压器的巡视检查。

（2）跌落式熔断器的巡视检查。

（3）柱上开关巡视检查。

（4）电容器巡视检查。

（5）避雷器巡视检查。

（6）接地装置巡视检查。

四、危险点分析

危险点分析见表 6–4–1。

表 6–4–1　　危险点分析

序号	危险点	控制措施
1	狗、蛇咬伤	巡线时应持（棍）棒，防止被狗及其他动物伤害
2	摔伤	应穿工作鞋，路面湿滑、过沟崖和翻墙时防止摔伤
3	车辆伤人	应乘坐安全的交通工具，穿行公路时应注意交通安全
4	误触断落带电导线	夜间巡视应沿线路外侧进行，大风天气应沿线路上风侧进行
5	迷失方向	偏僻山区和夜间巡视应由两人进行，并熟悉现场设备状况及周边环境
6	冻伤及中暑	暑天、大雪天必要时由两人进行

思考与练习

1. 配电设备的巡视检查项目有哪些？
2. 配电设备的巡视种类有哪些？
3. 配电设备巡视的危险点有哪些？

模块 5　10kV 配电设备运行维护（TQJL06005）

模块描述

本模块包含配电变压器、跌落式熔断器、柱上开关、避雷器、电容器、接地装置等配电设备的运行维护。通过概念描述、流程介绍、要点归纳，掌握配电设备运行维护。

模块内容

配电设备的巡视检查，是配电运行维护人员的基础性工作之一。通过巡视检查，能够及时发现设备缺陷，并进行计划停电检修，这对预防事故的发生、确保设备安全运行起着重要的作用。

一、配电变压器的运行维护

变压器是用来变换电压的电气设备，配电线路中装设的变压器称为配电变压器。配电变压器主要由铁芯、绕组、油箱、冷却装置、绝缘套管、调压装置及防爆管等构成。

（1）正常巡视周期及内容。装于室内的和市区的配电变压器一般每月至少巡视一次，户外（包括郊区及农村的）一般每季至少巡视一次。巡视内容如下：

1）套管是否清洁，有无裂纹、损伤、放电痕迹。

2）油温、有色、油面是否正常，有无异声、异味。

3）呼吸器是否正常，有无堵塞现象。

4）各个电气连接点有无锈蚀、过热和烧损现象。

5）分接开关指示位置是否正确，换接是否良好。

6）外壳有无脱漆、锈蚀；焊口有无裂纹、渗油；接地是否良好。

7）各部密封垫有无老化、开裂、缝隙，有无渗漏油现象。

8）各部螺栓是否完整、有无松动。

9）铭牌及其他标志是否完好。

10）一、二次熔断器是否齐备，熔丝大小是否合适。

11）一、二次引线是否松弛，绝缘是否良好，相间或对构件的距离是否符合规定，对工作人员上下电杆有无触电危险。

12）变压器台架高度是否符合规定，有无锈蚀、倾斜、下沉；木构件有无腐朽；砖、石结构台架有无裂缝和倒塌的可能；地面安装的变压器、围栏是否完好。

13）变压器台上的其他设备（如表箱、开关等）是否完好。

14）台架周围有无杂草丛生、杂物特别是易燃物堆积，有无生长较高、较快的农作物、树、竹、藤蔓类植物接近带电体。

（2）在下列情况下应对变压器增加巡视检查次数。

1）新设备或经过检修、改造的变压器在投运 72h 内。

2）有严重缺陷时。

3）气象突变（如大风、大雾、大雪、冰雹、寒潮等）时。

4）雷雨季节特别是雷雨后。

5）高温季节、高峰负载期间。

（3）变压器的投运和停运。

1）新的或大修后的变压器投运前，除外观检查合格外，应有出厂试验合格证和供电企业试验部门的试验合格证，试验项目应有以下几项：

a. 变压器性能参数：额定电压、额定电流、空载损耗、空载电流及阻抗电压。

b. 工频耐压。

c. 绝缘电阻和吸收比测定。

d. 直流电阻测量。

e. 绝缘油简化试验。

2）停运满 1 个月者，在恢复送电前应测量绝缘电阻，合格后方可投运。

3）搁置或停运 6 个月以上变压器，投运前应做绝缘电阻和绝缘油耐压试验。

4）干燥、寒冷地区的排灌专用变压器，停运期可适当延长，但不宜超过 8 个月。

（4）变压器分接开关的运行维护。

1）无励磁调压变压器在变换分接时，应作多次转动，以便消除触头上的氧化膜和油污。在确认变换分接正确并锁紧后，测量绕组的直流电阻。分接变换情况应作记录。

2）变压器有载分接开关的操作，应遵守如下规定：

a. 应逐级调压，同时监视分接位置及电压、电流的变化。

b. 有载调压变压器并联运行时，其调压操作应轮流逐级或同步进行。

c. 有载调压变压器与无励磁调压变压器并联运行时，其分接电压应尽量靠近无励磁调压变压器的分接位置。

二、跌落式熔断器的运行维护

跌落式熔断器主要由绝缘子、静触头、支架、熔丝管等部件组成。运行中熔丝管两端的动触头依靠熔丝（熔体）系紧，将上动触头推入“鸭嘴”凸出部分后，磷铜片等制成的上静触头顶着上动触头，故而熔丝管牢固地卡在“鸭嘴”里。当短路电流通过熔丝熔断时，产生电弧，熔丝管内衬的钢纸管在电弧作用下产生大量的气体，因熔丝管上端被封死，气体向下端喷出，吹灭电弧。由于熔丝熔断，熔丝管的上下动触头失去熔丝的系紧力，在熔丝管自身重力和上、下静触头弹簧片的作用下，熔丝管迅速跌落，使电路断开，切除故障段线路或者故障设备。

1. 正常巡视周期及内容

装于市区的跌落式熔断器一般每月至少巡视一次，郊区及农村的一般每季至少巡视一次。巡视内容如下：

（1）瓷件有无裂纹、闪络、破损及脏污。

（2）熔丝管有无起层、炭化、弯曲、变形。

（3）触头间接触是否良好，有无过热、烧损、熔化现象。

（4）各部件的组装是否良好，有无松动、脱落。

（5）引线接点连接是否良好，与各部件间距是否合适。

（6）安装是否牢固，相间距离、倾斜角是否符合规定。

（7）操动机构是否灵活，有无锈蚀现象。

检查发现以下缺陷时，应及时处理：

（1）熔断器的消弧管内径扩大或受潮膨胀而失效。

（2）触头接触不良，有麻点、过热、烧损现象。

（3）触头弹簧片的弹力不足，有退火、断裂等情况。

（4）机构操作不灵活。

（5）熔断器熔丝管易跌落，上下触头不在一条直线上。

（6）熔丝容量不合适。

（7）相间距离不足0.5m，跌落熔断器安装倾斜角超出150°～300°范围。

2. 跌落式熔断器的运行维护

（1）熔断器具额定电流与熔体及负荷电流值是否匹配合适，若配合不当必须进行调整。

（2）熔断器的操作须仔细认真，特别是合闸操作，用力应适当，并使动、静触头接触良好。

（3）熔管内必须使用标准熔体，禁止用铜丝铝丝代替熔体，更不准用铜丝、铝丝等将触头绑扎住使用。

（4）对新安装或更换的熔断器，必须满足规程质量要求，熔管安装角度在15°～30°范围内。

（5）熔体熔断后应更换新的同规格熔体，不可将熔断后的熔体连接起来再装入熔管继续使用。

（6）对熔断器进行巡视时，如发现放电声，要尽早安排处理。

（7）配电变压器容量如发生变化，需重新核对熔体的匹配性。

三、柱上开关的运行维护

柱上开关即柱上断路器，可以在正常情况下切断或接通线路，并在线路发生短路故障时，能够将故障线路手动或自动切断，即它是一种担负控制与保护双重任务的开关设备。主要用于架空配电线路，在较大容量配电网中大多用作开断线路；在较小容量配电网中用作开断线路和保护使用。按灭弧介质，可分为油断路器、真空断路器、SF_6断路器。

1. 正常巡视周期

装于市区的一般每月至少巡视一次，郊区及农村的一般每季至少巡视一次。

2. 柱上断路器的巡视内容

（1）外壳有无渗、漏油和锈蚀现象。

（2）套管有无破损、裂纹、严重脏污和闪络放电的痕迹。

（3）断路器的固定是否牢固：引线接点和接地是否良好；线间和对地距离是否足够。

（4）油位是否正常。

（5）断路器分、合位置指示是否正确、清晰。

四、避雷器的运行维护

避雷器是用来限制过电压幅值的保护电器，它与被保护设备并联，当过电压值达到避雷器的动作电压时，避雷器自动导通，将电流通过接地装置泄入大地，过电压过后，又自动关闭不导通，从而保护了与其并联的电气设备。避雷器常见为阀式避雷器、磁吹阀式避雷器、金属氧化物避雷器，现在配电线路普遍采用的为金属氧化物避雷器，它由氧化锌电阻片、绝缘外套及附件组成。

1. 避雷器的正常使用条件

（1）适合于户内外运行。

（2）环境温度为–40～+40℃。

（3）可经受阳光的辐射。

（4）海拔不超过其设计高度。

（5）电源的频率不小于48Hz、不超过62Hz。

（6）长期施加于避雷器的工频电压不超过避雷器持续运行电压的允许值。

（7）地震烈度7度及以下地区。

2. 避雷器维护检查项目

在运行中应与被保护的配电装置同时进行巡视检查。

（1）检查瓷质部分是否有破损、裂纹及放电现象。

（2）接地引线有无烧伤痕迹和断股现象。

（3）10kV避雷器上帽引线处密封是否严密，有无进水现象。

（4）瓷套表面有无严重污秽。

（5）检查放电记录器是否动作。

（6）检查引线接头是否牢固。

（7）检查避雷器内部是否有异常声响。

（8）检查避雷器是否齐全，有无漏投。

（9）避雷器安装前的检查：

1）避雷器额定电压与线路电压是否相同。

2）瓷件表面是否有裂纹、破损和闪络痕迹及掉釉现象。如有破损，其破损面积应在 $0.5cm^2$ 以下，在不超过3处时可继续使用。

3）将避雷器向不同方向轻轻摇动，内部应无松动的响声。

4）检查瓷套与法兰连接处的胶合和密封情况是否良好。

五、电容器的运行维护

电力电容器是一种静止的无功补偿设备。它的主要作用是向电力系统提供无功功率，提高功率因数。把电容器串联在线路上，可以减少线路电压损失，提高线路末端电压水平，减少电网的功率损失和电能损失，提高输电能力；把电容器并联在线路上，减少了线路能量损耗，可改善电压质量，提高功率因数，提高系统供电能力。电力电容器串联或并联在电力线路中，都改善电力系统的电压质量和提高输电线路的输电能力，是电力系统的重要设备。

1. 电容器运行时的巡视检查

（1）正常巡视周期。装于室内的和市区的电容器一般每月至少巡视一次，户外（包括郊区及农村的）一般每季至少巡视一次。

（2）电容器正常巡视检查的内容。

1）瓷件有无闪络、裂纹、破损和严重脏污。

2）有无渗、漏油。

3）外壳有无鼓肚、锈蚀。

4）接地是否良好。

5）放电回路及各引线接点是否良好。

6）带电导体与各部的间距是否合适。

7）开关、熔断器是否正常、完好。

8）并联电容器的单台熔丝是否熔断。

9）串联补偿电容器的保护间隙有无变形、异常和放电痕迹。

10）装置有无异常的振动、声响和放电声。

11）环境温度不应超过40℃。运行中电容器芯子最热点温度不超过60℃，电容器外壳温度不得超过55℃。

12）自动投切装置动作正确。

2. 电容器的操作

（1）在正常情况下的操作。电容器组在正常情况下的投入或退出运行，应根据系统无功负荷潮流和负荷功率因数以及电压情况来确定。正常情况下，配电室停电操作时，应先拉开电容器开关，后拉开各路出线开关。正常情况下，配电室恢复送电时，应先合各路出线开关，后合电容器组的开关。

（2）在异常情况下的操作。

1）发生下列情况之一时，应立即拉开电容器组开关，使其退出运行：

a. 当长期运行的电容器母线电压超过电容器额定的1.1倍，或者电流超过额定电流的1.3倍以及电容器油箱外壳最热点温度电容器室的环境温度超过40℃时。

b. 装有功率因数自动控制器的电容器，当自动装置发生故障时，应立即退出运行，并应将电容器组的自动投切改为手动，避免电容器组因自动装置故障频繁投切。

c. 电容器连接线接点严重过热或熔化。

d. 电容器内部或放电装置有严重异常响声。

e. 电容器外壳有较明显异形膨胀时。

f. 电容器瓷套管发生严重放电闪络。

g. 电容器喷油起火或油箱爆炸时。

2）发生下列情况之一时，不查明原因不得将电容器组合闸送电：

a. 当配电室事故跳闸，必须将电容器组的开关拉开。

b. 当电容器组开关跳闸后不准强送电。

c. 熔断器熔丝熔断后，不查明原因，不准更换熔丝送电。

六、接地装置的运行维护

接地是确保电气设备正常工作和安全防护的重要措施，电气设备接地通过接地装置实施接地。接地装置是接地体和接地线的总称。接地装置运行中，接地线和接地体会因外力破坏或腐蚀而损伤或断裂，接地电阻也会随土壤变化而发生变化，因此，必须对接地装置定期进行检查和试验。

1. 检查周期

（1）变（配）电站的接地装置一般每年检查一次。

（2）根据车间或建筑物的具体情况，对接地线的运行情况一般每年检查1～2次。

（3）各种防雷装置的接地装置每年在雷雨季前检查一次。

（4）对有腐蚀性土壤的接地装置，应根据运行情况一般每3～5年对地面下接地体检查一次。

（5）手持式、移动式电气设备的接地线应在每次使用前进行检查。

（6）接地装置的接地电阻一般1～3年测量一次。

2. 检查项目

（1）接地引线有无破损及腐蚀现象。

（2）接地体与接地引线连接线夹或螺栓是否完好、紧固。

（3）接地保护管是否完整。

（4）接地体的接地圆钢、扁钢有无露出、被盗、浅埋等现象。

（5）在土壤电阻率最大时测量接地装置的接地电阻，并对测量结果进行分析比较。

（6）电气设备检修后，应检查接地线连接情况是否牢固可靠。

思考与练习

1. 电容器的巡视检查项目有哪些？

2. 接地装置常见缺陷有哪些？
3.. 跌落式熔断器的巡视内容有哪些？

模块 6　10kV 配电设备常见故障及处理（TQJL06006）

模块描述

本模块包含配电变压器、跌落式熔断器、真空断路器、避雷器、电容器、接地装置等配电设备常见故障类型及处理方法。通过概念描述、流程介绍、案例分析、要点归纳，掌握配电设备常见故障现象及处理方法。

模块内容

运行中的配电设备常见故障有设备绝缘故障、设备内部相间短路、设备接地等，本模块就配网中一些典型设备的常见故障及处理方法进行论述。

一、配电变压器

变压器是电力系统中十分重要的供电元件，它的故障将对供电可靠性和系统的正常运行带来严重的影响。运行中常见变压器故障主要有绕组故障、调压分接开关故障、绝缘套管故障、低压桩头故障等，见表 6–6–1。绕组故障主要有匝间短路、相间短路、绕组接地、断线等故障，因为油箱内故障时产生的电弧，将引起绝缘物质的剧烈汽化，从而可能引起爆炸。

表 6–6–1　变压器常见故障的现象、原因及处理

常见故障	故障现象	故障原因	故障处理
绕组故障	变压器过热、油温升高、声响中夹有爆炸声或"咕嘟咕嘟"的冒泡声等	1）制造或检修时，局部绝缘受到损害。 2）散热不良或长期过载引起绝缘老化。 3）绝缘油受潮或油面过低使部分绕组暴露在空气中未能及时处理。 4）绕组压制不紧，在短路电路冲击下绕组发生变形，使绝缘损坏	当出现故障时，应根据故障现象、负荷情况及变压器检修情况等对故障类型做出准确判断，并及时停电进行检修
绝缘套管故障	绝缘套管故障常见的是炸毁、闪络、漏油、套管间放电等现象	1）密封不良、绝缘受潮裂化。 2）外力损伤。 3）变压器箱盖上落异物	在大雾或小雨时造成污闪，应清理套管表面的脏污，再涂上硅油或硅脂等涂料；变压器套管有裂纹引起闪络接地时，应清扫套管表面或更换套管；变压器套管间放电，应检查并清扫套管间的杂物
分接开关故障	常见的是表面熔化与灼伤、相间触头放电或各接头放电	1）连接螺栓松动。 2）分接头绝缘板绝缘不良。 3）接头接触不良。 4）弹簧压力不足等	当出现这种情况时需停电进行检修
变压器着火	变压器着火或变压器发生爆炸	1）套管破损和闪络，变压器油流出并在变压器顶部燃烧。 2）变压器内部故障使外壳或散热器破裂，燃烧着的变压器油溢出	发生这类故障时，应先将变压器两侧电源断开，然后再进行灭火。变压器灭火应选用绝缘性能较好的气体灭火器或干粉灭火器，必要时可使用沙子灭火
喷油爆炸	变压器喷油爆炸	1）变压器内部发生短路产生电弧。 2）变压器内部断线产生电弧	发生这类故障时，应先将变压器退出运行，再进行检修

二、跌落式熔断器

跌落式熔断器是高压配电线路上最常用的防止过负荷及短路的保护设备。跌落式熔断器出现故障时，会丧失保护作用，甚至引起故障扩大化，引起上一级保护动作。跌落式熔断器常见故障有烧熔丝管、熔丝管误跌落故障、熔丝误断等，见表 6–6–2。

表 6–6–2　　跌落式熔断器常见故障的现象、原因及处理

常见故障	故障现象	故障原因	故障处理
烧熔丝管	熔丝管烧损	1）由于熔丝熔断后，熔丝管不能自动跌落，电弧在管子内未被切断，形成了连续电弧而将管子烧坏。 2）熔丝管常因上下转动轴安装不正，被杂物阻塞，以及转轴部分粗糙，因而阻力过大、不灵活等原因，以致当熔丝熔断时，熔丝管仍短时保持原状态不能很快跌落，灭弧时间延长而造成烧管	在出现本体故障时，一般整只或整组进行更换
熔丝管误跌落	熔丝管不正常跌落	1）有些开关熔丝管尺寸与上下静触头接触部分尺寸匹配不合适，极易松动，一旦遇到大风就会被吹落。 2）上静触头的弹簧压力过小，且在鸭嘴内的直角突起处被烧伤或磨损，不能卡住熔丝管子也是造成熔丝管误跌落的原因	调整熔丝管尺寸与上下静触头接触部分尺寸，或调整上静触头的弹簧压力，或整只整组进行更换
熔丝误断	熔丝管熔丝熔断	1）熔断器额定断开容量小，其下限值小于被保护系统的三相短路容量，熔丝误熔断。 2）熔丝质量不良，其焊接处受到温度及机械力的作用后脱开，也会发生误断	将熔断器熔丝与被保护设备的参数容量进行核对，如果发现熔丝选用不当或质量不合格时，及时更换熔丝

三、真空断路器

真空断路器主要故障有真空灭弧室真空度降低、操动机构故障、控制箱故障等，见表 6–6–3。

表 6–6–3　　真空断路器常见故障的现象、原因及处理

常见故障	故障现象	故 障 原 因	故障处理
真空灭弧室真空度降低	真空断路器开断过电流的能力下降，断路器的使用寿命急剧下降，严重时会引起断路器爆炸	1）真空断路器出厂后，经过多次运输颠簸、安装振动、意外碰撞等，可能产生玻璃或陶瓷封接的渗漏。 2）真空灭弧室材质或制作工艺存在问题，多次操作后出现漏点	更换真空灭弧室，并做好行程、同期、弹跳等特性试验
真空断路器操动机构故障	断路器拒动，即给断路器发出操作信号而不合闸或分闸	操作电源失电压或欠电压；操作回路断开；合闸线圈或分闸线圈断线；机构上的辅助开关触点接触不良	真空断路器出现操动机构故障时，应及时将开关退出运行，交检修部门进行检修处理
	合不上闸或合上后即分断	操作电源欠电压；断路器动触杆接触行程过大；辅助开关联锁触点断开；操动机构的半轴与掣子扣接量太小（对 CD17 型机构或弹簧机构），或 CD10 操动机构的一字板未调整好等	
	事故时继电保护动作，断路器分不下来	分闸铁芯内有异物使铁芯受阻动作不灵；分闸脱扣半轴转动不灵活；分闸的铜撬板太靠近铁芯的撞头，使铁芯分闸时无加速力；半轴与掣子扣接量太大；分闸顶杆变形严重，分闸时卡死；分闸操作回路断线	
	烧坏合闸线圈等现象	合闸后直流接触器不能断开；直流接触器合闸后分不了闸或分闸延缓；辅助开关在合闸后没有联动转至分闸位置；辅助开关松动，合闸后控制接触器的电触点没有断开	

四、避雷器

避雷器是电力系统所有电力设备绝缘配合的基础设备。合理的绝缘配合是电力系统安全、可靠运行的基本保证。由于避雷器是全密封元件，一般不可以拆卸。同时使用中一旦出现损坏，基本上没有修复的可能。避雷器常见故障见表 6–6–4。

表 6–6–4 避雷器常见故障的现象、原因及处理

避雷器类型	故障现象	故障原因	故障处理
复合绝缘氧化物避雷器	避雷器损坏	雷击	将避雷器退出运行，更换合格的避雷器
阀型避雷器	避雷器瓷套有裂纹，避雷器内部异常或套管炸裂，避雷器在运行中突然爆炸，避雷器动作指示器内部烧黑或烧毁	老化、雷击、外力破坏	将避雷器退出运行，更换合格的避雷器

五、电容器

电容器常见故障的原因及处理见表 6–6–5。

表 6–6–5 电容器常见故障的原因及处理

常见故障	故障原因	故障处理
渗漏油	产品质量不良，运行维护不当，以及长期运行缺乏维修导致外皮生锈腐蚀而造成的	应立即切断电源。当发现电容器开关跳闸后，应检查送电回路和电容器本身有无故障，若由于外部原因造成，可处理后进行试投，否则应对电容器进行逐台检查试验，未查明原因前，不得投运；处理电容器故障时，应先将有关开关和隔离开关断开，并将电容器充分放电
外壳膨胀	电场作用使得电容器内部的绝缘物游离，分解出气体或者部分元件击穿，电极对外壳则放电，使得密封外壳的内部压力增大，导致外壳膨胀变形	
温度过高	电容器过电流和通风条件差，电容器长期在超过规定温度的情况下运行，将严重影响其使用寿命，并会导致绝缘击穿等事故使电容器损坏	
套管闪络	套管表面因污秽可能引起闪络放电，造成电容器损坏和开关跳闸	
异常响声	电容器在运行过程中不应该发出特殊响声。如果在运行中发有“滋滋”声或“咕咕”声，则说明外部或内部有局部放电现象	

六、接地装置

1. 现象

设备无法正常运行，相电压不平衡。

2. 原因

（1）接地体与接地引线连接线夹或螺栓丢失。

（2）接地保护管遭外力破坏，如撞击等。

（3）接地体的接地圆钢、扁钢等被盗。

3. 故障处理

应立即进行补修，修复后重新测量接地，并做好记录。

七、案例分析

【例 6–6–1】在对配电变压器巡视过程中，发现运行中的某配电变压器发出异常声响，用合格绝缘杆或干木棍一头抵在变压器外壳上，一头放于耳边，仔细倾听，发现变压器发出连

续的“嗡嗡”声比平常加重。经测试，变压器二次电压和油温正常，并且负荷没有突变现象。

分析：

综合这些现象，初步断定变压器内部铁芯可能松动。因为运行中的变压器出现故障时，通常都伴有异常声响。当声响中夹有爆炸声时，可能是变压器的内部有绝缘击穿现象；当声响中夹有放电声时，可能是套管发生闪络放电；只有变压器内部铁芯松动时，才会出现连续的“嗡嗡”声比平常加重，并且电压和油温正常还指示正常现象。所以停止变压器的运行，进行测试、检修。

思考与练习

1. 变压器的常见故障有哪些，怎么处理？
2. 接地装置常见故障现象有哪些？
3. 跌落式熔断器的常见故障有哪些？
4. 真空断路器的常见故障有哪些？

模块7　10kV开关站运行维护（TQJL06007）

模块描述

本模块包含10kV开关站运行维护管理制度、巡视和检查规定、缺陷管理和危险点分析等内容。通过概念描述、流程介绍、要点归纳，掌握10kV开关站的运行维护和巡视检查。

模块内容

一、运行维护管理制度

开关站的运行维护管理，首先应建立完善的值班制度、交接班制度、设备巡回检查制度、闭锁装置防误管理制度、运行岗位责任制、设备验收制度、培训制度等，并应严格遵守制度。

1. 值班制度

开关站因为数量多，设备又规范、单一，所以一般是不对每座开关站都单独配备专门的值班人员值班，而是对某些、某片区域的开关站配备足够的专业人员进行运行值班。

值班人员应严格遵守值班制度，值班期间应穿工作服，佩带值班标志。在当值期间，要服从指挥，恪尽职守，及时完成各项运行、维护、倒闸操作等工作。值班期间进行的工作，都要填写到记录中。每次操作联系、处理事故等联系，均应进行录音。

2. 交接班制度

值班人员进行交接班时，应遵照现场交接班制度进行交接，未办完交接手续之前，不得早退。在处理事故或倒闸操作时，不得进行交接班。交接班时发生事故，应停止交接班，由交班人员处理，接班人员在交班正值指挥下协助工作。

交接班的主要内容：当班所进行的操作情况及未完的操作任务；使用中的和已收到的工作票；使用中的接地线号数及装设地点；发现的运行设备缺陷和异常运行情况；继电保护、自动装置动作和投撤变更情况；事故异常处理情况及有关交代；上级命令、指示内容和执行情况；一、二次设备检修试验情况。接班人员将检查结果互相汇报，认为可以接班时，方可签名接班。接班后根据天气、运行方式、工作情况、设备情况等，安排本班工作，做好事故预想。

3. 设备巡回检查制度

设备巡回检查制度是一项及时发现设备缺陷、掌握设备技术状况、确保安全运行的重要制度。巡回检查应严格按规定的路线和现场运行规程的规定逐项进行检查。

4. 闭锁装置防误管理制度

为贯彻"安全第一、预防为主"的安全生产方针及"保人身、保电网、保设备"的原则，防止电气误操作事故的发生，运行人员应严格执行防误闭锁装置管理制度，使防止电气误操作的措施贯穿于开关站管理的全过程。

5. 运行岗位责任制

值班人员在当值内，必须思想集中，坚守岗位，进行事故预想，随时准备处理各种事故和异常运行情况，切实做好值班工作，确保安全运行，认真执行"两票三制"（"两票"指"工作票、操作票"，"三制"指"交接班制度、巡回检查制度、设备定期试验轮换制度"），精心操作，做好交接班工作。在 10kV 开关站现场处理事故或异常情况时，值班员必须沉着、果断、迅速、正确地分析判断和处理，尽量缩小事故范围，避免设备损坏和人员伤亡，尽快恢复对用户的供电，减少停电时间。服从分配，听从指挥，积极完成上级下达的任务。努力学习技术业务，严格遵守劳动纪律，班前不酗酒，上班不迟到早退，不擅自离开工作岗位，不打瞌睡，着装规范，不做与工作无关的事。

6. 设备验收制度

设备验收制度是保证电气设备检修后做到修必修好，保证检修周期，避免返工重修和减少临修的一项重要制度。运行人员的验收工作应根据验收项目表及检修工作负责人交底、检修记录逐条逐项进行，对验收情况详细记入相应的栏目中。对检修质量不合格的设备，运行人员应提出返工及处理要求，并报告设备主管部门。

7. 培训制度

运行人员必须经过上岗考试和审批手续，方可担任正式值班工作。因工作调动或其他原因离岗 3 个月以上者，必须经过培训并履行考试和审批手续后方可上岗正式担任值班工作。运行单位应根据上级规定的培训制度和年度培训计划要求，按期完成培训计划。其培训标准如下：

（1）熟练掌握设备结构、原理、性能、技术参数和设备布置情况，以及设备的运行、维护、倒闸操作方法和注意事项。掌握一、二次设备的接线和相应的运行方式，能审核设备检修、试验、检测记录，并能根据设备运行情况和巡视结果，分析设备健康状况，掌握设备缺陷和运行薄弱环节。

（2）正确掌握调度、运行、安全规程和运行管理制度的有关规定，以及检修、试验、继电保护规程的有关内容，正确执行各种规程制度，熟练掌握现场运行规程。遇有扩建工程或设备变更时，能及时修改和补充现场运行规程，保证倒闸操作、事故处理正确。熟练掌握倒闸操作技术，能正确执行操作程序，迅速、正确地完成各项倒闸操作任务。掌握各种设备的操作要领和一、二次设备相应的操作程序，熟知每一项操作的目的。

二、巡视和检查

巡视和检查一般应由两人一起进行。运行人员在巡视设备时应兼顾安全保卫设施的巡视。运行人员应根据本地区的气候特点和设备实际，制定相应的设备防高温和防寒措施。雨季来临前对可能积水的地下室、电缆沟、电缆隧道的排水设施进行全面检查和疏通，做好防进水和排水措施。下雨时对房屋渗漏、下水管排水情况进行检查。雨后检查地下室、电缆沟、电缆隧道等积水情况，并及时排水，室内潮气过大时做好通风工作。每年用电高峰来临前应对柜内电气连接部分进行一次红外测温检查，以便及时处理过热缺陷。

对各种值班方式下的巡视时间、次数、内容，各运行单位应做出明确规定。值班人员应按规定认真巡视检查设备，提高巡视质量，及时发现异常和缺陷，及时汇报调度和上级，杜绝事故发生。一般来说，每月至少应进行全面巡视一次，内容主要是对设备全面的外部检查，对缺陷有无发展做出鉴定，检查设备的薄弱环节，检查防火、防小动物、防误闭锁装置等有无漏洞，检查接地网及引线是否完好。每季进行夜间巡视一次，内容是检查设备有无电晕、放电，接头有无过热现象，并做好记录。

1. 遇下列情况之一者，应做特巡检查

（1）10kV开关站设备新投入运行、设备经过检修或改造、长期停运后重新投入系统运行。

（2）遇台风、暴雨、大雪等特殊天气。

（3）与10kV开关站相关的线路跳闸后的故障巡视。

（4）10kV开关站设备变动后的巡视。

（5）异常情况下的巡视，主要是指设备发热、跳闸、有接地故障情况等，应加强巡视。

2. 10kV开关站一般检查项目及标准

（1）设备表面应清洁，无裂纹及缺损，无放电现象和放电痕迹，无异声、异味，设备运行正常。

（2）各电气连接部分无松动发热。

（3）各连接螺栓无松动脱落现象。

（4）电气设备的相色应醒目。

（5）防护装置完好，带电显示装置配置齐全，功能完善。

（6）照明电源及开关操作电源供电正常。

（7）表计指示正常，信号灯显示正确，设备无超限额值。

（8）开关柜无锈蚀，电缆进出孔封堵完好。

3. 除上述检查项目外，10kV开关站还应进行如下分项检查

（1）10kV断路器。

1）真空泡表面无裂纹，SR断路器气压指示正常。

2）分、合闸位置正确，控制开关与指示灯位置对应。

3）操动机构已储能、外罩及间隔门关闭良好。

4）端子排接线无松动。

（2）隔离开关。

1）隔离开关的触头接触良好，合闸到位，无发热现象。

2）操作把手到位，轴、销位置正常。

3）隔离开关的辅助开关接触良好。

（3）避雷器。

1）避雷器外壳无损。

2）避雷器的接地可靠。

（4）互感器。

1）互感器整体无发热现象。

2）表面无裂纹。

3）无异常的电磁声。

4）电流回路无开路，电压回路无短路。

5）高、低压熔丝接触良好，无跳火现象。

（5）母线。

1）母线无严重积尘，无弯曲变形，无悬挂物。

2）支持绝缘子无裂缝。

3）各金具牢固、无变位。

4）绝缘子法兰无锈蚀。

5）母线收缩节正常。

（6）电力电缆。

1）终端头三岔口处无裂缝。

2）电缆固定抱箍坚固，电缆头无受力情况。

3）电缆接地牢固，接地线无断股。

（7）土建、环境及其他。

1）10kV开关站门窗完好无损，门锁完好。

2）10kV开关站整体建筑完好，地基无下沉，墙面整洁、无剥落。

3）防鼠挡板安置密封、无缝隙，电缆层、门窗铁丝网完好。

4）户内、外电缆盖板完好，无断裂、缺少。电缆孔洞防火处理完好，电缆沟内无积水，进出洞孔封堵牢固，排水、排风装置工作正常。

5）接地无锈蚀，隐蔽部分无外露。

6）室内、柜内照明系统正常。

7）温度、湿度在正常规定范围内。

三、缺陷管理

缺陷管理的目的是掌握运行设备存在的问题，以便按轻、重、缓、急消除缺陷，提高设备的健康水平，保障设备的安全运行，为大修、更新、改造设备提供依据。“设备缺陷”是指运行中供电设备任何部件的损坏、绝缘不良或处于不正常的运行状况。设备缺陷应按一定的原则进行分类，按分类安排消除缺陷工作，并实行闭环管理。

（1）缺陷按下列原则分类。

1）一般缺陷。指对近期安全运行影响不大的缺陷，可以列入年、季度检修计划或在日常维护工作予以消除。

2）重大缺陷。指缺陷比较严重，但设备仍可短期继续安全运行，该缺陷在一个月内消除，消除前应加强监视。

3）紧急缺陷。指严重程度已使设备不能继续安全运行，随时可能导致发生事故危及人身安全的缺陷，必须在 24h 内消除或采取必要的安全技术措施进行临时处理。

（2）缺陷闭环处理流程。缺陷处理的一般流程：发现缺陷→登记缺陷记录→填写缺陷单→审核并上报→缺陷汇总→列入工作计划→检修（运行人员处理）→消缺反馈→资料保存。

（3）运维部门要督促各单位贯彻执行本要求，并检查执行情况。接到设备缺陷处理申请后，应立即开列生产工作联系单到检修部门，并督促其落实实施。

（4）运行部门要及时掌握主要设备危急和严重缺陷。每年对设备缺陷进行综合分析，根据缺陷产生的规律，提出年度反事故措施，报上级主管部门。在运行班组的定期巡检或在施工检修中发现 10kV 开关站的设备缺陷，由运行班组认真填写 10kV 开关站的设备缺陷，运行班组能处理的应立即处理消缺，运行班组不能处理的缺陷，由运行班组填报设备缺陷处理申请书至生技部门。缺陷处理完毕，由运行部门（或专业技术人员）负责验收，恢复供电，并及时填写设备消缺记录。

四、危险点分析

设备有发生接地故障的可能时，进行巡线应防止触电伤害，具体控制措施如下：

（1）事故巡线应始终认为线路带电。即使明知该线路已停电，也应认为线路有随时恢复送电的可能。

（2）高压设备发生接地时应注意室内不得接近故障点 4m 以内，室外不得接近故障点 8m 以内。进入上述范围的人员应穿绝缘靴，接触设备的外壳和构架时，应戴绝缘手套。

五、案例

2005 年 4 月 24 日××供电公司 10kV ××线变电站显示接地故障，调度指示配电班人员进行巡视，配电班工作人员李××由于未采取相应的防护措施在巡视××开关站时发生 10kV 触电，经抢救无效死亡。

分析原因：开关站属于高压设备，发生接地时，不得接近故障点 8m 以内。李××由于接近故障点距离太近并且未穿戴绝缘靴、绝缘手套，所以产生跨步电压，发生人生事故。

防范措施：高压设备发生接地时应注意室内不得接近故障点 4m 以内，室外不得接近故障点 8m 以内，并应穿戴绝缘靴、绝缘手套进行巡视。

解决办法：巡视应由两人一起进行，并应由熟悉该线路的工作人员进行，应穿戴绝缘靴、绝缘手套进行巡视。应使用接地故障指示仪、接地点测试仪或验电笔等工具在保证安全距离的情况下进行接地故障点查找。

思考与练习

1. 开关站运行中应建立什么制度？
2. 什么情况下，应对开关站进行特巡？
3. 简述 10kV 开关站一般检查项目及标准。

模块 8　10kV 箱式变电站运行维护（TQJL06008）

模块描述

本模块包含 10kV 箱式变电站运行维护管理制度、巡视、检查和维护规定、缺陷管理和危险点分析等内容。通过概念描述、流程介绍、要点归纳，掌握 10kV 箱式变电站的运行维护和巡视检查。

模块内容

一、运行维护管理制度

箱式变电站的运行维护管理，首先应建立完善的运行值班制度、交接班制度、设备巡回检查制度、闭锁装置防误管理制度、运行岗位责任制、设备验收制度、培训制度等，并应严格遵守制度。

1. 值班制度

箱式变电站因为数量多，设备又规范、单一，所以一般是不对每座变电站都单独配备专门的值班人员值班，而是对某些、某片区域的变电站配备足够的专业人员进行运行值班的。

值班人员应严格遵守值班制度，值班期间应穿工作服，佩戴值班标志。在当值期间，要服从指挥，恪尽职守，及时完成各项运行、维护、倒闸操作等工作。值班期间进行的工作，都要填写到记录中。每次操作联系、处理事故等联系，均应进行录音。

2. 交接班制度

值班人员进行交接班时，应遵照现场交接班制度进行交接，未办完交接手续之前，不得早退。在处理事故或倒闸操作时，不得进行交接班。交接班时发生事故，应停止交接班，由交班人员处理，接班人员在交班正值指挥下协助工作。

交接班的主要内容：当班所进行的操作情况及未完的操作任务；使用中的和已收到的工作票；使用中的接地线号数及装设地点；发现的运行设备缺陷和异常运行情况；继电保护、自动装置动作和投撤变更情况；事故异常处理情况及有关交代；上级命令、指示内容和执行情况；一、二次设备检修试验情况。接班人员将检查结果互相汇报，认为可以接班时，方可签名接班。接班后根据天气、运行方式、工作情况、设备情况等，安排本班工作，做好事故预想。

3. 设备巡回检查制度

设备巡回检查制度是一项及时发现设备缺陷、掌握设备技术状况、确保安全运行的重要制度。巡回检查应严格按规定的路线和现场运行规程的规定逐项进行检查。

4. 闭锁装置防误管理制度

为贯彻“安全第一、预防为主”的安全生产方针及“保人身、保电网、保设备”的原则，防止电气误操作事故的发生，运行人员应严格执行防误闭锁装置管理制度，使防止电气误操作的措施贯穿于开关站管理的全过程。

5. 运行岗位责任制

值班人员在当值内，必须思想集中，坚守岗位，进行事故预想，随时准备处理各种事故和异常运行情况，切实做好值班工作，确保安全运行，认真执行“两票三制”(“两票”指“工作票、操作票”,“三制”指“交接班制度、巡回检查制度、设备定期试验轮换制度”)，精心操作，做好交接班工作。在10kV箱式变电站现场处理事故或异常情况时，值班员必须沉着、果断、迅速、正确地分析判断和处理，尽量缩小事故范围，避免设备损坏和人员伤亡，尽快恢复对用户的供电，减少停电时间。服从分配，听从指挥，积极完成上级下达的任务。努力学习技术业务，严格遵守劳动纪律，班前不酗酒，上班不迟到早退，不擅自离开工作岗位，不打瞌睡，着装规范，不做与工作无关的事。

6. 设备验收制度

设备验收制度是保证电气设备检修后做到修必修好，保证检修周期，避免返工重修和减少临修的一项重要制度。运行人员的验收工作应根据验收项目表及检修工作负责人交底、检修记录逐条逐项进行，对验收情况详细记入相应的栏目中。对检修质量不合格的设备，运行人员应提出返工及处理要求，并报告设备主管部门。

7. 培训制度

运行人员必须经过上岗考试和审批手续，方可担任正式值班工作。因工作调动或其他原因离岗3个月以上者，必须经过培训并履行考试和审批手续后方可上岗正式担任值班工作。运行单位应根据上级规定的培训制度和年度培训计划要求，按期完成培训计划。其培训标准如下：

（1）熟练掌握设备结构、原理、性能、技术参数和设备布置情况，以及设备的运行、维护、倒闸操作方法和注意事项。掌握一、二次设备的接线和相应的运行方式，能审核设备检修、试验、检测记录，并能根据设备运行情况和巡视结果，分析设备健康状况，掌握设备缺陷和运行薄弱环节。

（2）正确掌握调度、运行、安全规程和运行管理制度的有关规定，以及检修、试验、继电保护规程的有关内容，正确执行各种规程制度，熟练掌握现场运行规程。遇有扩建工程或设备变更时，能及时修改和补充现场运行规程，保证倒闸操作、事故处理正确。熟练掌握倒闸操作技术，能正确执行操作程序，迅速、正确地完成各项倒闸操作任务。掌握各种设备的操作要领和一、二次设备相应的操作程序，熟知每一项操作的目的。

二、巡视、检查

（1）箱式变电站的巡视、检查、试验周期见表6–8–1。

表 6–8–1 箱式变电站的巡视、检查、试验周期

序号	项 目	周 期	备 注
1	巡视检查	每月一次	重要箱式变电站适当增加巡视次数
2	电流电压测量	半年至少一次	
3	开关检查小修理	每年一次	
4	开关整定试验	2 年一次	
5	设备及各部件清扫检查	每年至少一次	
6	变压器绝缘电阻测量	4 年一次	
7	接地装置测试	2 年一次	
8	保护装置、仪表测试	2 年一次	

（2）箱式变电站的巡视检查内容。

1）箱式变电站的外壳是否有锈蚀和破损现象。

2）箱式变电站的围栏是否完好。

3）各种仪表、信号装置指示是否正常。

4）各种设备有无异常情况，各部接点有无过热现象，空气断路器、互感器有无异音，有无灼焦气味等。

5）各种充油设备的油色、油温是否正常，有无渗、漏油现象。

6）各种设备的瓷件是否清洁，有无裂纹、损坏、放电痕迹等异常现象。

7）断路器的分、合位置是否正确。

8）箱体有无渗、漏水现象，基础有无下沉。

9）各种标志是否齐全、清晰。

10）低压母线的绝缘护套是否良好，有无过热现象。

11）箱式变电站内是否有正确的低压网络图。

12）周围有无威胁安全、影响工作和阻塞检修车辆通行的堆积物。

13）防小动物设施是否完好。

14）接地装置是否可靠，防雷装置是否完好。

（3）箱式变电站的特殊巡视规定。

1）特殊巡视。有对箱式变电站产生破坏性的自然现象和气候（如大风、雷雨、地震等）及其他异常情况（如电缆线路有可能被施工、运输、爆破等原因破坏）时进行的巡视。

2）夜间巡视。高峰负荷时间，检查设备各部接点发热情况，有雾和小雨加雪天检查电缆终端头、绝缘子、避雷器等放电情况，应由箱式变电站负责人根据具体情况确定巡视次数。

3）故障巡视。为巡查事故情况进行的巡视，巡视时应视设备是带电的，与其保持足够的安全距离。

4）监察性巡视。运行单位的领导、专责技术人员为了了解设备运行情况和检查维护人员工作，每半年至少进行一次巡视。

（4）箱式变电站巡视时的安全注意事项。

1）雷雨天气需要巡视时，应穿绝缘靴。

2）巡视时不得进行其他工作，要严格遵守安全工作规程的有关规定。

三、箱式变电站的维护

1. 变压器的维护

（1）套管是否清洁，有无裂纹、损伤、放电痕迹。

（2）油温、油色、油面是否正常，有无异音、异味。

（3）呼吸器是否正常，有无堵塞现象。

（4）各个电气连接点有无锈蚀、过热和烧损现象。

（5）分接开关位置是否正确、换接是否良好。

（6）外壳有无脱漆、锈蚀；焊口有无裂纹、渗油，接地是否良好。

（7）各部密封垫有无老化、开裂，缝隙有无渗漏油现象。

（8）各部分螺栓是否完整、有无松动。

（9）铭牌及其他标志是否完好。

（10）一、二次引线是否松弛，绝缘是否良好，相间或对构件的距离是否符合规定，对工作人员有无触电危险。

2. 高压负荷开关、隔离开关、熔断器和自动空气断路器的维护

（1）运行中的高压负荷开关设备经规定次数开断后，应检查触头接触情况和灭弧装置的消耗程度，发现有异变应及时检修或调换。高压负荷开关进线电缆有接在开关上口和下口的，应具体标明，在检修和维护过程中要特别注意。

（2）隔离开关、熔断器的维护。瓷件无裂纹、闪络破损及脏污；熔断管无弯曲、变形；触头间接触良好，无过热、烧损、熔化现象；引线接点连接牢固可靠，各部件间距合适；操动机构灵活、无锈蚀现象。

（3）DW 型空气断路器的维护。断路器在使用过程中各个转动部分应定期或定次数注入润滑油；定期维护、清扫灰尘，以保持断路器的绝缘水平；当断路器遇到短路电流后，除必须检查触头外，还要清理灭弧罩两壁烟痕，如灭弧栅片烧损严重或灭弧罩碎裂，不允许再使用，必须更换灭弧罩。

（4）DZ 型断路器的维护。断路器断开短路电流后，应立即打开盖子进行检查。触头接触是否良好，螺钉、螺母是否松动。清除断路器内灭弧罩栅片上的金属粒子。检查操动机构是否正常。触头磨损 1/2 厚度的应更换新断路器。

3. 高、低压盘的维护

（1）盘面应平整，不应有明显的凹凸不平现象。

（2）表面均应涂漆，并应有良好的附着力，不应有明显的不均匀、透出底漆。

（3）构架应有足够的机械强度，操作一次设备不应使二次设备误动作，构架应有接地装置。

（4）底脚平稳，不应有显著的前后倾斜、左右偏歪及晃动等现象，多面屏排列应整齐，屏间不应有明显的缝隙。

（5）焊接应牢固，无焊穿、裂缝等缺陷。

（6）金属零件的镀层应牢固，无变质、脱落及生锈现象。

（7）操作机械把手应灵活可靠，分、合指示正确。

4. 母线的维护

母线应连接严密，应有绝缘护套，接触良好，配置整齐美观，用黄、绿、红三色标示出相位关系，不同金属连接时，应采取防电化腐蚀的措施。母线在允许载流量下，长期运行时允许发热温度为70℃短时最高温升为：铜母线排250℃，铝母线排150℃。

5. 箱式变电站的防雷设备与接地装置

（1）防雷装置应在雷雨季之前投入运行。

（2）防雷装置的巡视周期与箱式变电站的巡视周期相同。

（3）防雷装置检查、试验周期为一年一次，避雷器绝缘电阻试验一年一次，避雷器工频放电试验3年一次。

（4）箱式变电站所辖的电气设备的接地电阻测量每两年一次，测量接地电阻应在干燥天气进行。

（5）箱式变电站的接地装置的接地电阻不应大于4Ω。

（6）箱式变电站内各部件接地应良好，引下线各接头应良好，接地卡子和引线连接处不应有锈蚀。

四、缺陷管理

（1）缺陷管理的目的是为了掌握运行设备存在的问题，以便按轻、重、缓、急消除缺陷，提高设备的健康水平，保证设备的安全运行。另一方面以缺陷进行全面分析总结变化规律，为大修、更新改造设备提供依据。

（2）缺陷按下列原则分类：

1）一般缺陷。指对近期安全运行影响不大的缺陷，可列入年、季检修计划或日常维护工作中去消除。

2）重大缺陷。指缺陷比较严重，但设备仍可短期继续安全运行的缺陷，该缺陷应在短期内消除，消除前应加强监视。

3）紧急缺陷。指严重程度已使设备不能继续安全运行，随时可能导致发生事故或危及人身安全的缺陷，必须尽快消除或采取必要的安全技术措施进行临时处理。

运行人员应将发现的缺陷详细记入缺陷记录内，并提出处理意见，紧急缺陷应立即向领导汇报，及时处理。

五、危险点分析

设备有发生接地故障的可能时，进行巡线应防止触电伤害，具体控制措施如下：

（1）事故巡线应始终认为线路带电。即使明知该线路已停电，也应认为线路有随时恢复送电的可能。

（2）高压设备发生接地时应注意室内不得接近故障点4m以内，室外不得接近故障点8m以内。

进入上述范围人员应穿绝缘靴，接触设备的外壳和构架时，应戴绝缘手套。

六、案例

2002年6月4日××供电公司10kV ××线变电站显示接地故障，调度指示配电班人员进行巡视，配电班工作人员赵××由于未采取相应的防护措施在巡视××箱式变电站时发生10kV触电，经抢救无效死亡。

分析原因：箱式变电站属于高压设备，发生接地时，不得接近故障点8m以内。赵××由于接近故障点距离太近，并且未穿戴绝缘靴、绝缘手套，所以产生跨步电压，发生人生事故。

防范措施：高压设备发生接地时应注意室内不得接近故障点4m以内，室外不得接近故障点8m以内，并应穿戴绝缘靴、绝缘手套进行巡视。

解决办法：巡视应由两人一起进行，并应由熟悉该线路的工作人员进行，应穿戴绝缘靴、绝缘手套进行巡视。应使用接地故障指示仪、接地点测试仪或验电笔等工具在保证安全距离的情况下进行接地故障点查找。

思考与练习

1. 箱式变电站的缺陷管理指什么？
2. 箱式变电站的巡视周期是如何规定的？
3. 箱式变电站的防雷设备与接地装置有哪些技术要求？

模块9 配电设备预防性试验标准（TQJL06009）

模块描述

本模块包含配电变压器、有机物绝缘拉杆、断路器、隔离开关、负荷开关及高压熔断器、互感器、套管、悬式绝缘子和支柱绝缘子、电力电缆、电容器、绝缘油、避雷器、接地装置、二次回路、1kV以下配电线路和装置、1kV以上架空电力线路、低压电器等农网配电设备的预防性试验项目的周期、要求及方法。通过概念描述、术语说明、条文解释、列表示意、要点归纳，掌握农网配电设备预防性试验项目、标准。

模块内容

配电设备的预防性试验，是配电运行维护人员的基础性工作之一。通过预防性试验，能够及时发现设备缺陷，并进行检修，这对预防事故的发生，确保设备安全运行起着重要的作用。

一、配电变压器

配电变压器预防性试验项目、周期、要求如下：

（1）测量直流电阻。测量时，连同绕组和套管一起，应在所有分接头位置进行。要求在

1～3 年或大修后或必要时进行。

1）1600kVA 以及下三相变压器，各相测得值的相互差值应小于平均值的 4%，线间测得值的相互差值应小于平均值的 2%；1600kVA 以上三相变压器，各相测得值的相互差值应小于平均值的 2%，线间测得值的相互差值应小于平均值的 1%。

2）变压器的直流电阻，与同温度下产品出厂实测数值比较，相应变化不大于 2%。

（2）检查所有分接头的变压化，与制造厂铭牌数据相比应无明显差别，其变压比的允许误差在额定分接头位置时为±0.5%。要求在分接开关引线拆装后或更换绕组后或必要时进行。

（3）检查三相变压器的联结组别和单相变压器引出线的极性，必须与设计要求及铭牌上的标记和外壳上的符号相符。要求在更换绕组后进行。

（4）测量绕组连同套管的绝缘电阻、吸收比或极比指数，要求在 1～3 年或大修后或必要时进行。应符合下列规定：

1）绝缘电阻值应不低于产品出厂试验值的 70%。油浸式电力变压器绝缘电阻的温度换算系数见表 6–9–1。当测量温度与产品出厂试验时的温度不一样时，可按表 6–9–1 换算到同一温度时的数值进行比较。

表 6–9–1　　油浸式电力变压器绝缘电阻的温度换算系数

温度差 K	5	10	15	20	25	30	35	40	45	50	55	60
换算系数 A	1.2	1.5	1.8	2.3	2.3	3.4	4.1	5.1	6.2	7.5	9.2	11.2

注　表中 K 为实测温度减去 20℃的绝对值。

当测量绝缘电阻的温度差不是表 6–9–1 中所列数值时，其换算系数 A 可用线性插入法确定，即

$$A=1.5^{K/10} \tag{6–9–1}$$

校正到 20℃时的绝缘电阻值可用式（6–9–2）、式（6–9–3）计算：

当实测温度为 20℃以上时

$$R_{20}=AR_{\mathrm{t}} \tag{6–9–2}$$

当实测温度为 20℃以下时

$$R_{20}=R_{\mathrm{t}}/A \tag{6–9–3}$$

式中：R_{20} 为校正到 20℃时的绝缘电阻值，MΩ；R_{t} 为在测量温度下的绝缘电阻值，MΩ。

2）测量与铁芯绝缘的各紧固件及铁芯接地线引出套管对外壳的绝缘电阻，应符合下列规定：

a. 进行器身检查的变压器，应测量可接触到的穿芯螺栓、轭铁增夹件及绑扎钢带对铁轭、铁芯、油箱及绕组压环的绝缘电阻。

b. 采用 2500V 绝缘电阻表测量，持续时间为 1min，应无闪络及击穿现象。

c. 当轭铁梁及穿芯螺栓一端与铁芯连接时，应将连片断开后进行试验。

d. 铁芯必须为一点接地；对变压器上有专用的铁芯接地线引出套管时，应在注油前测量其对外壳的绝缘电阻。

（5）冲击合闸试验，在新装或大修后，应对配电变压器进行冲击合闸试验。

1）在额定电压下对变压器的冲击合闸试验，应进行 5 次，每次间隔时间宜为 5min，无异常现象；冲击合闸宜在变压器高压侧进行；对中性点接地的电力系统，试验时变压器中性点必须接地。

2）检查变压器的相位必须与电网相位一致。

变压器的试验要求在 1～5 年或大修后或必要时进行。

二、有机物绝缘拉杆

10kV 配电的有机物绝缘拉杆的绝缘电阻不低于 1200MΩ，要求每半年进行一次试验。

三、断路器

断路器预防性试验项目、周期、要求如下：

（1）每相回路电阻值及测试方法应符合产品技术条件的规定。

（2）主触头的三相或同相各断口分、合闸的同期性在组装或检修时，应符合产品技术条件的规定。

（3）分、合闸线圈及合闸接触器线圈的绝缘电阻应不低于 10MΩ，直流电阻值与产品出厂试验值相比无明显差别。

（4）操动机构的试验，应符合下列规定：

1）合闸操作。当操动电压、液压在表 6–9–2 和表 6–9–3 范围内时，操动机构应可靠动作。

表 6–9–2　　操动机构的操动试验

操动类别	操动线圈端钮电压与额定电源电压的比值（%）	操动液压	操动次数
合、分	110	产品规定的最高操动压力	3
合、分	100	额定操动压力	3
合	85（80）	产品规定的最低操动压力	3
分	65	产品规定的最低操动压力	3
合分、重合	100	产品规定的最低操动压力	3

注　1. 括号内数字适用于装有自动重合闸装置的断路器。
2. 模拟操动试验应在液压的自动控制回路能准确、可靠动作的状态下进行。
3. 操动时，液压的压降允许值应符合产品技术条件的规定。

表 6–9–3　　断路器操动机构合闸操作试验电压、液压范围

电　压		液　压
直　流	交　流	
（85%～110%）U_N	（85%～110%）U_N	按产品规定的最低及最高值

注　1. 对电磁机构，当断路器关合电流峰值小于 50kA 时，直流操作电压范围为（85%～110%）U_N，U_N 为额定电源电压。
2. 弹簧、液压操动机构的合闸线圈以及电磁操动机构的合闸接触器的动作要求，均应符合表 6–9–2 的规定。

2）脱扣操作。直流或交流的分闸电磁铁，在其线圈端钮处的电压大于额定值的 65%时，

应可靠地分闸；当此电压小于额定值的30%时，不应分闸。附装失电压脱扣器的，其动作特性应符合表6–9–4的规定。

表6–9–4 附装失电压脱扣器的脱扣试验

电源电压与额定电源电压的比值	＜35%	＞65%～85%	＞85%
失电压脱扣器的工作状态	铁芯应可靠地释放	铁芯不得释放	铁芯应可靠地吸合

注 当电压缓慢下降至规定比值时，铁芯应可靠地释放。

附装过电流脱扣器的，其额定电流规定不小于2.5A，脱扣试验应符合表6–9–5的规定。

表6–9–5 附装过电流脱扣器的脱扣试验

过电流脱扣器的各类参数	延时动作的	瞬时动作的
脱扣电流等级范围（A）	2.5～10	2.5～15
每一级脱扣电流的精确度	±10%	—
同一脱扣器各级脱扣电流精确度	±5%	—

注 对于延时动作的过电流脱扣器，应按制造厂提供的脱扣电流与动作时延的关系曲线进行核对。另外，还应检查在预定延时终了前主回路电流降至返回值时，脱扣器应不动作。

（5）断路器耐压试验，应按《高压电气设备绝缘、工频耐压试验电压标准》的要求进行。其中，真空断路器灭弧室断口间在试验中不应发生贯穿性放电；SF_6断路器应在额定气体压力下，取出厂试验值的80%。

（6）测量断路器内SF_6气体的微量水含量，应符合下列规定：

1）与灭弧室相通的气室，应小于150×10^{-6}（体积比）。

2）不与灭弧室相通的气室，应小于500×10^{-6}（体积比）。

3）微量水的测定应在断路器充气24h后进行。

（7）密封性试验可采用下列方法进行：

1）采用灵敏度不低于1×10^{-6}（体积比）的检漏仪对断路器各密封部位、管道接头等处进行检测时，检漏仪不应报警。

2）采用收集法进行气体泄漏测量时，以24h的漏气量换算，年漏气率应不大于1%。

3）泄漏值的测量应在断路器充气24h后进行。

（8）气体密度继电器及压力动作阀的动作值，应符合产品技术条件的规定。压力表指示值的误差及其变差，均应在产品相应等级的允许误差范围内。

断路器的试验要求在1～3年或大修后或必要时进行。

四、隔离开关、负荷开关及高压熔断器

隔离开关、负荷开关及高压熔断器预防性试验项目、周期、要求如下：

（1）测量高压限流熔丝管熔丝的直流电阻值，与同型号产品相比不应有明显差别。

（2）测量负荷开关导电回路的电阻值及测试方法，应符合产品技术条件的规定。

（3）交流耐压试验应符合下述规定：三相同一箱体的负荷开关，应按相间及相对地进行耐压试验，其余均按相对地或外壳进行。试验电压符合技术标准对断路器的规定。对负荷开关还应按产品技术条件规定进行每个断口的交流耐压试验。

（4）检查操动机构线圈的最低动作电压，应符合制造厂的规定。

（5）操动机构的试验应符合下列规定：动力式操动机构的分、合闸操作，当其电压或气压在下列范围时，应保证隔离开关的主闸刀或接地闸刀可靠地分闸和合闸。

1）电动机操动机构，当电动机接线端子的电压在其额定电压的80%～110%范围内时。

2）压缩空气操动机构，当气压在其额定气压的85%～110%范围内时。

3）二次控制线圈和电磁闭锁装置，当其线圈接线端子的电压在其额定电压的80%～110%时。

隔离开关、负荷开关的机械或电气闭锁装置应准确可靠。

隔离开关、负荷开关及高压熔断器的试验要求在1～3年或大修后或必要时进行。

五、互感器

互感器的预防性试验项目、周期、要求如下：

（1）测量一次绕组对二次绕组及外壳、各二次绕组间及对外壳的绝缘电阻。

（2）测量1000V以上电压互感器的空载电流和励磁特性，应符合下列规定：

1）应在互感器的铭牌额定电压下测量空载电流。空载电流与同批产品的测量值或出厂数值比较，应无明显差别。

2）电容式电压互感器的中间电压变压器与分压电容器在内部连接时，可不进行此项试验。

（3）检查互感器的三相绕组联合组和单相互感器引出线的极性，必须符合设计要求，并应与铭牌上的标记和外壳上的符号相符。

（4）检查互感器变比，应与制造厂铭牌值相符，对多抽头的互感器，可只检查使用分接头的变化。

（5）测量铁芯夹紧螺栓的绝缘电阻，应符合下列规定：

1）在做器身检查时，应对外露的或可接触到的铁芯夹紧螺栓进行测量。

2）采用2500V绝缘电阻表测量，试验时间为1min，应无闪络及击穿现象。

3）穿芯螺栓一端与铁芯连接者，测量时应将连接片断开，不能断开的可不进行测量。

（6）对绝缘性能可疑的油浸式互感器，绝缘油电气强度试验应符合有关规定。

（7）测量电压互感器一次绕组的直流电阻值，与产品出厂值或同批相同型号产品的测量值相比，应无明显差别。

（8）当断电保护对电流互感器的励磁有要求时，应进行励磁特性曲线试验。当电流互感器为多抽头时，可对使用抽头或最大抽头进行测量。同型式电流互感器特性相互比较，应无明显差别。

互感器的试验要求在1～3年或大修后或必要时进行。

六、套管

套管预防性试验项目、周期、要求如下：

（1）测量套管主绝缘的绝缘电阻不低于规定值。

（2）交流耐压试验应符合下列规定：

1）试验电压应符合技术标准的规定。

2）纯瓷穿墙套管、多油断路器套管、变压器套管、电抗器及消弧线圈套管，均可随母线或设备一起进行交流耐压试验。

（3）绝缘油的试验，套管中的绝缘油可不进行试验，但当有下列情况之一者，应取油样进行试验：

1）套管的介质损耗角正切值超过表 6–9–6 中的规定值。

2）套管密封损坏，抽压或测量小套管的绝缘电阻不符合要求。

3）套管由于渗漏等原因需要重新补油时。

（4）套管绝缘油的取样、补充或更换时进行的试验，应符合下列规定：

1）更换或取样时，应按表 6–9–13 中第 10、11 项规定进行。

2）补充绝缘油时，除按上述规定外，还应按表 6–9–14 的规定进行。

3）充油电缆的套管须进行油的试验时，可按表 6–9–14 的规定进行。

套管的试验要求在 1～3 年或大修后或必要时进行。

表 6–9–6　　　　套管介质损耗角正切值的标准

套管形式 \ 额定电压（kV）		≤63 及以下	≥110	20～500
电容式	油浸纸			0.9
	胶黏纸	1.5	1.0	
	浇注绝缘			1.0
	气体			1.0
非电容式	浇注绝缘			2.0

七、悬式绝缘子和支柱绝缘子

悬式绝缘子和支柱绝缘子的预防性试验项目、周期、要求如下：

（1）绝缘电阻值应符合下列规定：

1）每片悬式绝缘子的绝缘电阻值，应不低于 300MΩ。

2）35kV 及以下的支柱绝缘子的绝缘电阻值，应不低于 500Ω。

3）采用 2500V 绝缘电阻表测量绝缘子绝缘电阻值，可按同批产品数量的 10%抽查。

（2）交流耐压试验，应符合下列规定：

1）35kV 及以下的支柱绝缘子，可在母线安装完毕后一起进行，试验电压应符合相关规定。

2）悬式绝缘子的交流耐压试验电压应符合表 6–9–7 的规定。

悬式绝缘子和支柱绝缘子的试验要求在必要时进行。

表 6–9–7　　悬式绝缘子的交流耐压试验电压标准

型号	XP2–70	XP–70、XP1–160、LXP1–70、LXP1–160、XP1–70、XP2–160、XP–100、LXP2–160、LXP–100、XP–160、XP–120、LXP–160、LXP–120	XP1–210、LXP1–210、XP–300、LXP–300
试验电压（kV）	45	55	60

八、电力电缆

电力电缆的预防性试验项目、周期、要求如下：

（1）测量各电缆线芯对地或对金属屏蔽层间和各线芯间的绝缘电阻。

（2）直流耐压试验及泄漏电流测量，应符合下列规定：

1）黏性油浸纸绝缘电缆直流耐压试验电压应符合表 6–9–8 的规定。

表 6–9–8　　黏性油浸纸绝缘电缆直流耐压试验电压标准

电缆额定电压（kV）	0.6/1	6/6	8.7/10	21/35
直流试验电压（kV）	6*U*	6*U*	6*U*	5*U*
试验时间（min）	10	10	10	10

注　*U* 为电缆额定线电压。

2）不滴流油浸纸绝缘电缆直流耐压试验电压应符合表 6–9–9 的规定。

表 6–9–9　　不滴流油浸纸电缆直流耐压试验电压标准

电缆额定电压（kV）	0.6/1	6/6	8.7/10	21/35
直流试验电压（kV）	6.7	—	37	—
试验时间（min）	5	5	5	5

3）塑料绝缘电缆直流耐压试验电压应符合表 6–9–10 的规定。

表 6–9–10　　塑料绝缘电缆直流耐压试验电压标准

电缆额定电压（kV）	0.6	1.8	3.6	6	8.7	12	18	21	26
直流试验电压（kV）	2.4	7.2	15	24	35	48	72	84	104
试验时间（min）	15	15	15	15	15	15	15	15	15

4）橡胶绝缘电力电缆直流耐压试验电压标准见表 6–9–11。

表 6–9–11　　橡胶绝缘电力电缆直流耐压试验电压标准

项目	电缆额定电压（kV）	直流试验电压（kV）	试验时间（min）
参数	6	15	5

5）黏性油浸纸绝缘电力电缆的产品型号有 ZQ、ZLQ、ZL、ZLL 等。不滴流油浸绝缘电

力电缆的产品型号有 ZQD、ZLQD 等。塑料绝缘电缆包括聚氯乙烯绝缘电缆、聚乙烯绝缘电缆及交联聚乙烯绝缘电缆。聚氯乙烯绝缘电缆的产品型号有 VV、VLV 等；聚乙烯绝缘及交联乙烯绝缘电缆的产品型号有 YJV 及 YJLV 等。橡胶绝缘的产品型号有 XQ、XLQ、XV 等。

6）交流单芯电缆的保护层绝缘试验标准，可按产品技术条件的规定进行。

7）试验时，试验电压 4～6 阶段均匀升压，每阶段停留 1min，并读取泄漏电流值。测量时应消除杂散电流的影响。

8）黏性油浸纸绝缘及不滴流油浸纸绝缘电缆漏电流的三相不平衡系数应不大于 2；当 10kV 及以上电缆的泄漏电流小于 20μA 和 6kV 及以下电缆泄漏电流小于 10μA 时，其不平衡系数不做规定。

9）电缆的泄漏电流具有下列情况之一者，电缆绝缘可能有缺陷，应找出缺陷部位，并予以处理：泄漏电流随试验电压升高急剧上升；泄漏电流随试验时间延长有上升现象。

（3）检查电缆线路的两端相位应一致并与电网相位相符合。

九、电容器

电容器的预防性试验项目、要求、周期如下：

（1）并联电容器的交流耐压试验应符合下列规定：

1）并联电容器电极对外壳交流耐压试验电压值应符合表 6–9–12 的规定。

2）当产品出厂试验电压值不符合表 6–9–12 的规定时，交接试验应按产品出厂试验电压值的 75%进行。

表 6–9–12　　并联电容器交流耐压试验电压标准

额定电压（kV）	<1	1	3	6	20	15	20	35
出厂试验电压（kV）	3	5	18	25	35	45	55	85
交接试验电压（kV）	2.2	3.8	14	19	26	34	41	63

（2）在电网额定电压下，对电力电容器组的冲击合闸试验应进行 3 次，熔断器应不熔断；电容器组各相电流相互间的差值不宜超过 5%。

电容器的试验要求在投运后 1 年内或 1～5 年内进行。

十、绝缘油

绝缘油的预防性试验项目、周期、要求如下：

（1）绝缘油的试验项目及标准应符合表 6–9–13 的规定。

表 6–9–13　　绝缘油的试验项目及标准

序号	项　目	标　准	说　明
1	外状	透明，无杂质或悬浮物	外观目视
2	水溶性酸（pH 值）	>5.4	按 GB/T 7598—2008《运行中变压器油水溶性酸测定法》中的有关要求进行试验
3	酸值（以 KOH 计）（mg/g）	≤0.03	按 GB/T 264—1983《石油产品酸值测定法》中的有关要求进行试验

续表

序号	项　　目	标　　准	说　　明
4	闪点（闭口）（℃）	≥135	按GB 261—2008《闪点的测定宾斯基–马丁闭口杯法》中的有关要求进行试验
5	水含量（mg/L）	330～750kV：≤10 220kV：≤15 110kV及以下电压等级：≤20	按GB/T 7600—2014《运行中变压器油水分含量测定法（库伦法）》或GB/T 7601—2008《运行中变压器油、汽轮机油水分测定法（气相色谱法）》中的有关要求进行试验
6	界面张力（25℃）（mN/m）	≥40	按GB/T 6541—1986《石油产品油对水界面张力测定法（圆环法）》中的有关要求进行试验
7	介质损耗因数 $\tan\delta$（%）	90℃时， 注入电气设备前≤0.5 注入电气设备后≤0.7	按GB/T 5654—2007《液体绝缘材料相对电容率、介质损耗因数和直流电阻率的测量》中的有关要求进行试验
8	击穿电压（kV）	750kV：≥70 500kV：≥60 330kV：≥50 66～220kV：≥40 35kV及以下电压等级：≥35	（1）按GB/T 507—2002《绝缘油击穿电压测定法》中的有关要求进行试验 （2）该指标为平板电极测定值，其他电极可参考GB/T 7595—2017《运行中变压器油质量》
9	体积电阻率（90℃）（Ω·m）	≥6×10^{10}	按GB/T 5654—2007《液体绝缘材料相对电容率、介质损耗因数和直流电阻率的测量》或DL/T 421—2009《电力用油体积电阻率测定法》中的有关要求进行试验
10	油中含气量（%）（体积分数）	330～750kV：≤1.0	按DL/T 423—2009《绝缘油中含气量测定方法　真空压差法》或DL/T 703—2015《绝缘油中含气量的气相色谱测定法》中的有关要求进行试验（只对330kV及以上电压等级进行）
11	油泥与沉淀物（%）（质量分数）	≤0.02	按GB/T 511—2010《石油和石油产品及添加剂机械杂质测定法》中的有关要求进行试验
12	油中溶解气体组分含量色谱分析	见GB 50150—2016《电气装置安装工程　电气设备交接试验标准》有关章节	按GB/T 17623—2017《绝缘油中溶解气体组分含量的气相色谱测定法》或GB/T 7252—2001《变压器油中溶解气体分析和判断导则》及DL/T 722—2014《变压器油中溶解气体分析和判断导则》中的有关要求进行试验
13	变压器油中颗粒度限值	500kV及以上交流变压器：投运前（热油循环后）100mL油中大于50μm的颗粒数≤2000个	按DL/T 1096—2008《变压器油中颗粒度限值》中的有关要求进行试验

（2）新油验收及充油电气设备的绝缘油试验分类，应符合表6–9–14的规定。

表6–9–14　　绝缘油试验分类

试验类别	适　用　范　围
电气强度试验	（1）6kV以上电气设备内的绝缘油或新注入上述设备前后的绝缘油。 （2）对下列情况之一者，可不进行电气强度试验。 1）35kV以下互感器，其主绝缘试验已合格的。 2）15kV以下油断路器，其注入新油的电气强度已在35kV及以上的。 3）按有关规定不需取油的
简化分析	（1）准备注入变压器、电抗器、互感器、套管的新油，应按表6–9–13中的第5～11项规定进行。 （2）准备注入油断路器的新油，应按表6–9–13中的全部项目进行
全分析	对油的性能有怀疑时，应按表6–9–13中全部项目进行

（3）当绝缘油需要进行混合时，在混合前，应按混油的实际使用比例先取混合油样进行分析，其结果应符合表 6–9–13 中第 3、4、10 项的规定。混合油后还应按表 6–9–14 中的规定进行绝缘油的试验。

绝缘油的试验要求在 1～5 年或大修后或必要时进行。

十一、避雷器

避雷器的预防性试验项目、周期、要求如下：

（1）测量绝缘电阻。

1）阀式避雷器（如 FZ 型）、磁吹避雷器（如 FCZ 及 FCD 型）和金属氧化物避雷器的绝缘电阻值，与出厂试验值比较应无明显差别。

2）FS 型避雷器的绝缘电阻值应不小于 2500MΩ。

（2）测量电导或泄漏电流试验标准，并应检查组合元件的非线性系数，应符合表 6–9–15～表 6–9–17 的规定。

表 6–9–15　　FZ 型避雷器的电导电流值

额定电压（kV）	3	6	10
试验电压（kV）	4	6	10
电导电流（μA）	400～650	400～600	400～600

表 6–9–16　　FS 型避雷器的电导电流值

额定电压（kV）	3	6	10
试验电压（kV）	4	7	11
电导电流（μA）	不应大于 10		

表 6–9–17　　FCD 型避雷器的电导电流值

<table>
<tr><td>额定电压（kV）</td><td>3</td><td>4</td><td>6</td><td>10</td><td>13.2</td><td>15</td></tr>
<tr><td>试验电压（kV）</td><td>3</td><td>4</td><td>6</td><td>10</td><td>13.2</td><td>15</td></tr>
<tr><td rowspan="2">电导电流（μA）</td><td colspan="2">FCD1、FCD3</td><td colspan="2">FCD2</td><td colspan="2">FCD</td></tr>
<tr><td colspan="2">≤10</td><td colspan="2">5～20</td><td colspan="2">50～100</td></tr>
</table>

（3）FS 型避雷器的绝缘电阻值不小于 2500MΩ时，可不进行电导电流测量。

（4）测量金属氧化物避雷器在运行电压下的持续电流，其阻性电流或总电流值应符合产品技术条件的规定。

（5）测量金属氧化物避雷器的工频参考电压或直流参考电压，应符合下列规定：

1）金属氧化物避雷器对应于工频参考电流下的工频参考电压、整支或分节进行的测试值，应符合产品技术条件的规定。

2）金属氧化物避雷器对应于直流参考压、整支或分节进行的测试值，应符合产品技术条件的规定。

（6）FS 型阀式避雷器的工频放电电压试验，应符合下列规定：

1）FS 型阀式避雷器的工频放电电压，应符合表 6–9–18 的规定。

表 6–9–18　　FS 型阀式避雷器的工频放电电压范围

额定电压（kV）	3	6	10
放电电压的有效值（kV）	9～11	16～19	26～31

2）并有电阻的阀式避雷器可不进行此项试验。

（7）检查电计数器的动作应可靠，避雷器的基座绝缘应良好。

避雷器的试验要求在 1～3 年或大修后或必要时进行。

十二、接地装置

接地装置的预防性试验项目、周期、要求和方法见表 6–9–19。

表 6–9–19　　接地装置的预防性试验项目、周期和要求

序号	项目	周　期	要　求	方　法
1	有效接地系统的电力设备的接地电阻	（1）不超过 6 年。 （2）可以根据该接地网挖开检查的结果斟酌延长或缩短周期	$R\leqslant 2000/I$ 或 $R\leqslant 0.5\Omega$（当 $I>4000$A 时） 式中：I 为经接地网流入地中的短路电流，A；R 为考虑到季节变化的最大接地电阻，Ω	（1）测量接地电阻时，如在必需的最小布极范围内土壤电阻率基本均匀，可采用各种补偿法，否则，应采用远离法。 （2）在高土壤电阻率地区，接地电阻如按规定值要求，在技术经济上极不合理时，允许有较大的数值。但必须采取措施以保证发生接地短路时，在该接地网上： 1）接触电压和跨步电压均小超过允许的数值； 2）不发生高电位引外和低电位引内； 3）3～10kV 阀式避雷器不动作。 （3）在预防性试验前或每 3 年以及必要时验算一次 I 值，并校验设备接地引下线的热稳定
2	非有效接地系统的电力设备的接地电阻	（1）不超过 6 年。 （2）可以根据该接地网挖开检查的结果斟酌延长或缩短周期	（1）当接地网与 1kV 及以下设备共用接地时，接地电阻 $R\leqslant 120/I$ （2）当接地网仅用于 1kV 以上设备时，接地电阻 $R\leqslant 250/I$ 式中：I 为经接地网流入地中的短路电流，A；R 为考虑到季节变化的最大接地电阻，Ω。 （3）在上述任一情况下，接地电阻一般不得大于 10Ω	
3	利用大地作导体的电力设备的接地电阻	1 年	（1）长久利用时，接地电阻为 $R\leqslant 50/I$ （2）临时利用时，接地电阻为 $R\leqslant 100/I$ 式中：I 为接地装置流入地中的电流，A；R 为考虑到季节变化的最大接地电阻，Ω	

续表

<table>
<tr><th>序号</th><th>项目</th><th>周　期</th><th colspan="2">要　求</th><th>方　法</th></tr>
<tr><td>4</td><td>1kV 以下电力设备的接地电阻</td><td>不超过 6 年</td><td colspan="2">使用同一接地装置的所有这类电力设备，当总容量达到或超过 100kVA 时，其接地电阻不宜大于 4Ω。如总容量小于 100kVA 时，则接地电阻允许大于 4Ω，但不超过 10Ω</td><td>对于在电源处接地的低压电力网（包括孤立运行的低压电力网）中的用电设备，只进行接零，不作接地。所用中性线的接地电阻就是电源设备的接地电阻，其要求按序号 2 确定，但不得大于相同容量的低压设备的接地电阻</td></tr>
<tr><td>5</td><td>独立微波站的接地电阻</td><td>不超过 6 年</td><td colspan="2">不宜大于 5Ω</td><td></td></tr>
<tr><td rowspan="7">6</td><td rowspan="7">有架空地线的线路杆塔的接地电阻</td><td rowspan="7">（1）发电厂或变电站进出线 1～2km 内的杆塔 1～2 年。
（2）其他线路杆塔不超过 5 年</td><td colspan="2">当杆塔高度在 40m 以下时，按下列要求，如杆塔高度达到或超过 40m 时，则取下表值的 50%，但当土壤电阻率大于 2000Ω·m，接地电阻难以达到 15Ω 时可增加至 20Ω</td><td rowspan="7">对于高度在 40m 以下的杆塔，如土壤电阻率很高，接地电阻难以降到 30Ω 时，可采用 6～8 根总长不超过 500m 的放射形接地体或连续伸长接地体，其接地电阻可不受限制。但对于高度达到或超过 40m 的杆塔，其接地电阻也不宜超过 20Ω</td></tr>
<tr><td>土壤电阻率（Ω·m）</td><td>接地电阻（Ω）</td></tr>
<tr><td>100 及以下</td><td>10</td></tr>
<tr><td>100～500</td><td>15</td></tr>
<tr><td>500～1000</td><td>20</td></tr>
<tr><td>1000～2000</td><td>25</td></tr>
<tr><td>2000 以上</td><td>30</td></tr>
<tr><td rowspan="4">7</td><td rowspan="4">无架空地线的线路杆塔接地电阻</td><td rowspan="4">（1）发电厂或变电站进出线 1～2km 内的杆塔 1～2 年。
（2）其他线路杆塔不超过 5 年</td><td>种类</td><td>接地电阻（Ω）</td><td rowspan="4"></td></tr>
<tr><td>非有效接地系统的钢筋混凝土杆、金属杆</td><td>30</td></tr>
<tr><td>中性点不接地的低压电力网的线路钢筋混凝土杆、金属杆</td><td>50</td></tr>
<tr><td>低压进户线绝缘子铁脚</td><td>30</td></tr>
</table>

十三、二次回路

二次回路的预防性试验项目、周期、要求如下：

（1）测量绝缘电阻，应符合下列规定：

1）小母线在断开所有其他并联支路时，应不小于 10MΩ。

2）二次回路的每一支路和断路器、隔离开关的操动机构的电源回路等，均应不小于 1MΩ。在比较潮湿的地方，可不小于 0.5MΩ。

（2）交流耐压试验应符合下列规定：

1）试验电压为 1000V。当回路绝缘电阻值在 10MΩ以上时，可采用 2500V 绝缘电阻表代替，试验持续时间为 1min。高压电气设备绝缘、工频耐压试验电压标准见表 6–9–20。

2）48V 及以下回路可不做交流耐压试验。

3）回路中有电子元器件设备的，试验时应将插件拔出或将其两端短接。

二次回路的试验要求在大修后或必要时进行。

表 6–9–20　　高压电气设备绝缘、工频耐压试验电压标准

额定电压（kV）	最高工作电压（kV）	1min 工频耐压试验电压（kV，有效值）																	
		油浸电力变压器		并联电抗器		电压互感器		断路器、电流互感器		干式电抗器		穿墙套管：纯瓷和纯瓷充油绝缘		穿墙套管：固体有机绝缘		支柱绝缘子、隔离开关		干式电力变压器	
		出厂	交接	出厂	交接	出厂	交接	出厂	交接	出厂	交接	出厂	交接	出厂	交接	出厂	交接	出厂	交接
3	3.5	18	15	18	15	18	16	18	16	18	18	18	18	18	16	25	25	10	8.5
6	6.9	25	21	25	21	25	21	23	21	23	23	23	23	23	21	32	32	20	17.0
10	11.5	35	30	35	30	35	27	30	27	30	30	30	30	30	27	42	42	28	24

注　1. 除干式变压器外，其余电气设备出厂试验电压是根据 GB 311.1—2012《绝缘配合　第 1 部分：定义、原则和规则》进行。

2. 干式变压器出厂试验电压是根据 GB/T 10288—2015《干式电力变压器技术参数和要求》进行。

3. 额定电压为 1kV 及以下的油浸电力变压器交接试验电压为 4kV，干式电力变压器的为 2.6kV。

4. 油浸电抗器和滑弧线圈采用油浸电力变压器试验标准。

十四、1kV 以下配电线路和装置

1kV 以下配电线路和装置预防性试验项目、周期、要求如下：

（1）测量绝缘电阻，应符合下列规定：

1）配电装置及馈电线路和绝缘电阻值应不小于 0.5MΩ。

2）测量馈电线路绝缘电阻时，应将断路器、用电设备、电器和仪表等断开。

（2）动力配电装置的交流耐压试验应符合下述规定：试验电压为 1000V。当回路绝缘电阻值在 10MΩ以上时，可采用 2500V 绝缘电阻表代替，试验持续时间为 1min。

（3）检查配电装置内不同电源的馈线间两侧的相位应一致。

（4）定期检查低压配电网络三相负荷是否平衡，发现严重不平衡应及时进行调整。

（5）定期检查试验漏电保护装置运行情况，发现隐患及时消除。

配电线路和装置的试验要求在 1～3 年或大修后或必要时进行。

十五、1kV 以上架空电力线路

1kV 以上架空电力线路的预防性试验项目、周期、要求如下：

（1）测量绝缘子和线路的绝缘电阻，应符合下列规定：

1）绝缘子的实验应该按 GB 50150—2016《电气装置安装工程　电气设备交接试验标准》的规定进行。

2）测量并记录线路的绝缘电阻值。

（2）检查各相两侧的相位应一致。

（3）在额定电压下对空载线路的冲击合闸试验应进行3次，合闸过程中线路绝缘不应有损坏。

（4）测量杆塔的接地电阻值，应符合设计的规定。

1kV以上架空电力线路的试验要求在1～3年或大修后或必要时进行。

十六、低压电器

低压电器的预防性试验项目、周期、要求如下：

低压电器包括电压为60～1200V的刀开关、熔断器、接触器、控制器、主令电器、启动器、电阻器、变阻器及电磁及电磁铁等。

（1）对安装在一、二级负荷场所的低压电器应进行：

1）电压线圈动作值校验。

2）低压电器动作情况检查。

3）低压电器采用的脱扣器的整定。

（2）测量低压电器连同所连电缆及二次回路的绝缘电阻值，应不小于1MΩ；在比较潮湿的地方，应不小于0.5MΩ。

（3）电压线圈动作值的校验，应符合下述规定：线圈的吸合电压应不大于额定电压的85%，释放电压应不小于额定电压的5%；短时工作的合闸线圈应在额定电压的85%～110%范围内，分励线圈应在额定电压的75%～110%的范围内均能可靠地工作。

（4）低压电器动作情况的检查，应符合下述规定：对采用电动机或液压、气压传动方式操作的电器，除产品另有规定外，当电压、液压或气压在额定值85%～110%范围内时，电器应可靠工作。

（5）低压电器采用的脱扣器的整定，应符合下述规定：各类过电流脱扣器、失电压分励脱扣器、延时装置等，应按使用要求进行整定，其整定值误差不得超过产品技术条件的规定。

（6）测量电阻器和变阻器的直流电阻值，其差值应分别符合产品技术条件的规定。

（7）低压电器连同所连接电缆及二次回路的交流耐压试验，应符合下述规定：试验电压为1000V。当回路的绝缘电阻值在10MΩ以上时，可采用2500V绝缘电阻表代替，试验持续时间为1min。

低压电器的试验要求在大修后或必要时进行。

思考与练习

1. 变压器的预防性试验项目有哪些？
2. 避雷器的预防性试验项目有哪些？
3. 简述低压电器的预防性试验项目、周期、要求。

第 7 章

10kV 及以下配电线路运行维护及事故处理

模块 1 配电线路巡视检查（TQJL07001）

模块描述

本模块包含 10kV 及以下配电线路巡视目的、巡视种类、巡视内容及质量要求。通过概念描述、流程介绍、列表说明、要点归纳，掌握配电线路巡视检查方法。

模块内容

一、配电线路巡视的一般规定

下面内容主要介绍配电线路巡视的目的、分类、方法和要求、周期。

1. 配电线路巡视的目的

（1）及时发现缺陷和威胁线路安全的隐患。

（2）掌握线路运行状况和沿线的环境状况。

（3）通过巡视，为线路检修和消缺提供依据。

2. 配电线路巡视的分类

巡视的种类一般有定期巡视、特殊巡视、夜间巡视、故障巡视、监察性巡视。

（1）定期巡视。定期巡视也叫正常巡视，由专职巡线员按规定的巡视周期巡视线路，主要是检查线路各元件运行情况，有无异常损坏现象，掌握线路及沿线的情况，并向群众做好防护宣传工作。

（2）特殊巡视。特殊巡视主要是在节日、天气突变（如导线覆冰，大雾、大风、大雪、暴风雨等特殊天气情况以及河水泛滥、山洪暴发、地震、森林起火等自然灾害）、线路过负荷以及特殊情况发生时进行。特殊巡视不一定要对全线路进行检查，只是对特殊线路的特殊地段进行检查，以便发现异常现象采取相应措施。

（3）夜间巡视。夜间巡视是利用夜间对电火花观察特别敏感的特点，有针对性地检查导线接点及各部件节点有无发热、绝缘子因污秽或裂纹而放电的现象。

（4）故障巡视。故障巡视主要是为了查明线路故障原因，找出故障点，便于及时处理并恢复送电。

（5）监察性巡视。监察性巡视由各单位负责人及技术员进行，目的是除了解线路和沿线情况，还可以对专职巡视员的工作进行检查和督导。监察性巡视可全线检查，也可对部分线路抽查。

3. 配电线路巡视的方法和要求

（1）巡线工作应由有电力线路工作经验的人员担任。单独巡线人员应考试合格并经工区（公司、所）主管生产领导批准。电缆隧道、偏僻山区和夜间巡线应由两人进行。在暑天或大雪等恶劣天气下，必要时由两人进行。单人巡线时，禁止攀登电杆和铁塔。

（2）雷雨、大风天气下或事故巡线，巡视人员应穿绝缘鞋或绝缘靴；暑天、山区巡线应配备必要的防护工具和药品；夜间巡线应携带足够的照明工具。

（3）夜间巡线应沿线路外侧进行；大风巡线应沿线路上风侧前进，以免触及断落的导线；特殊巡视应注意选择路线，防止洪水、塌方、恶劣天气等对人的伤害。

（4）故障巡线应始终认为线路带电。即使明知该线路已停电，也应认为线路随时有恢复送电的可能。

（5）巡线人员发现导线、电缆断落地面或悬吊空中，应设法防止行人靠近断线地点 8m 以内，以免跨步电压伤人，并迅速报告调度和上级，等候处理。

4. 配电线路巡视的周期

（1）定期巡视。市区中压线路每月一次，郊区及农村中压线路每季至少一次；低压线路每季至少一次。

（2）特殊巡视。根据本单位情况制订，一般在大风、冰雹、大雪等自然天气变化较大的情况下进行。

（3）夜间巡视。一般安排在每年高峰负荷时进行，1～10kV 每年至少一次，对于新线路投运初期应进行一次。

（4）故障巡视。在发生跳闸或接地故障后，按调度或主管生产领导指令进行。

（5）监察性巡视。根据本单位情况制订，对重要线路和事故多发线路，每年至少一次。

二、配电线路巡视的流程

（1）核对巡视线路的技术资料，做到心中有数。

（2）根据巡视线路的自然状况，准备巡视所需的工器具。

（3）召开班前会，交代巡视范围、巡视内容，落实责任分工。

（4）做好危险点分析，采取周密的安全控制措施。

（5）学习标准化作业指导卡后，到巡视地段后核对线路名称和巡视范围，进行巡视。

（6）巡视结束后记录巡视手册。

三、配电线路巡视项目及要求

线路巡视的内容包括杆塔、导线、横担、拉线、金具、绝缘子及沿线情况。

1. 杆塔

（1）杆塔是否倾斜，根部是否有腐蚀，基础是否缺土，有无冻鼓现象，杆塔有无被车撞、被水淹的可能性。

（2）混凝土杆是否有裂纹、水泥脱落及钢筋外露等情况，铁塔构件是否弯曲、变形、锈蚀、丢失。

（3）各部件螺栓是否松动，焊接处是否开焊或焊接不完整、锈蚀。

（4）杆号牌或警示牌是否齐全、明显。

（5）杆塔周围有无杂草及攀附物，有无鸟巢等。

2. 导线

（1）各相导线弧垂是否平衡，有无过松或过紧，对地距离是否符合规程规定。

（2）导线有无断股、锈蚀、烧伤等，接头有无过热、氧化现象。

（3）跳线或引线有无断股、锈蚀、过热、氧化现象，固定是否规范。

（4）绑线有无松动、断开现象。

（5）绝缘导线外皮是否鼓包变形、受损、龟裂。

（6）导线邻近、平行、交叉跨越距离是否符合规程规定。

（7）导线上是否有杂物悬挂。

3. 横担

（1）铁横担是否锈蚀、变形、松动或严重歪斜。

（2）瓷横担有无污秽、损伤、裂纹、闪络、松动或严重歪斜。

4. 拉线

（1）拉线有无松弛、破股、锈蚀现象。

（2）拉线金具是否齐全，有无锈蚀、变形，连接是否可靠。

（3）水平拉线对地距离是否符合规程规定，有无妨碍交通或易被车撞等危险。

（4）拉线有无护套。

（5）拉线棒及拉线盘埋深是否符合规程规定，有无上拔，基础是否缺土。

（6）拉线是否严重锈蚀；对埋设于水田等易受腐蚀地段的拉棒应进行开挖检查；拉线、拉棒等拉线组件的强度是否满足要求。

5. 金具及绝缘子

（1）金具是否锈蚀、变形，固定是否可靠。

（2）开口销有无锈蚀、断裂、脱落，垫片是否齐全，螺栓是否坚固。

（3）绝缘子有无污秽、损伤、裂纹或闪络现象。

（4）绝缘子有无歪斜现象，铁脚有无锈蚀、松动、变形。

6. 标识

（1）杆塔编号悬挂或刷写是否规范，是否符合规程规定。

（2）警示标识是否齐全、规范，是否符合规程规定。

（3）设备标识、调度编号是否齐全、规范，是否符合规程规定，是否与图纸、系统相符。

（4）标识固定是否可靠。

7. 沿线情况

（1）防护区内有无堆放的柴草、木材、易燃易爆物及其他杂物。

（2）防护区内有无危及线路安全运行的天线、井架、脚手架、机械施工设备等。

（3）防护区内有无土建施工、开渠挖沟、植树造林、种植农作物、堆放建筑材料等危害线路的运行。

（4）防护区内有无爆破、土石开方损伤导线的可能。

（5）线路附近的树木、建筑物与导线的间隔距离是否符合规程规定。

（6）邻近的电力、通信、索道、管道及电缆架设是否影响线路安全运行。

（7）河流、沟渠边的杆塔有无被水冲刷、倾倒的危险。

（8）跨越鱼塘、湖泊等架空线路附近是否有“严禁钓鱼”的警示牌。

（9）沿线其他环境情况。

（10）线路巡视和检修通道是否畅通。

四、危险点分析及安全控制措施

危险点分析及安全控制措施见表 7–1–1。

表 7–1–1　危险点分析及安全控制措施

危险点	控制措施
狗咬、蜂蛰、交通意外、溺水、摔伤	巡线路过村屯和可能有狗的地方先吆喝，备用棍棒，防备被狗咬
	发现蜂窝时不要触碰。带蜂蛰药、蛇咬药及防中暑的药品
	横过公路、铁路时，要注意观望，遵守交通法规，以免发生交通意外事故
	过河时，不得趟不明深浅的水域，不得踩薄或疏松的冰。过没有护栏的桥时，要小心，防止落水
	巡线时应穿工作鞋，路滑或过沟、崖、墙时防止摔伤，沿线路前进，不走险路
	单人巡视时禁止攀登杆塔
触电伤害	沿线路外侧行走，大风巡线应沿线路上风侧前进
	发现导线断落地面或悬吊空中，应设法防止行人靠近断线地点 8m 以内
	登杆塔检查时与带电体保持足够的安全距离，带电体上有异物时严禁用手直接取下

五、案例

（1）巡视任务：某低洼地段 10kV 线路 1～10 号特殊巡视。

（2）巡视人：两人同时进行巡视。

（3）工器具准备：绝缘靴 2 双、绝缘手套 2 双、绝缘棒 1 组、干木棒 1 根、绝缘绳 1 条。

（4）危险点及安全措施：2 号与 3 号间跨越小河流。手拄干木棒试探泥水深度。

（5）巡视过程。大雨过后，两人核对某低洼地段 10kV 线路技术资料，准备好工器具，必要时穿救生衣。对危险点进行准确分析，穿好绝缘靴，戴好绝缘手套，拿绝缘棒和干木棒对线路进行巡视。步行到达巡视地段，按巡视指导卡程序对线路进行巡视。经巡视，线路杆根无泥土流失，电杆没有倾斜，拉线底盘没有上拔现象，导线、金具、绝缘子等无雷击放电现象。巡视结束后记录到巡视手册中。

思考与练习

1. 配电线路巡视的目的是什么？
2. 配电线路巡视的项目有哪些？
3. 简述配电线路巡视的危险点。

模块2 配电线路运行维护及故障处理（TQJL07002）

模块描述

本模块包含10kV及以下配电线路运行标准、维护标准及故障处理原则、分类、处理方法及步骤等内容。通过概念描述、流程介绍、列表说明、案例分析、要点归纳，掌握配电线路运行标准及故障处理方法。

模块内容

一、配电线路运行维护标准

1. 配电线路运行标准

（1）杆塔偏离线路中心线不应大于0.1m。

（2）电杆倾斜度（包括挠度）：转角杆、直线杆不应大于15/1000，转角杆不应向内角侧倾斜，终端杆不应向导线侧倾斜，终端杆向拉线倾斜应小于200mm。

（3）铁塔倾斜度：50m以下倾斜度应不大于10/1000，50m及以上倾斜度应不大于5/1000。

（4）混凝土杆不应有严重裂纹、流铁锈水等现象，保护层不应脱落、酥松、钢筋外露，不宜有纵向裂纹，横向裂纹不宜超过周长的1/3，且裂纹宽度不宜大于0.5mm；铁塔不应严重锈蚀，主材弯曲度不得超过5/1000，各部螺栓应坚固，混凝土基础不应有裂纹、酥松、钢筋外露现象。

（5）线路上的每基杆塔应统一标志牌，靠道路附近的电杆应统一挂在朝道侧，同一条线路的标志牌基本在一侧。

（6）横担与金具应无严重锈蚀、变形、腐朽。铁横担、金具锈蚀不应起皮和出现严重麻点，锈蚀表面积不宜超过1/2。

（7）横担上下倾斜、左右偏歪不应大于横担长度的2%。

（8）导线通过的最大负荷电流不应超过其允许电流。

（9）导（地）线接头无变色和严重腐蚀现象，连接线夹螺栓应坚固。

（10）导（地）线应无断股；7股导（地）线中的任一股导线损伤深度不得超过该股导线直径的1/2；19股及以上导（地）线，某一处的损伤不得超过3股。

（11）导线过引线、引下线对电杆构件、拉线、电杆间的净空距离：1～10kV不小于0.2m，1kV以下不小于0.1m。每相导线过引线、引下线对邻相导体、过引线、引下线的净空距离：1～10kV不小于0.3m，1kV以下不小于0.15m。高压（1～10kV）引下线与低压（1kV以下）线间的距离：不应小于0.2m。

（12）三相导线弧垂应力求一致，弧垂误差应在设计值的–5%～＋10%之内；一般挡距导线弧垂相差不应超过50mm。

（13）绝缘子、瓷横担应无裂纹，釉面剥落面积不应大于 100mm²，瓷横担线槽外端头釉面剥落面积不应大于 200mm²，铁脚无弯曲，铁件无严重锈蚀。

（14）绝缘子应根据地区污秽等级和规定的泄漏比距来选择其型号，验算表面尺寸。

（15）拉线应无断股、松弛和严重锈蚀。

（16）水平拉线对通车路面中心的升起距离不应小于 6m。

（17）拉线棒应无严重锈蚀、变形、损伤及上拔等现象。

（18）拉线基础应牢固，周围土壤无凸起、淤陷、缺土等现象。

（19）接户线的绝缘层应完整，无剥落、开裂等现象；导线不应松弛；每根导线接头不应多于 1 个，且应用同一型号导线相连接。

（20）接户线的支持构架应牢固，无严重锈蚀、腐朽。

（21）导线的限距及交叉跨越距离应符合表 7–2–1～表 7–2–4。

表 7–2–1　　导线最大计算弧垂情况下与地面最小距离　　m

线路经过地区	线路标称电压	
	1～10kV	＜1kV
居民区	6.5	6
非居民区	5.5	5
不能通航也不能浮运的河、湖（冬季冰面）	5	5
不能通航也不能浮运的河、湖（50 年一遇洪水位）	3	3
交通困难地区	4.5（3）	4（3）
步行可到达的山坡	4.5	3.0
步行不能到达的山坡、峭壁和岩石	1.5	1.0

注　括号内为绝缘线数值。

表 7–2–2　　导线最大计算弧垂情况下对永久建筑物之间最小垂直距离　　m

接近物	接近条件	对应线路电压等级		
		1～10kV	＜1kV	备注
永久建筑物	线路导线与永久建筑物之间的垂直距离在最大计算弧垂情况下（相邻建筑物无门窗或实墙）	3（2.5）	2.5（2）	1～10kV 配电线路不应跨越屋顶为易燃材料做成的建筑物

注　括号内为绝缘线数值。

表 7–2–3　　导线最大计算弧垂情况下对永久建筑物之间最小水平距离　　m

接近物	接近条件	对应线路电压等级		
		1～10kV	＜1kV	备注
永久建筑物	线路导线与永久建筑物之间的水平距离在最大风偏情况下（相邻建筑物无门窗或实墙）	1.5（0.75）	1（0.2）	相邻建筑物无门窗或实墙

注　括号内为绝缘线数值。

表 7–2–4 架空配电线路与铁路、公路、河流、管道、索道及各种架空线路交叉的基本要求（最小垂直距离） m

项目			线路电压		备注
			1～10kV	<1kV	
铁路	标准轨距	至轨顶	7.5	7.5	
	窄轨		6.0	6.0	
	电气化铁路	接触线或承力索	平原地区配电线路入地		山区入地困难时，应协商，并签订协议
公路	高速公路，一级公路	至路面	7.0	6.0	
	二、三、四级公路				
河流	通航	至常年高水位	6.0	6.0	最高洪水位时，有抗洪抢险船只航行的河流，垂直距离应协商确定
		至最高航行水位的最高船檣顶	1.5	1.0	
	不通航	至最高洪水位	3.0	3.0	最高洪水位时，有抗洪抢险船只航行的河流，垂直距离应协商确定
		冬季至冰面	5.0	5.0	
弱电线路	一、二级	至被跨越物	2.0	1.0	
	三级				
电力线路	<1kV	至导线	2.0	1.0	
	1～10kV		2.0	2.0	
	35～110kV		3.0	3.0	
	154～220kV		4.0	4.0	
	330kV		5.0	5.0	
	500kV		8.5	8.5	
特殊管道		电力线在下面	3.0	2.0	
一般管道、索道		电力线在下面至电力线上的保护设施	1.5	1.5	
人行天桥			5（4）	4（3）	

注 括号内为绝缘导线数值。

（22）配电线路通过林区（树木）的安全距离。1～10kV配电线路通过林区应砍伐出通道，通道净宽度为导线边线向外侧水平延伸5m，当采取绝缘导线时不应小于1m。配电线路通过公园、绿化区和防护林带，导线与树木的净空距离在最大风偏情况下不应小于3m。配电线路通过果林、经济作物以及城市灌木林，不应砍伐通道，但导线与树梢的距离不应小于1.5m。

配电线路的导线与街道行道树之间的最小距离应符合表7–2–5的规定。

表 7–2–5　　配电线路的导线与街道行道树之间的最小距离　　m

最大弧垂情况的垂直距离		最大风偏情况下的水平距离	
1～10kV	<1kV	1～10kV	<1kV
1.5（0.8）	1.0（0.2）	2.0（1.0）	1.0（0.5）

注　括号内为绝缘导线数值。

（23）配电线路与其他物体的安全距离。配电线路与甲类厂房、库房，易燃材料堆场，甲、乙类液体储罐，液化石油气储罐，可燃、助燃气体储罐最近水平距离，不应小于杆塔高度的 1.5 倍，丙类液体储罐不应小于 1.2 倍（甲、乙、丙分类按 GB 50016—2016《建筑设计防火规范》规定）。

（24）跨越道路的拉线对地距离。跨越道路的水平拉线，对路边缘的垂直距离不应小于 6m。拉线柱的倾斜角宜采用 10°～20°。

（25）接户线的限距应符合表 7–2–6 和表 7–2–7 的规定。

表 7–2–6　　接户线受电端的对地面垂直距离　　m

1～10kV	<1kV
4.0	2.5

表 7–2–7　　跨越街道的 1kV 以下接户线至路面中心的垂直距离　　m

具体条件	有汽车通过的街道	汽车通过困难的街道、人行道	胡同（里、弄、巷）	沿墙敷设
1kV 以下接户线至路面中心的垂直距离	6.0	3.5	3.0	2.5

2. 配电线路维护标准

为了保证配电线路安全、可靠、经济运行，采取正确的维护方法来管理非常重要。首先，要加强配电线路的巡视，掌握配电线路运行状态及相关缺陷，根据缺陷情况制订相应的消缺计划；其次，要采取正确的处理方法，对各种缺陷或隐患进行整改处理，达到运行标准；最后做好技术统计，分析并掌握线路运行情况。

（1）电杆移位。电杆移位可采用机械（吊车或紧线器等）和人工两种方法。无论是哪一种，首先对电杆加装 4 个相对方向的拉线进行固定保护，然后拉动绳索将杆根校正垂直，基础填土、夯实，恢复并紧固导线。

（2）电杆扶正。电杆扶正可采用机械（吊车或紧线器等）和人工两种方法。无论是哪一种，都要在正杆侧杆根处垂直挖深 1m 左右，避免杆身受力过大而折断。直线杆顺线路方向倾斜时，要松开导线进行正杆，垂直线路倾斜时可在不停电的情况下进行。转角杆、终端杆与直线杆基本相同，要注意调整拉线受力和导线弧垂。

（3）拉线调整。因扶正倾斜的电杆需要调整拉线时，应在扶正电杆后再进行调整或重新制作；因拉线断股或锈蚀严重而更换拉线时，应先装好临时拉线后再更换拉线；因地锚上拔而导致拉线松弛时，可通过调整 UT 线夹来进行调整拉线。调整后的 UT 线夹，其螺杆露出螺纹长度应不超过螺纹总长的 2/3，否则应重新制作。重新制作后的 UT 线夹，其螺杆露出螺纹的长度应在螺纹总长的 1/3～1/2 之间，调整后，UT 线夹的双螺母应并紧。

（4）导线接头过热处理。普通导线连接接头可打开去除氧化面，然后涂上中性凡士林油重新连接，使用线夹连接的导线接头要打开重做。

（5）砍树。在线路带电情况下，砍剪靠近线路的树木时，工作负责人应在工作开始前，向全体人员说明“电力线路有电，人员、树木、绳索应与导线保持1m的安全距离”。砍剪树木时，应防止马蜂等昆虫或动物伤人。上树时，不应攀抓脆弱和枯死的树枝，并使用安全带。安全带不得系在待砍剪树枝的断口附近或以上。不应攀登已经锯过或砍过的未断树枝。砍剪树木应有专人监护。待砍剪的树木下面和倒树范围内不得有人逗留，防止砸伤行人。为防止树木（树枝）倒落在导线上，应设法用绳索将其拉向与导线相反的方向。绳索应有足够的长度，以免拉绳的人员被倒落的树木砸伤。砍剪山坡树木应做好防止树木向下弹跳接近导线的措施。树枝接触或接近高压带电导线时，应将高压线路停电或用绝缘工具使树枝远离带电导线至安全距离。此前严禁人体接触树木。

大风天气，禁止砍剪高出或接近导线的树木。使用油锯和电锯的作业，应由熟悉机械性能和操作方法的人员操作。使用时，应先检查所能锯到的范围内有无铁钉等金属物件，以防金属物体飞出伤人。

二、配电线路故障处理

（一）故障处理原则

配电线路故障处理本着“缩短停电时间，缩小停电面积，迅速排除故障，尽快恢复送电”的原则。

（二）配电线路故障的分类

配电线路故障分为短路和断路两种。

1. 短路

短路分为接地和相间短路。接地又分为永久性接地和瞬间接地，主要是由倒断杆、接点过热、绝缘子击穿、雷击、树碰线或外力破坏等因素导致的。相间短路又分为两相短路和三相短路，主要是由上述原因引起，但没有接地，致使两相或三相导线连接造成的。

2. 断路

由于倒断杆、接点过热、雷击或外力破坏等因素使导线断开，但未形成短路，影响正常供电。

（三）配电线路故障处理方法和步骤

1. 倒杆故障

由于电杆基础未夯实、埋深不够、积水或冲刷、外力碰撞、线路受力不均造成电杆倾斜、混凝土杆水泥脱落或露筋等都容易引起倒杆事故，要及时进行处理。

（1）发生倒杆事故后，立即派人巡线，在出事地点看守，应认为线路带电，防止行人靠近。

（2）立即向上级领导汇报事故现场情况及事故原因，如自然现象造成的事故应在上级领导的批准下通知保险公司等有关部门，以便索赔。

（3）拉开事故线路上级控制开关或接到领导通知确认线路停电，做好工作地段两端的安全措施后，方可开始抢修。

（4）组织人员，准备工具、材料，更换不能使用的金具及绝缘子，扶正或更换电杆，夯实基础。

（5）电杆组立或扶正要注意埋深，底盘和卡盘要牢固可靠。

2. 断线故障

受雷雨天气影响，或绝缘子闪络，或大风摇摆及外力破坏，都有可能发生断线事故，多发生在绝缘子与导线的结合部位。

（1）发生断线事故后，立即派人巡线，在出事地点看守，断落到地面的导线，应防止行人靠近接地点 8m 以内。

（2）立即向上级领导汇报事故现场情况及事故原因，如自然现象造成的事故应在上级领导的批准下通知保险公司等有关部门，以便索赔。

（3）拉开事故线路上级控制开关或接到领导通知确认线路停电，做好工作地段两端的安全措施后，方可开始抢修。

（4）组织人员，准备工具、材料，更换不能使用的金具及绝缘子，进行导线连接处理。

（5）导线断线，应将断线点在超过 1m 以外剪断重接，并用同型号导线连接或压接。

（6）将连接好的导线放在横担上方，用两套紧线器在横担两侧分别紧线，调匀弧垂后进行绝缘子绑扎。

（7）避免在一个挡距内有两个接头。

（8）搭接或压接的导线接点应距固定点 0.5m。

（9）断股损伤截面不超过铝股总面积的 7%，可缠绕处理，缠绕长度应超过损伤部位两端 100mm。

（10）断股损伤截面超过铝股总面积的 7%而小于 25%，可用补修管或加备线处理，补修管长度超出损伤部分两端各 30mm。

（11）断股损伤截面超过铝股总面积的 25%，或损伤长度超过补修管长度，或导线出现永久性变形，应剪断重接。

3. 绝缘子故障处理

受雷击、污闪、电晕、自然老化因素等影响，易使绝缘子的绝缘能力下降，从而引起线路故障。

（1）绝缘子因脏污造成绝缘水平下降，应定期进行巡视、清扫和测量，发现不合格的及时更换。

（2）在污染严重地区可在绝缘子表面涂防污涂料，也可使用防污绝缘子。

（3）由于绝缘子老化造成的绝缘下降，应及时更换。

（4）在高电压作用下，因导线周围电场强度超过空气击穿强度，会对绝缘子造成电晕伤害，应采用加大导线半径的方法来处理。

三、案例

以断杆处理为例，介绍事故的处理。

1. 事故原因

该线路处于交通事故多发地段，电杆被汽车撞坏，导致导线相间短路，是事故发生的主要原因。

2. 事故现象

某 10kV 线路出线断路器跳闸，重合闸未成功。经故障巡视发现，10kV 线路电杆被汽车撞断，导线相间短路，是造成事故的主要原因。

3. 事故处理

（1）切除事故线路，保护现场，向领导汇报，组织人力、物力，启动事故抢修预案。

（2）抢修步骤：

1）巡视人员在现场看守，防止行人进入导线落地点 8m 以内，并立即向所长汇报。

2）所长向调度汇报事故情况后，启动事故应急预案。

3）立即组织人员填写事故应急抢修单，准备抢修材料和工具。

4）做好故障线路两端的安全措施后，进行抢修。

5）抢修工作结束后，完全拆除安全措施，所有人员撤离现场，恢复送电。

4. 危险点分析及控制措施

危险点分析及控制措施见表 7–2–8。

表 7–2–8　　危险点分析及控制措施

危险点	安全控制措施
倒杆	立、撤杆工作要设专人统一指挥，开工前讲明施工方法。在居民区和交通道路附近进行施工应设专人看守
	要使用合格的起重设备，严禁超载使用
	电杆起离地面后，应对各部吃力点做一次全面检查，确无问题后继续起立。起立 60° 后应减缓速度，注意各侧拉绳，特别要控制好后侧头部拉绳防止过牵引
	吊车起吊钢丝绳扣子应调绑在杆的适当位置，防止电杆突然倾倒
高处坠落及物体打击伤人	攀登杆塔前检查脚钉是否牢固可靠
	杆塔上转移作业位置时，不得失去安全带保护。杆塔上有人工作时，不得调整或拆除拉线
	现场人员必须戴好安全帽。杆塔上作业人员要防止掉东西，使用工器具、材料等应装在工具袋里，工器具的传递要使用传递绳。杆塔下方禁止行人逗留
砸伤	吊车的吊臂下严禁有人逗留，立杆过程中坑内严禁有人，除指挥人及指定人员外，其他人应在电杆 1.2 倍杆高的距离以外
	修坑时，应有防止杆身滚动、倾斜的措施
	利用钢钎做地锚时，应随时检查钢钎受力情况，防止过牵引将钢钎拔出
	已经立起的电杆只有在杆基回填土全部夯实，并填起 300m^3 的防沉台后方可撤去叉杆和拉绳

5. 事故分析及防范措施

电杆组立在路旁，缺少提醒标志，行车较多，对电杆安全造成隐患。应采取以下防范措施：

（1）在电杆下部刷上（或粘贴）红白相间（黄黑相间）的荧光粉条，以便提醒汽车司机注意道路旁的电线杆。

（2）与交通管理部门联系，在道路旁安置交通安全提示牌，提醒汽车司机注意交通安全。

（3）探讨电杆迁移的可能性。

（4）对电杆加护桩或砌墩。

思考与练习

1. 配电线路对地、对树、对路的安全距离是多少？
2. 简述配电线路故障的分类。
3. 简述配电线路故障处理方法和步骤。

模块3 配电线路缺陷管理（TQJL07003）

模块描述

本模块包含10kV及以下配电线路缺陷分类、缺陷标准及缺陷管理等内容。通过概念描述、流程介绍、案例分析、要点归纳，掌握配电线路缺陷管理方法。

模块内容

一、配电线路缺陷分类及缺陷标准

（一）缺陷分类

按缺陷的紧急程度可分为紧急缺陷、重大缺陷和一般缺陷。

（1）紧急缺陷。是指严重程度已使设备不能继续安全运行，随时可能导致发生事故和危及人身安全的缺陷。必须立即消除，或采取必要的安全措施，尽快消除。

（2）重大缺陷。是指设备有明显损伤、变形，或有潜在的危险，缺陷比较严重，但可以在短期内继续运行的缺陷。可在短期内消除，消除前要加强巡视。

（3）一般缺陷。是指设备状况不符合规程要求，但对近期安全运行影响不大的缺陷。可列入年、季、月检修计划或日常维护工作中消除。

（二）缺陷标准

1. 导线

（1）紧急缺陷。

1）单一金属导线断股或损伤截面超过总截面的25%。

2）钢芯铝线的铝线断股或损伤截面超过总截面的50%。

3）钢芯线的钢芯独股钢芯有损伤或多股钢芯有断股。

4）受张力的直线接头有抽筮或滑动现象。

5）接头烧伤严重、明显变色，有温升现象。

（2）重大缺陷。

1）单一金属导线断股或截面损伤超过总截面的17%。

2）钢芯铝线的铝线断股或损伤截面超过总截面的25%。

3）导线上悬挂杂物。

4）交叉跨越处导线间距离小于规定值的50%。

（3）一般缺陷。

1）单一金属导线断股或损伤截面为总截面的17%以下。

2）钢芯铝线的铝线断股或损伤截面为总截面的25%以下。

3）导线有松股。

4）不同金属、不同规格、不同结构的导线在一个耐张段内。

5）导线接头接点有轻微烧伤并有发展的可能。

6）导线接头长度小于规定值。

7）导线耐张线夹有抽笺现象。

8）固定绑线有损伤、松动、断股。

9）导线间及导线对各部距离不足。

10）导线弧垂不合格、不平衡。

11）金属导线过引接续无过渡措施。

12）铝线或钢芯铝线在绝缘子、耐张线夹处无铝包带。

13）引下线、母线、跳接引线松弛。

14）绝缘线老化破皮。

2. 杆塔

（1）紧急缺陷。

1）混凝土杆倾斜度超过15°。

2）混凝土杆杆根断裂。

3）混凝土杆受外力作用产生错位变形露筋超过1/3周长。

4）铁塔主材料弯曲严重，随时有倒塔危险。

（2）重大缺陷。

1）混凝土杆倾斜度超过10°。

2）混凝土杆受外力作用露筋超过1/4周长或面积超过$10cm^2$。

3）混凝土杆严重腐蚀、酥松。

（3）一般缺陷。

1）杆塔基础缺土或因上拔及冻鼓使杆塔埋深小于标准埋深的5/6。

2）混凝土杆倾斜度超过5°。

3）混凝土杆露筋、流铁水，保护层脱落、酥松，法兰盘锈蚀。

4）混凝土杆纵向裂纹长度超过1.5m、宽度超过2mm，横向裂纹超过2/3周长、宽度超过1mm。

5）铁塔保护帽酥松、塔材缺少、锈蚀。

6）无标志牌、相位牌、警告牌。

3. 拉线

（1）紧急缺陷。受外力作用，接线松脱对人身和设备安全构成严重威胁。

（2） 重大缺陷。张力拉线松弛或地拔抽出。

（3） 一般缺陷。

1） 拉线或拉线棒锈蚀截面达到20%以上。

2） 拉线或拉线棒小于实际承受接力。

3） 拉线松弛。

4） 拉线对各部距离不足。

5） UT 线夹装反、缺件。

6） 穿越导线的拉线无绝缘措施。

7） 拉线地锚坑严重缺土。

4. 绝缘子

（1） 紧急缺陷。

1） 绝缘子击穿接地。

2） 悬式绝缘子销针脱落。

（2） 重大缺陷。

1） 绝缘电阻为零。

2） 瓷裙破损面积达 1/4 及以上。

3） 有裂纹。

（3） 一般缺陷。

1） 瓷裙缺口，瓷釉烧坏，破损表面超过 $1cm^2$。

2） 铁件弯曲，螺帽松脱。

3） 绝缘子电压等级不符合要求。

5. 横担、金具及台区变压器

（1） 重大缺陷。

1） 横担变形导致相间短路。

2） 落地式变压器无围栏。

（2） 一般缺陷。

1） 铁横担歪斜度超过 15/1000。

2） 横担变形，金具、横担严重锈蚀腐深度达到 1/3。

3） 横担缺件。

6. 线路防护

（1） 重大缺陷。导线对地（公路、铁路、河流等）距离不符合规程要求，与建筑物的水平距离小于 0.5m、垂直距离小于 1m。导线距树很近，使树木烧焦。

（2） 一般缺陷。

1） 导线与建筑物、树木等的水平或垂直距离不足。

2） 在线路防护区内存在堆放、修筑、开挖、架线等威胁线路安全的现象。

二、配电线路缺陷管理

配电线路缺陷是指运行中的设施发生异常情况，不能满足运行标准，产生不良后果的缺陷。配电线路缺陷管理应做到以下方面：

（1）缺陷管理机制。成立缺陷管理小组，明确责任分工、消缺时间和保证措施等。

（2）缺陷规定消除时间。紧急缺陷必须尽快消除（一般不超过 24h）或采取必要的安全技术措施临时处理；重大缺陷应在短期（1 个月）内消除，消除前应加强巡视；一般缺陷列入年、季、月工作计划消除。重大及以上缺陷消除率为 100%，一般缺陷年消除率不能低于 95%。

（3）缺陷处理程序。

1）巡视人员发现缺陷后登记在缺陷记录上，并上报运行管理单位技术负责人。

2）技术负责人审核后交运行管理单位主管人员决定处理意见。重大及以上缺陷应立即上报县级运维主管单位，共同研究处理意见。

3）巡视人员发现紧急缺陷时应立即向有关领导汇报，管理人员组织作业人员迅速处理，消缺后登记在缺陷记录上。

4）缺陷处理完毕后，由技术负责人现场验收并签字，不合格时将此缺陷重新按缺陷处理程序办理。

5）缺陷处理完毕后，应登记在检修记录中，相关处理人员和验收人员签字存档。

6）春、秋检中发现并已处理的缺陷不再执行缺陷处理程序，但应统计在当月的总消除中，发现未处理的缺陷应执行缺陷处理程序。

7）登记的缺陷应分为高压、低压、设备等部分。

（4）消除的缺陷必须保证质量，确保在一年内不能再出现问题。

三、案例

某日张某发现某 10kV 线路 1 号杆倾斜不到 10°，随后登记在巡线手册中，并标明属一般缺陷。上报供电所技术员，经技术员审核后签字，安排在春检工作中消除。随后，所长同技术员安排以张某为工作负责人的 5 人作业班组进行扶杆工作，工作结束后，技术员验收合格，登记在检修记录中，工作负责人、技术员签字存档，消缺完成。

思考与练习

1. 配电线路缺陷分类是怎样规定的？
2. 配电线路缺陷消除时间是怎样规定的？
3. 简述配电线路缺陷处理程序。

模块 4　配电线路事故抢修（TQJL07004）

模块描述

本模块包含 10kV 及以下配电线路事故抢修流程、事故抢修要求、故障点的查找等内容。通过概念描述、流程介绍、框图示意、要点归纳，掌握配电线路事故抢修方法。

模块内容

一、配电线路事故抢修流程

正确的事故抢修流程是事故抢修质量的保证，是正确指挥的理论依据。应以“时间短、动作快、抢修准、质量高”为原则，按照“接收事故信息，查找事故点，启动抢修预案，事故处理，恢复送电，总结分析”的流程进行。

（1）接到故障通知后，立即通知运行管理单位人员进行巡线，查找故障点。

（2）在故障现场看守，防止行人误入带电区域而造成人员伤亡，已造成人员伤亡的要及时向领导汇报，并联系相关救护人员。

（3）进行现场勘查，做好抢修计划，并向运维主管单位汇报。

（4）启动事故抢修预案，做好人员分工以及工器具、材料的准备，填写事故应急抢修单。

（5）确认线路已停电，在故障线路两端做好安全措施后，开始抢修作业。

（6）抢修作业结束后，技术人员对现场进行验收，与作业人员一起在事故应急抢修单上签字确认，并带回单位保存。

（7）召开事故分析会，总结事故教训。

配电线路事故抢修流程如图 7–4–1 所示。

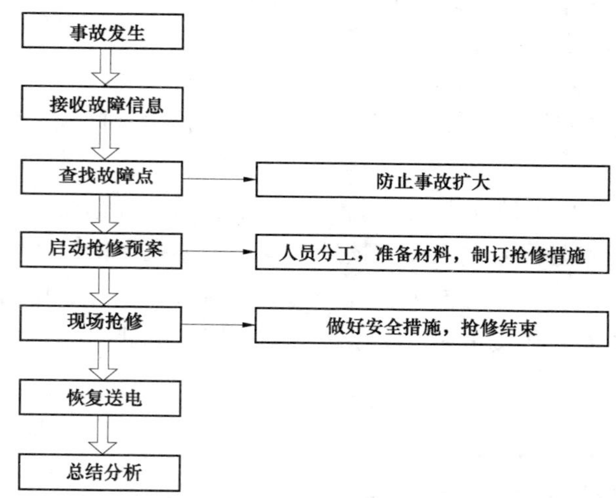

图 7–4–1　配电线路事故抢修流程

二、配电线路事故抢修要求

配电线路事故报修要制订事故抢修预案，建立健全抢修机制，明确启动条件，明确人员分工，做好事故抢修准备工作，保证抢修质量和时间，做好现场危险点分析和安全控制措施，抢修结束后做好事故分析。

抢修预案内容应包括：

（1）成立事故抢修领导小组，明确抢修小组总指挥，明确相关抢修人员的职责。

（2）明确事故抢修原则，保证尽快消除事故，减少停电时间。

（3）明确事故抢修标准，达到安全可靠运行。

（4）明确事故抢修保证措施，如人员组织要得力，车辆安排要充足，使用合格的工器具和材料。

（5）建立健全抢修相关人员与政府、医疗、保险等部门的联络机制，保证沟通顺畅，便于解决因事故带来的其他影响。

（6）明确事故抢修启动条件，避免盲目进行事故抢修，造成人员或设施受损及材料的浪费。

三、配电线路故障点的查找

正确分析和判断故障点是故障抢修的关键，及时准确查找故障点是故障抢修的保障。

（1）通过报修电话或停电通知，对停电线路进行确认。

（2）对于发生接地的线路要从变电站出线开始巡视查找故障点，采取分级测试的方法查找。

（3）人工巡视时要向群众搜集故障信息，并按线路巡视要求进行。

（4）查到故障点后，应保护好现场，防止故障扩大，做好故障处理的前期工作。

（5）当故障点没有找到时，可采用分段排除法判断。停分支线，送主干线，逐级试送，判断故障线路，缩小故障面积，然后查找故障点。

（6）可以通过线路安装的故障指示仪来判断故障线路，查找故障点。

（7）断路故障点查找重点要考虑导线接点是否断开、外力破坏等因素。

（8）短路故障点查找重点要考虑导线引流、树害及外力破坏等因素。

（9）接地故障点查找重点要考虑避雷器或绝缘子是否击穿，导线是否与树接触，过引线是否与横担相接等因素。

四、案例

下面介绍短路跳闸事故的处理的案例。

1. 故障类型及危害

夏季，某日雷雨过后，某10kV线路速断跳闸，全镇2万户居民生活用电全部中断。

2. 故障原因

接到故障巡线通知后，抢修人员沿变电站出线进行故障巡视。通过对各分歧线路逐一排查，确定线路末级分歧线路2号杆受雷击，三相导线落地，是造成本次事故的直接原因。

3. 故障处理步骤

（1）切除事故线路，保护现场，向领导汇报，组织人力、物力，启动抢修预案。

（2）抢修步骤：

1）巡视人员在现场看守，防止行人进入导线落地点8m以内，并立即向站长汇报。

2）站长向调度汇报事故情况后，启动抢修预案。

3）立即组织人员填写事故应急抢修单，准备抢修材料和工具。

4）做好故障线路两端的安全措施后，进行抢修，达到运行标准。

5）抢修工作结束后，完全拆除安全措施，所有人员撤离现场，恢复送电。

4. 危险点分析及控制措施

危险点分析及控制措施见表7–4–1。

表 7–4–1 危险点分析及控制措施

危险点	控制措施
高处坠落物体打击伤人	上杆前检查登杆工具及脚钉是否完好
	作业人员必须戴好安全帽，杆上作业必须使用安全带、工具袋，工具、材料用小绳传递，地面应设围栏
	使用扳手应合适好用，防止伤人
感应电伤人	线路作业前，必须对线路做好安全技术措施
	对一经操作即可送电的分段开关、联络开关，应设专人看守

5. 事故分析

通过班后会总结，本次事故的主要原因是雷击导线所致。今后在工作中采取安装线路防雷针式绝缘子的方法可以减轻雷击损害，对空旷线路要重点巡视。

思考与练习

1. 配电线路事故抢修的流程是什么？
2. 配电线路事故抢修的要求是什么？
3. 简述配电线路故障点的查找方法。

模块 5 电力电缆线路运行维护（TQJL07005）

模块描述

本模块包括电力电缆线路运行与维护的基本概念、电力电缆线路常见故障分析及排除、电力电缆一般试验项目及标准等内容。通过概念描述、要点归纳，掌握电力电缆线路运行与维护方法。

模块内容

一、电力电缆线路的运行维护要求

据统计，很大部分的电缆线路故障是因外来机械损伤产生的，因此为了减少外力损坏、消除设备缺陷保证可靠供电，就必须对电缆线路做好巡视监护工作，以确保电缆安全运行。

电缆线路的巡视监护工作由专人负责，配备专业人员进行巡视和监护，并根据具体情况制订设备巡查的项目和周期。下面介绍 35kV 及以下电压等级的电缆线路巡视监测工作的一般方法。

1. 巡视周期

（1）一般电缆线路每 3 个月至少巡视一次。根据季节和城市基建工程的特点应相应增加巡视的次数。

（2）竖井内的电缆每半年至少巡视一次。

（3）电缆终端每3个月至少巡视一次。

（4）特殊情况下，如暴雨、发洪水等，应进行专门的巡视。

（5）对于已暴露在外的电缆，应及时处理，并加强巡视。

（6）水底电缆线路根据情况决定巡视周期。如敷设在河床上的可每半年一次，在潜水条件许可时应派潜水员检查，当潜水条件不允许时可采用测量河床变化情况的方法代替。

2. 巡视的工作内容

（1）对敷设在地下的电缆线路应查看路面是否有未知的挖掘痕迹，电缆线路的标桩是否完整无缺。

（2）电缆线路上不可堆物。

（3）对于通过桥梁的电缆，应检查是否有因沉降而产生的电缆被拖拉过紧的现象，是否有由于振动而产生金属疲劳导致金属护套龟裂的现象，保护管或槽有否脱开或锈蚀。

（4）户外电缆的保护管是否良好，有锈蚀及碰撞损坏应及时处理。

（5）电缆终端是否洁净无损，有无漏胶、漏油、放电现象，接地是否良好。

（6）观察示温蜡片确定引线连接点是否有过热现象。

（7）多根电缆并列运行时，要检查电流分配和电缆外皮温度情况，发现各根电缆的电流和温度相差较大时，应及时汇报处理，以防止负荷分配不均引起烧坏电缆。

（8）隧道巡视要检查电缆的位置是否正常，接头有无变形和漏油，温度是否正常，防火设施是否完善，通风和排水照明设备是否完好。

（9）电缆隧道内不应积水、积污物，其内部的支架必须牢固，无松动和锈烂现象。

（10）发现违反电力设施保护的规定而擅自施工的单位，应立即阻止其施工，对按规定施工的单位，应做好电缆地下的分布情况现场交底工作，并加强监视和配合施工单位处理好施工中发生的与电缆线路有关的问题。

二、电缆线路常见故障分析、排除

电缆故障是指电缆在预防性试验时发生绝缘击穿或在运行中因绝缘击穿、导线烧断等而迫使电缆线路停止供电的故障。本模块主要介绍电缆运行管理的内容，将全面叙述电缆线路的常见故障的类型、现象、危害、原因、处理。

1. 电缆线路故障的类型

（1）按故障部位划分，电缆线路故障可分为电缆本体故障、电缆附件故障、充油电缆信号系统故障。

（2）按故障现象划分，电缆线路故障可分为电缆导体烧断、拉断而引起电缆线路故障，电缆绝缘被击穿而引起电缆线路故障。

（3）按故障性质划分，电缆线路故障可以分为接地故障、短路故障、断线故障、闪络性故障和混合故障。

2. 电缆线路故障的原因

在电缆线路的运行管理中，分析电缆故障发生的原因是非常重要的，从而达到减少电缆故障的目的。下面根据故障现象对不同部位的电缆线路故障进行详细分析。

（1） 电缆本体常见故障原因。

1） 电缆本体导体烧断或拉断。电缆本体的导体断裂现象在电缆制造过程中一般不存在，它一般发生在电缆的安装、运行过程中。

2） 电缆本体绝缘被击穿。电缆绝缘被击穿的故障比较普遍，其原因主要有：

a. 绝缘质量不符合要求。绝缘质量受设计、制造、施工等方面因素的影响。

b. 绝缘受潮。绝缘受潮会导致绝缘老化而被击穿。

c. 绝缘老化变质。电缆绝缘长期在电和热的双重作用下运行，其物理性能将发生变化，导致绝缘强度降低或介质损耗增大，最终引起绝缘损坏发生故障。

d. 外护层绝缘损坏。对于超高压单芯电缆来讲，电缆的外护层也必须有很好的绝缘，否则将大大影响电缆的输送容量或造成绝缘过热而使电缆损坏。

（2） 电缆附件常见故障原因。这里所说的电缆附件指电缆线路的户外终端、户内终端及接头。电缆附件故障在电缆事故中居很大比例，且大部分伴生在10kV及以下的电缆线路上，主要有以下原因：

1） 施工不良。在施工过程中，由于施工人员施工不良，造成电缆附件绝缘不符合要求，如损伤了电缆的导体绝缘，应力锥处理不好，接头两端电缆的屏蔽层和半导电层连接处理不好，电缆附件防水密封处理不好，接头两端电缆的铠装层连接处理不好，在下雨天潮湿天气施工安装电缆附件等，都有可能造成电缆附件发生击穿故障。这类故障，在电缆附件故障中占有较大的比重。

2） 绝缘材料不良。如分支手套、绝缘套管（热缩管或冷收缩）的收缩紧压力不足，导致电缆附件的防水密封不良，使导体绝缘受潮而引发故障。这是造成电缆中间接头故障的主要原因。

3） 雷电灾害。雷击产生的线路过电压，会将电缆附件的绝缘薄弱点击穿，造成电缆故障。

4） 污闪和雾闪。电缆附件表面积聚灰尘过多时，会引起表面闪络，即发生污闪。在大雾天，还会发生雾闪。

5） 腐蚀。与电缆本体相似，腐蚀也会对电缆附件（金属护套部分）产生影响，导致电缆附件发生故障。

6） 绝缘老化。运行日久绝缘就会老化，长期受到风吹、日晒、雨淋，会加速绝缘的老化。

3. 电缆线路常见故障缺陷的处理方法

电缆线路发生故障后，必须立即进行修理工作，以免水分大量侵入，扩大故障范围。消除故障必须做到彻底、干净，否则虽经修复可用，日久仍会引起故障，造成重复修理，损失更大。故障的修复需要掌握两项重要原则：① 电缆受潮部分应予锯除；② 绝缘材料或绝缘介质有炭化现象应予更换。

运行管理中的电缆线路故障可分为运行故障和试验故障。

（1）运行故障。运行故障是指电缆在运行中，因绝缘击穿或导体损坏而引起保护器动作突然停止供电的事故，或因绝缘击穿发单相接地，虽未造成突然停止供电但又需要退出运行的故障。运行中发生故障多半造成电缆严重烧伤，需消除故障重新接复，但单相接地不跳闸的故障尚可局部修理。

1）电缆线路单相接地（未跳闸）。此类故障一般电缆导体的损伤只是局部的。如果是属于机械损伤，而故障点附近的土壤又较干燥时，一般可进行局部修理，加添一只假接头，即不将电缆芯锯断，仅将故障点绝缘加强后即可。20～35kV分相铅包电缆，修理单相或两相的则更多。

2）电缆线路其他接地或短路故障。发生除单相接地（未跳闸）以外的其他故障时，电缆导体和绝缘的损伤一般较大，已不能局部修理。这时必须将故障点和已受潮的电缆全部锯除，换上同规格的电缆，安装新的电缆接头或终端。

3）电缆终端故障。电缆终端一般留有余线，因此发生故障后一般进行彻底修复，为了去除潮气，将电缆去除一段后重新制作终端。

（2）试验故障。试验故障是指在预防性试验中绝缘击穿或绝缘不良而必须进行检修才能恢复供电的故障。

1）定期清扫。一般在停电做电气试验时擦净即可。不停电时，应拿装在绝缘棒上的油漆刷子，在人体和带电部分保持安全距离的情况下，将绝缘套管表面的污秽扫去，如果是电缆漏出的油等油性污秽，可在刷子上沾些丙酮擦除。

2）定期带电水冲。在人体和带电部分保持安全距离的情况下，用绝缘水管通过水泵用水冲洗绝缘套管，将污秽冲去。

（3）电缆的白蚁危害。白蚁的食物主要是木材、草根和纤维制品等，电缆的内、外护层并非是白蚁的食料，但在它们寻找食物的过程中会破坏电缆的外护层。白蚁能把电缆护层咬穿，使电缆绝缘受潮而损坏。因此电缆线路上还必须对白蚁的危害加以防治，其方法有：

1）在发现有白蚁的地区采用防咬护层的电缆。

2）当敷设前或敷设后对电缆线路还未造成损坏时，可采用毒杀的方法防止白蚁的危害。

（4）电缆线路的机械外力损伤的预防。电缆线路的机械外力损伤占电缆线路故障原因的很大部分，而非电缆施工人员引起的电缆机械外力损伤故障占了绝大部分，这严重威胁了电缆线路的运行，因此必须做好预防机械外力损伤的工作，防止不必要的损坏。

三、电力电缆一般试验项目及标准

电缆终端和中间接头制作完毕后，应进行电气试验，以检验电缆施工质量。电缆工程施工后的交接试验应按照GB 50150—2016《电气装置安装工程　电气设备交接试验标准》的规定。应进行的试验项目如下：

（1）测量绝缘电阻。

（2）交流耐压试验及泄漏电流测量。

（3）检查电缆线路的相位。

（4）充油电缆的绝缘油试验。充油电缆还应进行护层试验、油流试验及浸渍系数试验等。

1. 绝缘电阻试验

测量绝缘电阻是检查电缆线路绝缘状况最简单、最基本的方法。测量绝缘电阻一般使用绝缘电阻表。测量过程中，应读取电压 15s 和 60s 时的绝缘电阻值 R_{15} 和 R_{60}，而 R_{60}/R_{15} 的比值称为吸收比。在同样测试条件下，电缆绝缘越好，吸收比的值越大。

电缆的绝缘电阻值一般不作具体规定，判断电缆绝缘情况应与原始记录进行比较，一般三相不平衡系数不应大于 2.5。由于温度对电缆绝缘电阻值有影响，在做电缆绝缘测试时，应将温度、湿度等天气情况做好记录，以备比较时参考。

1kV 以下电压等级的电缆用 500～1000V 绝缘电阻表；1kV 以上电压等级的电缆用 1000～2500V 绝缘电阻表。

测量电力电缆绝缘电阻的步骤及注意事项如下：

（1）试验前电缆要充分放电并接地，方法是将电缆导体及电缆金属护套接地。

（2）根据被试电缆的额定电压选择适当的绝缘电阻表，并做空载和短路试验，检查仪表是否完好。

（3）若使用手摇式绝缘电阻表，应将绝缘电阻表放置在平稳的地方，将电缆终端套管表面擦净。绝缘电阻表有三个接线端子：接地端子 E、屏蔽端子 G、线路端子 L。为了减小表面泄漏可这样接线：用电缆另一导体作为屏蔽回路，将该导体两端用金属软线连接到被测试的套管或绝缘上并缠绕几圈，再引接到绝缘电阻表的屏蔽端子 G 上。

（4）应注意：线路端子上引出的软线处于高压状态，不可拖放在地上，应悬空。摇测方法是“先摇后搭，先撤后停”。

（5）手摇绝缘电阻表，到达额定转速后，再搭接到被测导体上。一般在测量绝缘电阻的同时测定吸收比，故应读取 15s 和 60s 时的绝缘电阻值。

（6）每次测完绝缘电阻后都要将电缆放电、接地。电缆线路越长、绝缘状况越好，则接地时间越长，一般不少于 1min。

2. 交流耐压试验和泄漏电流测量

交流电压试验结合局部放电测量被证明效果良好。现场的局部放电试验主要是检查电缆附件及接头。因为电缆本身已进行出厂检验，现场还做了外护套试验，是不会有问题的。局部放电试验广泛应用于现场试验。目前主要是利用超高频和超声波进行现场局部放电探测，测量点主要是接头和终端。

3. 电缆相位检查

电缆敷设完毕在制作电缆终端前应核对相位，终端制作后应进行相位标志。这项工作对于单个用电设备关系不大，但对于输电网络、双电源系统和有备用电源的重要用户以及有并联电缆运行的系统有重要意义，相位不可有错。

核对相位的方法很多。比较简单的方法是在电缆的一端任意两根导体接入一个用 2～4 节干电池串联的低压直流电源，假定接正极的导体为 U 相，接负极的导体为 V 相，在电缆的另一端用直流电压表或万用表的 10V 电压挡测量任意两根导体。

思考与练习

1. 简述电缆线路巡视周期。
2. 电缆线路维护工作的内容是什么？
3. 按故障性质划分电缆线路故障有几种类型？
4. 电缆故障修复需要掌握的重要原则是什么？
5. 什么是电力电缆的吸收比？如何判断其绝缘性能？

第 8 章

配电设备停送电操作

模块 1　操作票的填写与执行（TQJL08001）

模块描述

本模块包含倒闸操作的填写与操作流程。通过概念描述、流程介绍、要点归纳，掌握倒闸操作的要求与安全注意事项，正确进行操作票的填写与执行。

模块内容

倒闸操作主要是指拉开或合上断路器或隔离开关，拉开或合上直流操作回路，拆除和装设临时接地线及检查设备绝缘等。它直接改变电气设备的运行方式，是一项重要而又复杂的工作。如果发生错误操作，就会导致发生事故或危及人身安全。

为保障电气设备的安全运行，在倒闸操作过程中必须做好组织和技术措施的落实。认真执行倒闸操作票制度。

一、倒闸操作的基本要求

（1）倒闸操作前，应核对线路名称、设备双重名称和状态。

（2）现场倒闸操作应执行唱票、复诵制度，宜全程录音。操作人应按操作票填写的顺序逐项操作，每操作完一项，应检查确认后做一个“√”记号，全部操作完毕后进行复查。复查确认后，受令人应立即汇报发令人。

（3）监护操作时，操作人在操作过程中不得有任何未经监护人同意的操作行为。

（4）倒闸操作中发生疑问时，不得更改操作票，应立即停止操作，并向发令人报告。待发令人再行许可后，方可继续操作。任何人不得随意解除闭锁装置。

（5）在发生人身触电事故时，可以不经许可，立即断开有关设备的电源，但事后应立即报告值班调控人员（或运维人员）。

（6）停电拉闸操作应按照断路器（开关）—负荷侧隔离开关（刀闸）—电源侧隔离开关（刀闸）的顺序依次进行，送电合闸操作应按与上述相反的顺序进行。禁止带负荷拉合隔离开关（刀闸）。

（7）配电设备操作后的位置检查应以设备实际位置为准；无法看到实际位置时，应通过间接方法如设备机械位置指示、电气指示、带电显示装置、仪表及各种遥测、遥信等信号的变化来判断设备位置。判断时，至少应有两个非同样原理或非同源的指示发生对应变化，且所有这些确定的指示均已同时发生对应变化，方可确认该设备已操作到位。检查中若发现其他任何信号有异常，均应停止操作，查明原因。若进行遥控操作，可采用上述的间接方法或其他可靠的方法判断设备位置。对部分无法采用上述方法进行位置检查的配电设备，各单位可根据自身设备情况制定检查细则。

（8）解锁工具（钥匙）应封存保管，所有操作人员和检修人员禁止擅自使用解锁工具（钥匙）。若遇特殊情况需解锁操作，应经设备运维管理部门防误操作装置专责人或设备运维管理部门指定并经公布的人员到现场核实无误并签字，由运维人员告知值班调控人员后，方可使用解锁工具（钥匙）解锁。单人操作、检修人员在倒闸操作过程中禁止解锁；若需解锁，应待增派运维人员到现场，履行上述手续后处理。解锁工具（钥匙）使用后应及时封存并做好记录。

（9）断路器（开关）与隔离开关（刀闸）无机械或电气闭锁装置时，在拉开隔离开关（刀闸）前应确认断路器（开关）已完全断开。

（10）操作机械传动的断路器（开关）或隔离开关（刀闸）时，应戴绝缘手套。操作没有机械传动的断路器（开关）、隔离开关（刀闸）或跌落式熔断器，应使用绝缘棒。雨天室外高压操作，应使用有防雨罩的绝缘棒，并穿绝缘靴、戴绝缘手套。

（11）装卸高压熔断器，应戴护目镜和绝缘手套。必要时使用绝缘操作杆或绝缘夹钳。

（12）雷电时，禁止就地倒闸操作和更换熔丝。

（13）配电线路和设备停电后，在未拉开有关隔离开关（刀闸）和做好安全措施前，不得触及线路和设备或进入遮拦（围栏），以防突然来电。

二、操作票填写

倒闸操作票的格式按电力部门颁发的统一标准填写。

（1）操作票应用黑色或蓝色的钢（水）笔或圆珠笔逐项填写。操作票票面上的时间、地点、线路名称、杆号（位置）、设备双重名称、动词等关键字不得涂改。若有个别错、漏字需要修改、补充时，应使用规范的符号，字迹应清楚。用计算机生成或打印的操作票应使用统一的票面格式。

（2）倒闸操作票应将下列项目填入票内：

配电倒闸操作票

单位：__________　　　　　　　　　　　　　　　　编号：__________

发令人：	受令人：	发令时间：　　年　月　日　时　分
操作开始时间：　　年　月　日　时　分		操作结束时间：　　年　月　日　时　分
操作任务：		

顺序	操　作　项　目	√

续表

顺序	操 作 项 目	√

备注：	
操作人：	监护人：

（3） 操作人和监护人应根据模拟图或接线图核对所填写的操作项目，分别手工或电子签名。

（4） 操作票必须按操作项目的顺序逐项填写，不得颠倒或并项填写。

（5） 操作票应事先连续编号，计算机生成的操作票应在正式出票前连续编号，操作票按编号顺序使用。作废的操作票应注明“作废”字样，未执行的操作票应注明“未执行”字样，已操作的操作票应注明“已执行”字样。操作票至少应保存1年。

（6） 填清操作任务、操作开始和终止时间，填清操作人、监护人、下令人的姓名，禁止代签。

三、倒闸操作的执行要求

（一）操作票的执行

（1） 填好的操作票，必须与系统接线图或模拟图核对，经核实无误后，操作人、监护人在操作票上签名后，由监护人在操作票上填写操作开始时间；并按操作步骤在模拟图上逐项进行核对性模拟操作，以核对操作步骤的正确性。

（2） 准备好必要的安全工器具、钥匙、并核查其是否合格。

（3） 操作前首先核对将要操作设备的名称、编号和位置，操作时由监护人唱票，操作人应复诵一遍，监护人确认复诵正确，即发出“对”或“执行”的命令。操作人方可进行操作。每操作完一项，监护人、操作人应再检查确认设备确已动作到位后，由监护人在本操作项目前做标记“√”。

（4） 操作时要严格按照操作票的顺序进行，严禁漏操作或重复操作。

（5） 全部操作完毕后，监护人应对操作设备进行全面检查，以检查全部操作的正确性及有无遗漏，并在倒闸操作票结束时间栏内填写结束时间。由监护人立即向值班调度员或运行值班负责人汇报操作任务完成及操作结束时间，并盖“已执行”章。

（6）操作中发生疑问时，不准擅自更改操作票，应向操作发令人询问清楚无误后再进行操作。任何人不得随意解除闭锁装置。

（二）操作监护

操作监护就是由专人监护操作人操作的正确性和人身安全，一旦发生错误操作或危及人身安全时，能及时给予纠正和制止。在操作中对监护人有如下要求：

（1）监护人应由有经验的人员担任。

（2）监护人在操作前应协助操作人检查在操作中使用的安全用具、审核操作票等。

（3）监护人必须在操作现场，始终监护操作人操作的正确性。不得擅离职守，参与同监护工作无关的事宜。

（4）每一操作步骤完成后，应检查开关设备的位置、仪表指示、联锁及标示牌等情况是否正确。

（5）设备投入运行后，应检查电压、电流、声音、信号显示、油面等是否正常。

（三）送电操作要点

（1）明确工作票或调度指令的要求，核对将要送电的设备，认真填写操作票。

（2）按操作票的顺序在模拟图上预演，或与系统接线图核对。

（3）根据操作需要，穿戴好防护用具。

（4）按照操作票的要求，在监护人的监护下，拆除临时遮拦、临时接地线及标示牌等设施，由电源侧向负荷侧逐级进行合闸送电操作，严禁带接地线合闸。

（四）停电操作要点

（1）明确工作票或调度指令的要求，核对将要停电的设备，认真填写操作票。

（2）按操作票的顺序在模拟图上预演，或与系统接线图核对。

（3）根据操作要求，穿戴好防护用具。

（4）按照操作票的要求，在监护人的监护下，由负荷侧向电源侧逐级拉闸操作，严禁带负荷拉隔离开关（刀闸）。

（5）停电后验电时，应用合格有效的验电器，按规定在停电的线路或设备上进行验电。确认无电后再采取接挂临时接地线、设遮拦、挂标示牌等安全措施。

思考与练习

1. 倒闸操作的基本要求有哪些？
2. 操作中对监护人的要求是什么？
3. 停电操作要点有哪些？

模块2 箱式变电站的操作（TQJL08002）

模块描述

本模块包含箱式变电站停、送电操作流程。通过概念描述、流程介绍、要点归纳，掌握高压供电设备的操作正确性与注意事项。

模块内容

一、箱式变电站的送电操作

（1）先检查各个室高、低压所有开关必须是断开状态。

（2）分开接地开关。

（3）把线路上10kV高压送到箱式变电站高压柜上。

（4）拔出操作手柄插入负荷开关分闸孔，向合闸方向旋转操作手柄，使负荷开关合上闸，合闸指示灯亮，带电指示器亮，这时变压器已经带电，关上箱式变电站高压室门。

（5）到低压进线柜前，按动合闸按钮，这时合闸指示灯亮，低压进线柜合上闸，低压室全部带电。

（6）到低压电容柜前，把转换开关转到自动投切位置，使电容柜自动补偿投切。

（7）合上出线柜各分支断路器，箱式变电站正常运行。

二、箱式变电站的停电操作

（1）到低压室，断开出线柜各分支断路器。

（2）到低压进线柜前，按动分闸按钮，这时合闸指示灯灭，分闸指示灯亮，低压进线开关断开。

（3）到高压室，把操作手柄插入负荷开关合闸，向分闸方向旋转操作手柄，使负荷开关分闸，合闸指示灯灭，带电指示器灭，这时变压器断电，负荷开关分闸；拔出操作手柄插到接地开关分闸位置，向合闸位置旋转，使接地开关合闸，这时就可以对变压器和低压室进行检修。

注：如高压进线柜是真空断路器时，不用操作手柄分闸，也可以用电动分闸，按动高压柜面门上分闸按钮，合闸指示灯灭，带电指示器灭，这时断路器开关分闸，在确定无高压带电后方可打开高压柜门进行检修。如果是负荷开关，在跳闸后，要再合闸或打开高压柜门，必须对负荷开关进行复位操作，即分闸后，把操作手柄插入负荷开关合闸位置向分闸位置旋转，使其分闸到位，这时就可以再合闸或操作接地开关打开高压柜门。

三、箱式变电站工作注意事项

（1）箱式变电站停电工作前，应断开所有可能送电到箱式变电站的线路的断路器（开关）、负荷开关、隔离开关（刀闸）和熔断器，验电、接地后，方可进行箱式变电站的高压设备工作。

（2）变压器高压侧短路接地、低压侧短路接地或采取绝缘遮蔽措施后，方可进入变压器室工作。

思考与练习

1. 箱式变电站的停电操作步骤有哪些？
2. 箱式变电站的送电操作步骤有哪些？
3. 箱式变电站工作注意有事项？

模块 3　10kV 开关站（开闭所）的操作（TQJL08003）

模块描述

本模块简述开关站（开闭所）的操作流程。通过概念描述、流程介绍、要点归纳，掌握 10kV 开关站（开闭所）的一般操作与安全注意事项。

模块内容

一、开关站（开闭所）的一般操作

（1）开关站（开闭所）高压设备进行操作时，必须要有上级命令及操作票，并确认无误后，方可进行操作。

（2）倒闸操作必须执行一人操作、一人监护。重要的或复杂的倒闸操作，由值班负责人监护由熟练的值班员操作。

（3）倒闸操作时操作人要填写操作票，每张操作票只准填写一个操作任务，用钢笔或圆珠笔填写，且字迹工整清晰。操作票应编号，按顺序使用，作废的操作票要盖“作废”印章、操作票“已执行”印章。操作填写下列内容：

1）应分、合的断路器和隔离开关。

2）应切换的保护回路。

3）应切换的控制回路或电压互感器的熔断器。

4）应装拆的接地线和接地开关。

5）应封线的断路器和隔离开关。

（4）操作人和监护人按操作顺序先在模拟图板上模拟操作，无误后经值班负责人审核签字后再执行实际操作。倒闸操作前应检查下列内容：

1）分、合的断路器和隔离开关是否处在正常位置。

2）解列操作（包括母线、侧路母线）检查负荷分配情况。

3）检验电压，验明有无电压。

（5）操作要严肃认真、禁止做与操作无关的任何工作。

（6）操作时应核对设备名称、编号，操作中执行监护复诵制，按操作顺序操作，每操作完一项做一个记号“√”全部操作完后进行复查，无误后向调度汇报。

(7) 用绝缘棒分合断路器（开关）或经传动杆机构分合断路器（开关）时，均应戴绝缘手套、穿绝缘靴或站在绝缘台上。雨天在室外操作高压设备时绝缘棒应有防雨罩，雷雨天气禁止倒闸操作。

(8) 装卸高压熔断器时，应戴护目眼镜和绝缘手套。必要时可用绝缘夹钳，并站在绝缘垫或绝缘台上。

二、操作高压断路器的顺序

(1) 送电合闸操作顺序：先合电源侧隔离开关（刀闸）后合负荷侧隔离开关（刀闸）、最后合断路器。

(2) 停电拉闸操作顺序：先拉断路器，后接负荷侧隔离开关（刀闸）最后拉电源侧隔离开关（刀闸）。

(3) 禁止带负荷拉合隔离开关（刀闸）。

(4) 操作隔离开关（刀闸）时应果断迅速。

三、操作时注意事项

(1) 停电。将检修设备的高低压侧全部断开且有明显的断开点开关的把手必须锁住。电气设备停电后（包括事故停电），在未拉断路器（开关）和做好安全措施以前不得触及设备或进入遮拦以防突然来电。

(2) 验电。必须将符合电压等级的验电笔在有电的设备上验电后，再对检修设备的两侧分别验电。

(3) 放电。验明检修的设备确无电压后装设地线，先接接地端，后将地线的另一端对检修停电的设备进行放电，直至放尽电荷为止。

(4) 装设接地线（操作接地开关）。使用符合规定的导线，先接接地端，后接三相短路封闭地线。拆除地线时顺序与此相反。

1) 均应使用绝缘棒或戴绝缘手套。

2) 接地线接触必须良好。

3) 接地线三相应缠绕。

4) 分、合接地刀闸时，如发现分、合不到位或机构有卡涩现象时，应立即停止操作，待处理好后方可重新操作。

(5) 悬挂标志牌和装设遮拦。

1) 在合闸即可将电送到工作地点的开关操作把手上必须悬挂“禁止合闸　有人工作”的标志牌，必要时应加锁。

2) 部分停电时，安全距离小于规定距离的停电设备，必须装设临时遮拦，并挂上“止步　高压危险”的标志牌。

思考与练习

1. 简述操作高压断路器时停送电的顺序。
2. 高压断路器的停送电操作顺序是什么？

3. 倒闸操作前应检查哪些内容？

模块4　低压配电设备的操作（TQJL08004）

模块描述

本模块包含低压配电设备操作的基本要求、带电操作要求和停电的安全措施。通过概念描述、要点归纳，掌握低压配电设备的操作。

模块内容

低压电气设备安全主要是指1000V及以下的供配电系统中的设备或装置。

一、低压配电设备操作要求

（1）在低压用电设备（如充电桩、路灯、用户终端设备等）上工作，应采用工作票或派工单、任务单、工作记录、口头、电话命令等形式，口头或电话命令应留有记录。

（2）在低压用电设备上工作，需高压线路、设备配合停电时，应填用相应的工作票。

（3）在低压用电设备上停电工作前，应断开电源、取下熔丝，加锁或悬挂标示牌，确保不误合。

（4）在低压用电设备上停电工作前，应验明确无电压，方可工作。

（5）操作人员接触低压金属配电箱（表箱）前应先验电。

（6）有总开关和分路开关的回路停电，应先断开分路开关，后断开总开关。送电操作顺序与此相反。

（7）有刀开关和熔断器的回路停电，应先拉开刀开关，后取下熔断器。送电操作顺序与此相反。

（8）有断路器（开关）和插拔式熔断器的回路停电，应先断开断路器（开关），并在负荷侧逐相验明确无电压后，方可取下熔断器。

二、低压配电设备带电操作要求

（1）低压配电设备带电工作时，应采取遮蔽有电部分等防止相间或接地短路的有效措施；若无法采取遮蔽措施时，则将影响作业的有电设备停电。

（2）使用有绝缘柄的工具，其外裸的导电部位应采取绝缘措施，防止操作时相间或相对地短路。防止操作时相间或相对地短路。低压电气带电工作应戴手套、护目镜，并保持对地绝缘。禁止使用锉刀、金属尺和带有金属物的毛刷、毛掸等工具。

（3）在带电的低压配电装置上工作时，要保证人体和大地之间、人体与周围接地金属之间、人体与其他导体之间有良好的绝缘或相应的安全距离。应采取防止相间短路和单相接地的隔离措施。

三、低压配电设备停电的安全措施

（1）断开检修设备的各方面电源并取下熔断器。

（2）应用低压验电器或测电笔检验检修设备、金属外壳和相邻设备是否有电。

（3）在断路器（开关）或刀开关操作把手上挂“禁止合闸　有人工作！”的标示牌。

（4）根据需要采取其他安全措施。

思考与练习

1. 低压配电设备停电的安全措施有哪些？
2. 低压配电设备带电操作要求有哪些？
3. 低压配电设备停电操作要求有哪些？

第 9 章

接地装置与剩余电流动作保护器的安装、运行维护及调试

模块 1　接地装置安装（TQJL09001）

模块描述

本模块包含接地装置安装操作步骤、工艺要求及质量标准等内容。通过概念描述、术语说明、流程介绍、图解示意、要点归纳，掌握接地装置安装。

模块内容

一、工作内容

按设计施工图纸安装接地装置，接地体的选用材料均应采用镀锌钢材，并应充分考虑材料的机械强度和耐腐蚀性能。

二、危险点分析与控制措施

（1）安装接地体时，防止榔头伤人。

（2）焊接接地线时，防止触电及电弧灼伤眼睛。

（3）使用切割机切割接地体时，应做好防护措施，防止对人身的危害。

三、作业前准备

1. 作业条件

应在良好的天气下进行，如遇雷、雨、雪、雾不得进行作业，风力过大不得操作。

2. 人员组成

工作监护人（一名）、主要操作人（一名）和辅助操作人（一名）。

3. 作业工具、材料配备

（1）所需工器具见表 9–1–1。

表 9–1–1　　所需工器具

序号	名称	规格	单位	数量	备注
1	电焊机		台	1	
2	切割机		台	1	

续表

序号	名称	规格	单位	数量	备注
3	榔头		把	1	
4	管钳		把	1	
5	活扳手		把	1	
6	个人防护用具		套	3	

（2）所需材料见表 9–1–2。

表 9–1–2　　所需材料

序号	名称	规格	数量	单位	备注
1	角钢	∠50mm×50mm×5mm	2.5	m	
2	钢管	ϕ50mm	2.5	m	
3	扁钢	–40mm×4mm	2.5	m	
4	铜线	25mm²	若干	m	
5	铝线	35mm²	若干	m	
6	螺栓、螺杆		若干		

四、操作步骤、质量标准

（一）垂直接地体

垂直接地体的布置形式如图 9–1–1 所示，其每根接地极的垂直间距应大于或等于 5m。

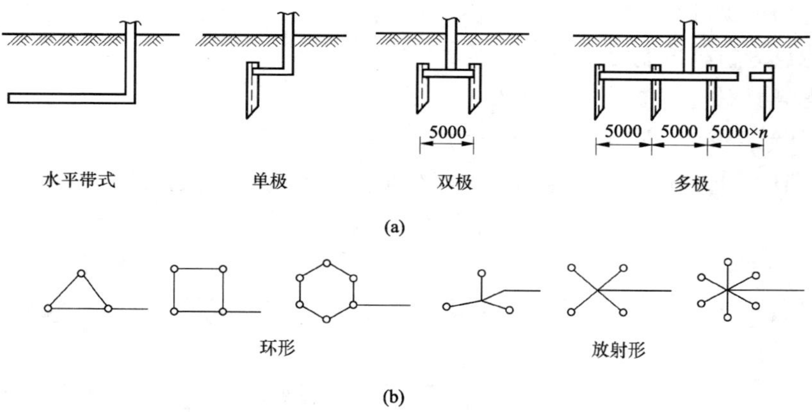

图 9–1–1　垂直接地体的布置形式

（a）剖面；（b）平面

1. 垂直接地体的制作

垂直安装人工接地体，一般采用镀锌角钢、钢管或圆钢制作。

（1）垂直接地体的规格。如采用角钢，其边厚不应小于 4mm；如采用钢管，其管壁厚度不应小于 3.5mm；角钢或钢管的有效截面积不应小于 48mm²；如采用圆钢，其直径不应小于

10mm。角钢边宽和钢管管径均应大于或等于50mm；长度一般为2.5～3m（不允许短于2m）。

（2）垂直接地体的制作。垂直接地体所用的材料不应有严重锈蚀。如遇有弯曲不平的材料，必须矫直后方可使用。用角钢制作时，其下端应加工成尖形，尖端应在角钢的角脊上，并且两个斜边应对称，如图9–1–2（a）所示；用钢管制作时，应单边斜削，保持一个尖端，如图9–1–2（b）所示。

2. 垂直接地体的安装

安装垂直接地体时一般要先挖地沟，再采用打桩法将接地体打入地沟以下。接地体的有效深度不应小于2m，其埋设示意如图9–1–3所示。

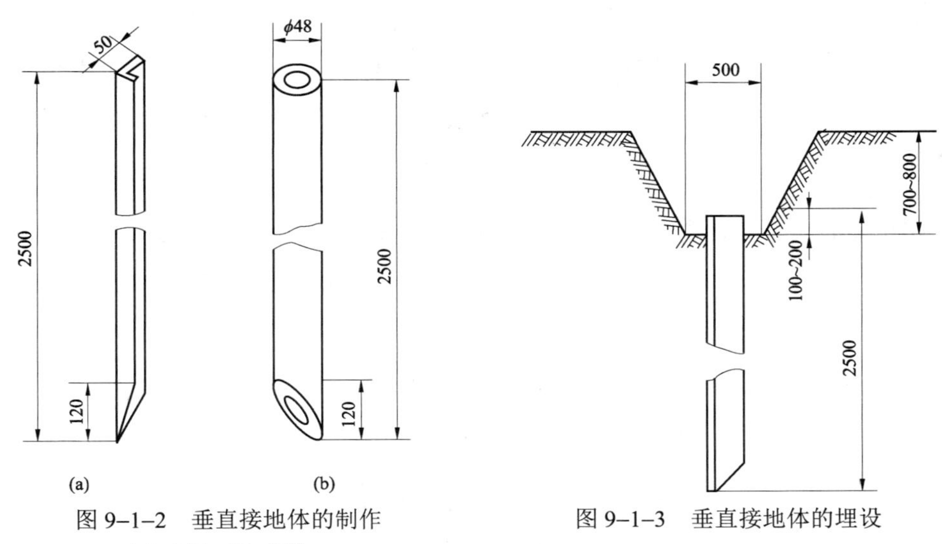

图9–1–2　垂直接地体的制作

（a）角钢；（b）钢管

图9–1–3　垂直接地体的埋设

（1）开挖地沟。地沟的深度一般为0.8～1m，沟底应留出一定的空间以便于打桩操作。

（2）打桩。接地体为角钢时，应用锤子敲打角钢的角脊线处，如图9–1–4（a）所示。如为钢管时，则锤击力应集中在尖端的顶点位置，如图9–1–4（b）所示。否则不但打入困难，且不宜打直，从而使接地体与土壤产生缝隙［如图9–1–4（c）所示］，以增加接地电阻。

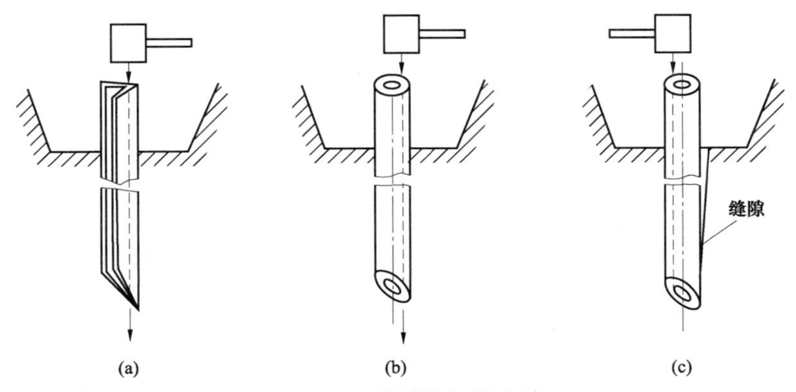

图9–1–4　接地体打桩方法

（a）角钢打桩；（b）钢管打桩；（c）接地体偏斜

3. 连接引线和回填土

接地体按要求打桩完毕后，即可进行接地体的连接与回填土。

（1）连接引线。在地沟内，将接地体与接地引线采用电焊连接牢固，具体做法应按接地线的连接要求进行。

（2）回填土。连接工作完成后，应采用新土填入接地体四周和地沟内并夯实，以尽可能降低接地电阻。

（二）水平接地体

1. 水平接地体的制作

水平安装的人工接地体，其材料一般采用镀锌圆钢或扁钢制作。如采用圆钢，其直径应大于10mm；如采用扁钢，其截面积应大于100mm^2，厚度不应小于4mm，现多采用40mm×4mm的扁钢。接地体长度一般由设计确定。水平接地体所用的材料不应有严重锈蚀或弯曲不平，否则应更换或矫直。

2. 水平接地体的安装

水平接地体有带型、环型、放射型等，如图9–1–5所示。其埋设深度一般应在0.6～1m。

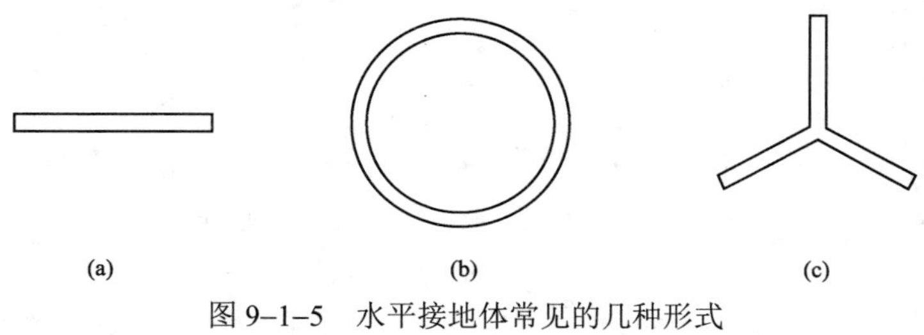

图9–1–5　水平接地体常见的几种形式

（a）带型；（b）环型；（c）放射型

（1）带型。带型接地体多为几根水平布置的圆钢或扁钢并联而成，埋设深度不应小于0.6m，其根数和每根的长度由设计确定。

（2）环型。环型接地体一般采用圆钢或扁钢焊接而成，水平埋设于距地面0.7m以下，其环型直径和材料的规格大小由设计确定。

（3）放射型。放射型接地体的放射根数多为3根或4根，埋设深度不应小于0.7m，每根的放射长度由设计确定。

（三）人工接地线的安装

人工接地线一般包括接地引线、接地干线和接地支线等。

1. 人工接地线的材料

为了使接地连接可靠并有一定的机械强度，人工接地线一般均采用镀锌扁钢或圆钢制作。移动式电气设备或钢制导线连接困难时，可采用有色金属作为人工接地线，但严禁使用裸铝导线作接地线。

（1）接地引线。配电变压器低压侧中性点的接地线：一般应采用截面积为35mm^{2}以上的裸铜导线；变压器容量在100kVA以下时，可采用截面积为25mm^{2}的裸铜导线。

（2）接地干线。接地干线通常选用截面积不小于12mm×4mm的镀锌扁钢或直径不小于

6mm 的镀锌圆钢。

（3） 接地支线。移动电器的接地支线必须采用铜芯绝缘软型导线。

（4） 中性点不接地系统。在中性点非直接接地的低压配电系统中，电气设备接地线的截面应根据相应电源相线的截面确定和选用：接地干线一般为相线的 1/2，接地支线一般为相线的 1/3。

2. 人工接地线的安装方法

（1） 接地干线与及接地体的连接。接地干线与接地体的角钢或钢管连接时，一般采用焊接连接并要求牢固可靠。

1） 焊接要求。接地网各接地体间的连接干线应采用宽面垂直安装，连接处应采用电焊连接并加装镶块以增大焊接面积，如图 9–1–6 所示。焊接后应涂刷沥青或其他防腐涂料。如无条件焊接时可采用螺栓压接（不常使用），并应在接地体上装设接地干线连接板。

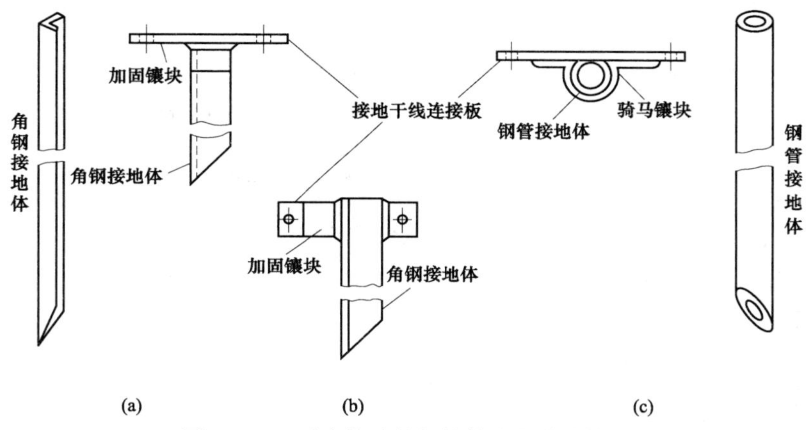

图 9–1–6　垂直接地体焊接接地干线连接板

（a）角钢顶端装连接板；（b）角钢垂直面装连接板；（c）钢管垂直面装连接板

2） 提供接地引线。如需另外提供接地引线时，可将接地干线安装敷设在地沟内。或采用焊接备用接地线引到地面下 300mm 左右的隐蔽处，再用土覆盖以备使用。

3） 不提供接地引线。如不需另外提供接地引线，接地干线则应埋入至地面 300mm 以下，在与接地体的连接区域可与接地体的埋设深度相同。地面以下的连接点应采用焊接，并在地面标明接地干线的走向和连接点的位置，以便于检修。

（2） 接地干线的安装。安装接地干线，一般应按下述方法进行：

1） 接地干线的敷设。接地干线应水平和垂直敷设（也允许与建筑物的结构线条平行），在直线段不应有弯曲现象。安装的位置应便于维修，并且不妨碍电气设备的拆卸与检修。

2） 接地干线的间距。接地干线与建筑物或墙壁间应留有 15～20mm 的间隙。水平安装时离地面的距离一般为 200～600mm，具体数据由设计决定。

3） 支点间距及安装。接地干线支持卡子之间的距离：水平部分为 1～1.5m；垂直部分为 1.5～2m；转弯部分为 0.3～0.5m。图 9–1–7 是室内接地干线安装示意图。接地干线支持卡子应预埋在墙上，其大小应与接地干线截面配合。

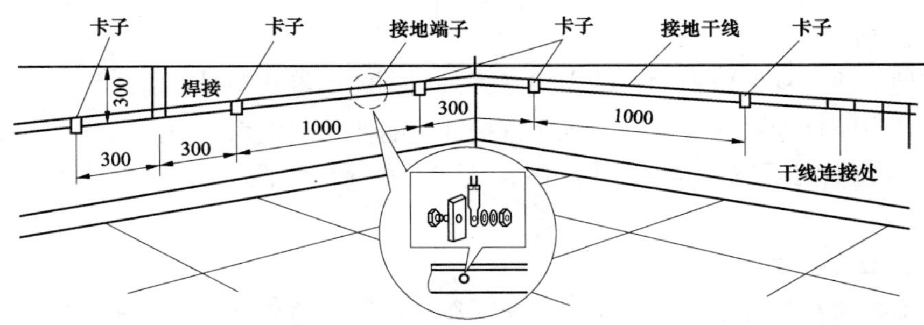

图 9–1–7　室内接地干线安装图

4）接地干线的接线端子。接地干线上应装设接线端子（位置一般由设计确定），以便连接支线。

5）接地干线的引出、引入。接地干线由建筑物引出或引入时，可由室内地坪下或地坪上引出或引入，其做法如图 9–1–8 所示。

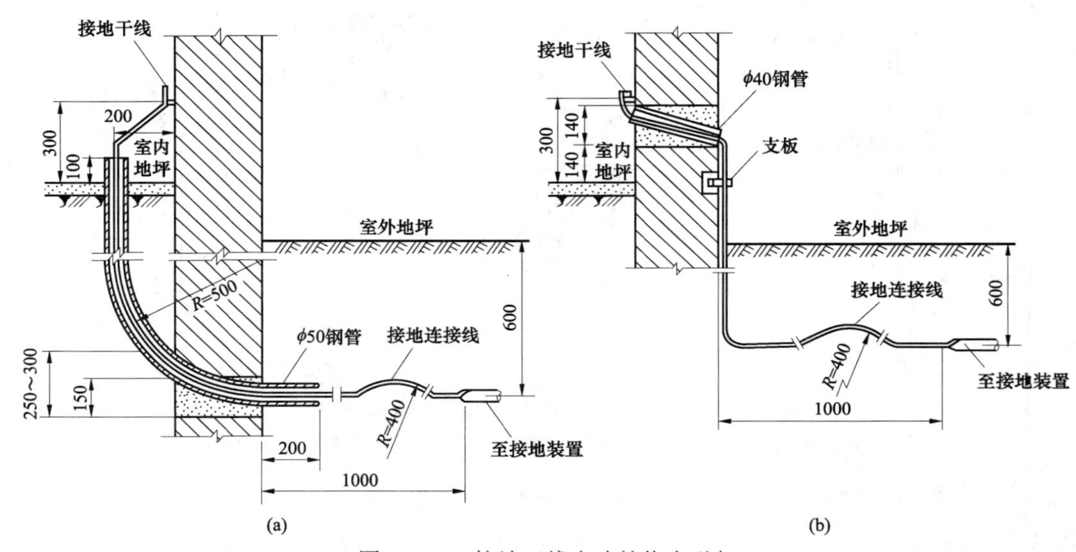

图 9–1–8　接地干线由建筑物内引起

（a）接地线由室内地坪下引出；（b）接地线由室内地坪上引出

6）接地干线的穿越。当接地干线穿越墙壁或楼板时，应在穿越处加套钢管保护。钢管伸出墙壁至少 10mm，在楼板上至少要伸出 30mm，在楼板下至少要伸出 10mm。接地线穿过后，钢管两端要用沥青棉纱封严。

7）接地干线的跨越。接地线跨越门框时，可将接地线埋入门口的地面下，或让接地线从门框上方通过，其安装做法如图 9–1–9 所示。

8）接地干线的连接。当接地干线需连接时，必须采用焊接连接。圆钢与角钢或扁钢搭接时，焊缝长度至少为圆钢直径（*D*）的 6 倍，如图 9–1–10（a）、（b）、（c）所示；两扁钢搭接时，焊缝长度为扁钢宽度（*b*）的 2 倍，如图 9–1–10（d）所示；如采用多股绞线连接时，应使用接线端子进行连接，如图 9–1–10（e）所示。

9）接地干线的其他安装要求。接地干线除按上述方法安装外，还应符合以下要求：

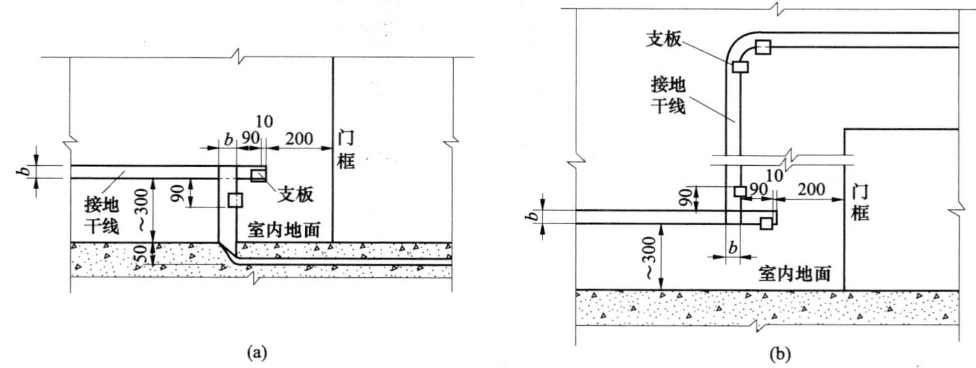

图 9–1–9　接地干线跨越门框的做法

（a）接地干线埋入门下地中；（b）接地干线从门框上方跨越

a. 接地干线与电缆或其他电线交叉时，其间隔距离至少为 25mm。

b. 接地干线与管道、铁路等交叉时，为防止受机械损伤，均应加装保护钢管。

c. 接地干线跨越或经过有振动的场所时，应略有弯曲，以便有伸缩余地，防止断裂。

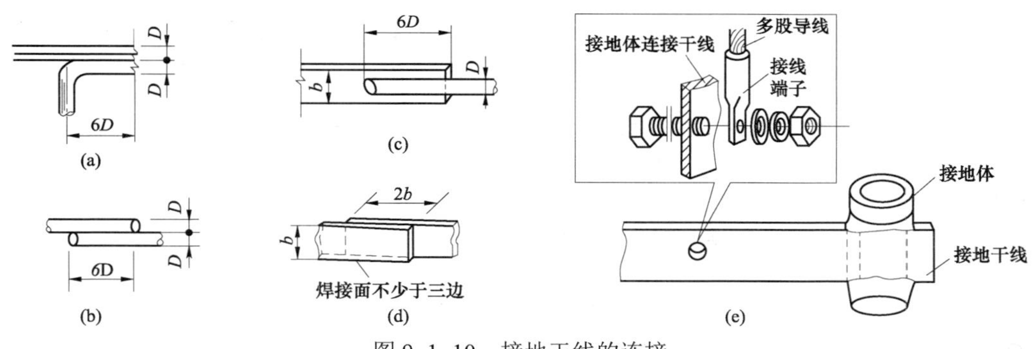

图 9–1–10　接地干线的连接

（a）圆钢直角搭接；（b）圆钢与圆钢搭接；（c）圆钢与扁钢搭接；（d）扁钢直接搭接；（e）扁钢与多股导线的连接

d. 接地线跨越建筑物的伸缩沉降缝时，应采取补偿措施。补偿方法可采用将接地干线本身弯曲成圆弧形状，如图 9–1–11 所示。

（3）接地支线的安装。安装接地支线一般应按下述方法进行：

1）接地支线与干线的连接。多个电气设备均与接地干线相连时，每个设备的接地点必须用一根接地支线与接地干线相连接。不允许用一根接地支线把几个设备接地点串联后再与接地干线相连，也不允许几根接地支线并接在接地干线的一个连接点上。接地支线与干线并联连接的做法如图 9–1–12 所示。

2）接地支线与金属构架的连接。接地支线与电气设备的金属外壳及其他金属构架连接时（若是软型接地干线，应在两端装设接线端子），应采用螺钉或螺栓进行压接。

3）接地支线与变压器中性点的连接。接地支线与变压器中性点及外壳的连接方法如图 9–1–13 所示。接地支线与接地干线用并沟夹连接，其材料在户外一般采用多股绞线，户内多采用多股绝缘铜导线。

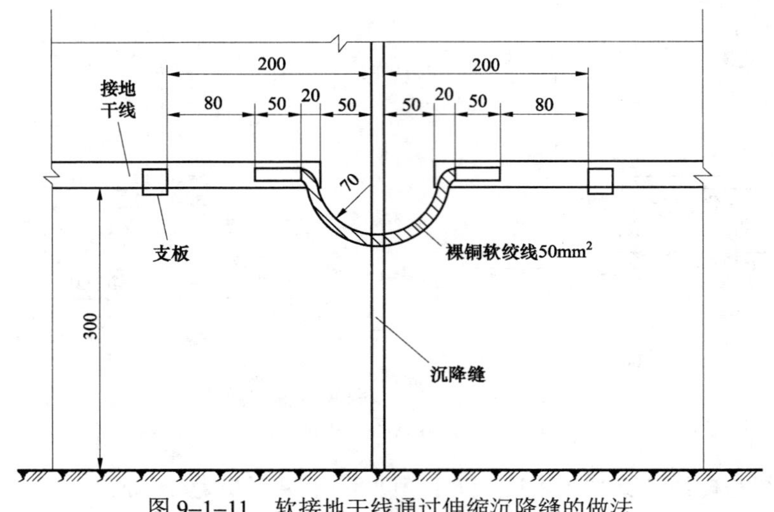

图 9–1–11　软接地干线通过伸缩沉降缝的做法

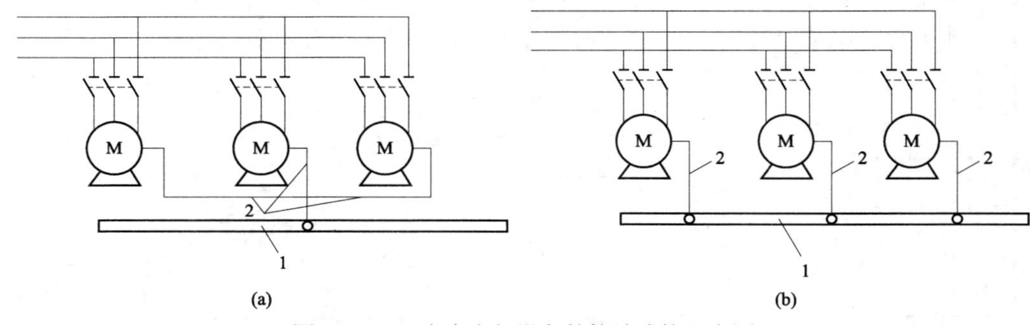

图 9–1–12　多个电气设备的接地连接示意图

（a）错误；（b）正确

1—接地干线；2—接地支线

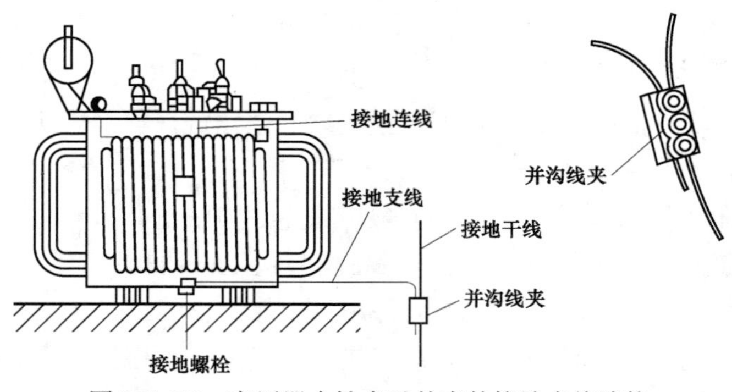

图 9–1–13　变压器中性点及外壳的接地支线连接

4）接地支线的穿越。明装敷设的接地支线，在穿越墙壁或楼板时，应穿入管内加以保护。

5）接地支线的连接。当接地支线需要加长且需固定敷设时，必须连接牢固；用于移动电器的接地支线，不允许有中间接头。接地支线的每一个连接处，都应置于明显处，以便于维护和检修。

思考与练习

1. 试述垂直接地体的安装方法。
2. 试述接地干线的安装方法。
3. 简述水平接地体接地的安装方法。
4. 简述接地支线的安装方法。

模块2 剩余电流动作保护器的选用、安装（TQJL09002）

模块描述

本模块包含剩余电流动作保护器的选用、剩余电流动作保护方式、剩余电流动作保护器安装操作步骤、工艺要求及质量标准等内容。通过概念描述、术语说明、流程介绍、要点归纳，掌握剩余电流动作保护器的选用和安装。

模块内容

一、剩余电流动作保护器的选用

（1）剩余电流动作保护器必须选用符合GB/Z 6829—2008《剩余电流动作保护电器的一般要求》规定，并经国家经贸委、国家电力公司指定的低压电器检测站检验合格公布的产品。

（2）剩余电流动作保护器安装场所的周围空气温度最高为+40℃，最低为–5℃，海拔不超过2000m，对于高海拔及寒冷地区装设的剩余电流动作保护器，可与制造厂协商定制。

（3）剩余电流动作保护器安装场所应无爆炸危险、无腐蚀性气体，并应注意防潮、防尘、防振动和避免日晒。

（4）剩余电流动作保护器的安装位置应避开强电流和电磁器件，避免磁场干扰。

（5）剩余电流动作总保护在躲开电力网正常漏电情况下，漏电动作电流应尽量选小，以兼顾人身和设备的安全。剩余电流动作总保护的额定动作电流宜为可调档次值，其最大值见表9–2–1。

表9–2–1　剩余电流动作总保护额定动作电流　mA

电网剩余电流情况	非阴雨季节	阴雨季节
剩余电流较小的电网	50	200
剩余电流较大的电网	100	300

实现完善的分级保护后，剩余电流动作总保护的动作电流是否在阴雨季节增至500mA由省供电部门决定。

（6）剩余电流动作保护器的额定电流应为用户最大负荷电流的1.4倍为宜。

（7）剩余电流动作末级保护器的漏电动作电流值应小于上一级剩余电流动作保护的动作值，但应不大于：

1）家用、固定安装电器，移动式电器，携带式电器以及临时用电设备为30mA。

2）手持电动器具为10mA，特别潮湿的场所为6mA。

（8）剩余电流动作中级保护器，其额定剩余电流动作电流应介于上、下级剩余电流动作电流值之间。具体取值可视电力网的分布情况而定。

（9）上下级保护间的动作电流级差应按下列原则确定：

1）分段保护上下级间级差为1.5倍。

2）分级保护为两条支线，上下级间级差为1.8倍。

3）分级保护为三条支线，上下级间级差为2倍。

4）分级保护为四条支线，上下级间级差为2.2倍。

5）分级保护为五条支路以上，上下级间级差为2.5倍，但是对于保护级差尚应在运行中加以总结，从而选用较为理想的级差。

（10）三相保护器的零序互感器信号线应设断线闭锁装置。

（11）选择剩余电流动作保护的三条参考原则：

1）总保护的容量应按出线容量的1.5倍选择。总保护的动作电流选在该级保护范围内的不平衡电流的2～2.5倍范围内为宜。

2）总保护与用户的分级保护应合理配合。总保护的额定动作电流是用户分保护额定动作电流的2倍，动作时间0.2s为宜。

3）每户尽量不选用带重合闸功能的保护器，若选用时，应拨向单延挡，封去多延挡，防止重复触电事故的发生。

（12）新增配电柜（箱）中的剩余电流动作保护器建议同时具备剩余电流保护、过电流保护、短路保护和过电压保护功能。

二、剩余电流动作保护方式

剩余电流动作保护方式应根据电网接地方式、电网结构情况确定。

（1）采用IT系统的低压电力网，应装设剩余电流动作总保护和剩余电流动作末级保护。对于供电范围较大或有重要用户的低压电力网，可酌情增设剩余电流动作中级保护。

（2）剩余电流动作总保护应选用如下任一方式：

1）安装在电源中性点接地线上。

2）安装在电源进线回路上。

3）安装在各出线回路上。

（3）剩余电流动作中级保护可根据网络分布情况装设在分支配电箱的电源线上。

（4）剩余电流动作末级保护可装在接户箱或动力配电箱，或装在用户室内的进户线上。

（5）TT 系统中的移动式电器、携带式电器、临时用电设备、手持电动器具，应装设剩余电流动作末级保护，Ⅱ类和Ⅲ类电器除外。

（6）采用TN–C系统的低压电力网，不宜装设剩余电流动作总保护及剩余电流动作中级保护，但可装设剩余电流动作末级保护。末级保护的受电设备的外露可导电部分仍需用保护线与保护中性线相连接，不得直接接地改变了TN–C系统的运行方式。

（7）采用IT系统的低压电力网不宜装设电流型剩余电流动作保护器。

（8）剩余电流动作保护器动作后应自动断开电源，对开断电源会造成事故或重大经济损失的用户，应由用户申请经县供电部门批准，可采用剩余电流动作报警信号方式及时处理缺陷。

（9）农村低压电力网的剩余电流动作保护方式，由县级供电部门选定，运行中需要改变剩余电流动作保护方式时也需经县级供电部门批准，当涉及改变低压电力网系统运行方式时，必须经省供电部门批准。

三、工作内容

按剩余电流动作保护器产品说明书的要求安装、接线。

四、危险点分析与控制措施

（1）安装剩余电流动作保护器的过程中防止人身触电。

（2）剩余电流动作保护器安装前的检查。

（3）按图正确接线。

（4）正确使用常用电工工具。

五、作业前准备

（1）工具：电工通用工具（两套）、个人防护工具（两套）。

（2）材料：剩余电流动作保护器（一只）、铜导线（若干）。

（3）人员：工作监护人（一名）、操作安装人（一名）。

六、操作步骤、质量标准

1. 剩余电流动作保护器安装前的测试

安装剩余电流动作保护器前，必须了解低压电网的绝缘水平。规程对低压电网绝缘水平的规定值为0.5MΩ以上。为了保障保护器的正常运行，必须达到所要求的绝缘水平。因此，要进行绝缘电阻测试。测试时，多数用直接测量法，使用500V绝缘电阻表。测量前，要将配电变压器停电，并消除对被测低压电网产生感应电压的各种可能性，在无电的情况下进行测试。

（1）测试前，拆除配电变压器二次接地线、电网中所有设备的接地线，包括中性线的重复接地、三孔插座的接地线，使整个低压电网处于与地隔离绝缘状态。

（2）测量单相绝缘电阻时，把未测相与中性线的连线打开，使测得的值为单相绝缘电阻值。测量时，被测相与绝缘电阻表L端相接，地与绝缘电阻表E相接，观察绝缘电阻表所测数值，即为被测相的绝缘电阻。

（3）测量三相绝缘电阻时，不必把未测相与中性线的连线打开，测得任一相的绝缘电阻都能反映出三相的绝缘水平。如果低压电网中无三相负荷，可将三根相线与一根中性线捏在一起，与绝缘电阻表L端相接，大地与绝缘电阻表E端相接，所测值为低压电网绝缘电阻。

（4）上述是带着配电变压器二次绕组所测得的绝缘电阻，但是，剩余电流动作保护器检测的是低压负荷设备的漏电情况。这样则把配电变压器二次总开关和每一相的负荷开关拉开，分别进行测量为宜。

采用间接法测绝缘电阻的方法有两种：一是电流表法，设一个直流电源，测得相、地回路中的电流数值I，用$R=E/I$计算绝缘电阻；二是用电压表法，设一电压源，加装保护电阻（约

1Ω)，测零—地间电压，用 $I=U/R$，则 $R'=(E-U)/I$ 计算。

2. 剩余电流动作保护器的安装

剩余电流动作保护器的接线要按产品说明书的要求接线，使用的导线截面积应符合要求。

（1）剩余电流动作保护器标有“电源侧”和“负荷侧”时，电源侧接电源，负荷侧接负荷，不能反接。

（2）安装组合式剩余电流动作保护器的空心式零序电流互感器时，主回路导线应并拢绞合在一起穿过互感器，并在两端保持大于 15cm 距离后分开，防止无故障条件下因磁通不平衡引起误动作。

（3）安装了剩余电流动作保护器装置的低压电网线路的保护接地电阻应符合要求。

（4）总保护采用电流型剩余电流动作保护器时变压器的中性点必须直接接地。在保护区范围内，电网中性线不得有重复接地。中性线和相线保持相同的良好绝缘，保护器后的中性线和相线在保护器间不得与其他回路共用。

（5）剩余电流动作保护器安装时，电源应朝上垂直于地面，安装场所应无腐蚀气体、无爆炸危险物、防潮、防尘、防震、防阳光直晒，周围空气温度上限不超过 40℃，下限不低于 −25℃。

（6）剩余电流动作保护器安装后应进行如下检验：

1）带负荷拉合三次，不得有误动作。

2）用试验按钮试跳三次应正确动作。

3）分相用试验电阻接地试验各一次，应正确动作（试验电阻整机上自带在电路中），此电阻在电路中称为模拟电阻。

3. 剩余电流动作保护器的正确接线

检测触（漏）电电流信号元件时，或零序电流互感器安装时，应注意：

（1）不许只穿中性线。

（2）不许穿在重复接地线上。

（3）不许漏穿相线或中性线。

（4）不许有任何一相多绕圈穿过 TA0，或中性线在多回线的两相电流互感器中公用。

（5）动力照明分计时，应照明动力共用一套两相电流互感器或照明，动力分别用两套两相电流互感器。

（6）不许在三相四线制中把照明的相线接在保护之后，而中性线接在保护之前，整个回路失去剩余电流动作保护。

（7）不许在各回路间形成公用相电压回路。

（8）不许接地保护、接零保护混用。

（9）不许在两相电流互感器保护区内有重复接地。

（10）同级保护器间应单独设中性线回路，不许设“公用中性线”。

（11）剩余电流动作保护器中用电设备的保护中性线不应穿过零序电流互感器，应把保护中性线接到剩余电流动作保护器前面；但工作中性线必须穿过零序电流互感器。

（12）剩余电流动作保护器的工作中性线不许用断路器（开关）、刀开关断开，或装设熔丝。

（13）不同低压系统不允许共用同一根工作中性线。

（14）各户单相三孔插座外安装的剩余电流动作保护器，要切实注意不要漏接相线。

（15）剩余电流动作保护系统应实现三级保护为宜，整定值合理，不越级跳闸。

（16）加强线路绝缘：

1）在灶房内宜采用双层保护绝缘线和抗老化的新型聚氯乙烯绝缘线。橡皮线和普通塑料线不得贴墙布设，容易凝露或烟重的地方不应装设开关、插座。

2）导线接头的黑胶布不得贴墙，不得夹在瓷夹板中。

3）普通塑料线和橡皮线不得直接埋入土中或墙内，也不得挂在钉上或绑在树上，应当使用穿墙套管、瓷柱等绝缘物加以固定。

七、案例分析

剩余电流动作保护器对接地故障电流有很高的灵敏度，能在数十毫秒的时间内切断以毫安级的故障电流，即使接触电压高达 220V，高灵敏度的剩余电流动作保护器也能快速切断使人免遭电击的危险，这是众所周知的。但剩余电流动作保护器只能对其保护范围内的接地故障起作用，而不能防止从别处传导来的故障电压引起的电击事故，如图 9–2–1 所示。

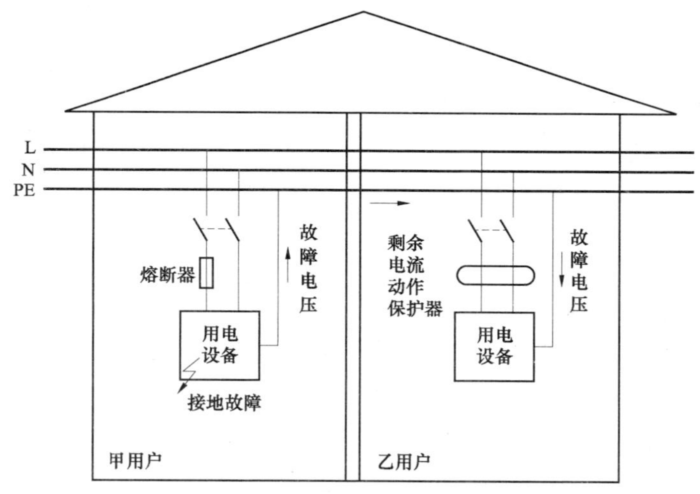

图 9–2–1　剩余电流动作保护拒动图

图 9–2–1 中，乙用户安装了剩余电流动作保护器，而相邻的甲用户却是安装了熔断器来作为保护，在使用的过程中，若甲用户随意将熔丝截面加大，并且因电器使用不当而导致电气设备绝缘损坏，由于故障电流不能使熔丝及时熔断而切断故障，此时故障电压通过 PE 线传导至乙用户的用电设备上，由于剩余电流动作保护器不动作，致使乙用户存在了引起电击事故的安全隐患。这种例子在当前的城市用电设计规范的前提下是不存在的。

思考与练习

1. 简述选择剩余电流动作保护器的参考原则。

2. 剩余电流动作保护器安装前的测试项目有哪些？

3. 剩余电流动作保护器的安装要求有哪些？

4. 简述剩余电流动作保护器安装后应进行哪些检验项目。

5. 如何选定末级剩余电流动作保护器的动作电流值？

模块 3　剩余电流动作保护器的运行维护及调试（TQJL09003）

模块描述

本模块包含剩余电流动作保护器安装后的调试、剩余电流动作保护器的运行管理工作、农网内剩余电流动作保护器的维护管理要点等内容。通过概念描述、要点归纳，掌握剩余电流动作保护器的运行维护和调试。

模块内容

一、剩余电流动作保护器安装后的调试

（1）安装剩余电流动作总保护的低压电力网，其剩余电流应不大于保护器额定剩余动作电流的 50%，达不到要求时应进行整修。

（2）装设剩余电流动作保护的电动机及其他电气设备的绝缘电阻应不小于 0.5MΩ。

（3）装设在进户线上的剩余电流动作保护器，其室内配线的绝缘电阻：晴天不宜小于 0.5MΩ，雨季不宜小于 0.08MΩ。

（4）保护器安装后应进行如下检测：

1）带负荷分、合开关 3 次，不得误动作。

2）用试验按钮试验 3 次，应正确动作。

3）各相用试验电阻接地试验 3 次，应正确动作。

二、剩余电流动作保护器的运行管理工作

为能使剩余电流动作保护器正常工作，始终保持良好状态，从而起到应有的保护作用，必须做好下列各项运行管理工作：

（1）剩余电流动作保护器投入运行后，使用单位或部门应建立运行记录和相应的管理制度。

（2）剩余电流动作保护器投入运行后，每月需在通电状态下按动试验按钮，以检查剩余电流动作保护器动作是否可靠。在雷雨季节，应当增加试验次数。由于雷击或其他不明原因使剩余电流动作保护器动作后，应仔细检查。

（3）为检验剩余电流动作保护器在运行中的动作特性及其变化，应定期进行动作特性试验。其试验项目为：测试动作电流值、测试不动作电流值、测试分断时间。剩余电流动作保护器的动作特性由制造厂整定，按产品说明书使用，使用中不得随意变动。

（4）凡已退出运行的剩余电流动作保护器在再次使用之前，应按（3）中规定的项目进行动作特性试验；试验时应使用经国家有关部门检测合格的专用测试仪器，严禁利用相线直

接触碰接地装置的试验方法。

（5）剩余电流动作保护器动作后，经查验未发现故障原因时，允许试送一次；如果再次动作，应查明原因找出故障，必要时对其进行动作特性试验而不得连续强送；除经检查确认为剩余电流动作保护器本身发生故障外，严禁私自撤除剩余电流动作保护器强行送电。

（6）定期分析剩余电流动作保护器的运行情况，及时更换有故障的剩余电流动作保护器；剩余电流动作保护器的维修应由专业人员进行，运行中遇有异常现象应找电工处理，以免扩大事故范围。

（7）在剩余电流动作保护器的保护范围内发生电击伤亡事故，应检查剩余电流动作保护器的动作情况，并分析未能起到保护作用的原因。在未进行调查前应保护好现场，不得拆动剩余电流动作保护器。

（8）除了对使用中的剩余电流动作保护器必须进行定期试验外，对断路器部分也应按低压电器的有关要求进行定期检查与维护。

（9）各供电所至少应配备以下检测设备：500V 绝缘电阻表 2 块；具有测试交流电流毫安挡级的钳形电流表 4 块、万用表 2 块。

三、剩余电流动作保护器误动、拒动分析

1. 误动作原因分析

（1）低压电路开闭过电压引起的误动作。由于操作引起的过电压，通过负载侧的对地电容形成对地电流。在零序电流互感器的感应脉冲电压并引起误动作。此外，过电压也可以从电源侧对保护器施加影响（如触发晶闸管的控制极）而导致误动作。

（2）当分断空载变压器时，高压侧产生过电压，这种过电压也可导致保护器误动作。

解决办法是：

1）选用冲击电压不动作型保护器。

2）用正反向阻断电压较高的（正反向阻断电压均大于 1000V 以上）晶闸管取代较低的晶闸管。

（3）雷电过电压引起的误动作。雷电过电压通过导线、电缆和电气设备的对地电容，会造成保护器误动作。

解决的办法是：

1）使用冲击过电压不动作型保护器。

2）选用延时型保护器。

（4）保护器使用不当或负载侧中性线重复接地引起误动作。三极剩余电流动作保护器用于三相四线电路中，由于中性线中的正常工作电流不经过零序电流互感器，因此，只要一启动单相负载，保护器就会动作。此外，剩余电流动作保护器负载侧的中性线重复接地，也会使正常的工作电流经接地点分流入地，造成保护器误动作。

避免上述误动作的办法是：

1）三相四线电路要使用四极保护器，或使用三相动力线路和单相分开，分别单独使用三极和两极的保护器。

2）增强中性线与地的绝缘。

3）排除零序电流互感器下口中性线重复接地点。

2. 拒动作原因分析

（1）自身的质量问题。若保护器投入使用不久或运行一段时间以后发生拒动，其原因大概有：

1）电子线路板某点虚焊。

2）零序电流互感器二次侧绕组断线。

3）线路板上某个电子元件损坏。

4）脱扣线圈烧毁或断线。

5）脱扣机构卡死。

解决的办法是：及时修理或更换新保护器。

（2）安装接线错误。安装接线错误多半发生在用户自行安装的分装式剩余电流动作保护器上，最常见的有：

1）用户把三极剩余电流动作保护器用于单相电路。

2）把四极剩余电流动作保护器用于三相电路中时，将设备的接地保护线（PE 线）也作为一相接入剩余电流动作保护器中。

3）变压器中性点接地不实或断线。

解决办法是：纠正错误接线。

四、农网内剩余电流动作保护器的维护管理要点

（1）农村电网中，每年春季乡电管站应对保护系统进行一次普查，重点检查项目是：

1）测试保护器的动作电流值是否符合规定。

2）检查变压器和电动机的接地装置，有否松动或接触不良现象。

3）测量低压电网和电气设备的绝缘电阻。

4）测量中性点剩余电流，消除电网中的各种剩余电流隐患。

5）检查剩余电流动作保护器运行记录。

（2）农村电工每月至少要对保护器试验 1 次，每当雷击或其他原因使保护器动作后，也应做一次试验；农业用电高峰及雷雨季节要增加试验次数以确认其完好；对停用的剩余电流动作保护器，在使用前都应试验一次。

注意：在进行动作试验时，严禁用相线直接触碰接地装置。平时应加强日常维护、清扫与检查。

（3）剩余电流动作保护器动作后应立即进行检查。若检查后未发现事故点，则允许试送一次。若再次动作，便要查明原因找出故障。使用中严禁私自撤除剩余电流动作保护器而强行送电。

（4）建立剩余电流动作保护器运行记录，内容包括安装、试验及动作情况等。要及时认真填写并定期查看分析，提出意见并签字。全年要统计辖区内剩余电流动作保护器的安装率、投运率、有效动作次数及拒动次数（指发生事故后保护器不动作的次数）。

（5）在保护范围内发生电击伤亡事故后，应检查剩余电流动作保护器的动作情况，分析未能起到保护作用的原因并保护好现场。

注意：不得改动剩余电流动作保护器；运行中若发现剩余电流动作保护器有异常现象时，应拉下进户开关找电工修理，防止扩大停电范围；不准有意使剩余电流动作保护器误动或拒动，更不准擅自将剩余电流动作保护器退出运行。

思考与练习

1. 剩余电流动作保护器安装后的调试要求是什么？
2. 剩余电流动作保护器运行管理要求是什么？
3. 剩余电流动作保护器的维护要求是什么？

第 10 章

安 全 用 电

模块 1 农村低压安全用电常识（TQJL10001）

模块描述

本模块包含安全用电标识、注意事项和相关用电常识内容，通过概念描述、术语说明、要点归纳，掌握农村安全用电的基本要求和居民用电、农业用电、电力设施保护、自备电源、保安电源、电气火灾预防及灭火和其他用电常识。

模块内容

一、安全用电标识

明确统一的标识是保证用电安全的一项重要措施。统计表明，不少电气事故完全是由于标识不统一而造成的。例如由于导线的颜色不统一，误将相线接设备的机壳，而导致机壳带电，酿成触点伤亡事故。

标识分为颜色标识和图形标识。颜色标识常用来区分各种不同性质、不同用途的导线，或用来表示某处安全程度。图形标识一般用来告诫人们不要去接近有危险的场所。为保证安全用电，必须严格按有关标准使用颜色标识和图形标识。我国安全色标采用的标准，基本上与国际标准草案（ISD）相同。一般采用的安全色有以下几种：

（1）红色：用来标志禁止、停止和消防，如信号灯、信号旗、机器上的紧急停机按钮等都是用红色来表示“禁止”的信息。

（2）黄色：用来标志注意危险。如“当心触电”“注意安全”等。

（3）绿色：用来标志安全无事。如“在此工作”“已接地”等。

（4）蓝色：用来标志强制执行，如“必须戴安全帽”等。

（5）黑色：用来标志图像、文字符号和警告标志的几何图形。

按照规定，为便于识别，防止误操作，确保运行和检修人员的安全，采用不同颜色来区别设备特征。如电气母线中，U 相用黄色，V 相用绿色，W 相用红色，明敷的接地线用黑色。在二次系统中，交流电压回路用黄色，交流电流回路用绿色，信号和警告回路用白色。

二、安全用电的注意事项

随着生活水平的不断提高，生活中用电的地方越来越多了。基本的安全用电常识如下：

（1）认识了解电源总开关，学会在紧急情况下关断总电源。

（2）不用手或导电物（如铁丝、钉子、别针等金属制品）去接触、探试电源插座内部。

（3）不用湿手触摸电器，不用湿布擦拭电器。

（4）电器使用完毕后应拔掉电源插头；插拔电源插头时不要用力拉拽电线，以防止电线的绝缘层受损造成触电；电线的绝缘皮剥落，要及时更换新线或者用绝缘胶布包好。

（5）发现有人触电要设法及时关断电源；或者用干燥的木棍等物将触电者与带电的电器分开，不要用手去直接救人；儿童或青少年遇到这种情况，应呼喊成年人相助，不要自己处理，以防触电。

（6）不随意拆卸、安装电源线路、插座、插头等。

三、安全用电常识

（一）家庭生活安全用电

（1）用户应安装合格的户用和末级剩余电流动作保护器，不得擅自解除、退出运行。

（2）低压控制开关应串接在电源的相线上。擦拭、更换灯头和开关时，应断开电源后进行。在未断开电源的情况下，不能用湿手更换灯泡（管）；更换灯泡（管）时，人应站在干燥的木凳等绝缘物上。灯座的螺纹口应接至电源的中性线。

（3）固定使用的用电产品，应在断电状态下移动，并防止任何降低其安全性能的损坏。

（4）家用电器（具）出现冒烟、起火或爆炸等异常情况，应先断开电源，再采取相应措施防止引起火灾。

（5）电动、电热等电器使用过程中若遇突然停电，而此时离开使用电器的现场，应断开相应的电源，防止突然来电引发火灾或人身伤害。

（6）用电器具的外壳、手柄开关、机械防护有破损、失灵等有碍安全使用情况时，应及时修理，未经修复不得使用。

（7）长期放置不用的用电器具在重新使用前，应经过必要的检修和安全性能测试。新购置家用潜水泵应经绝缘测试合格，且加装剩余电流动作保护器后，方能使用。

（8）按照《中华人民共和国安全生产法》《中华人民共和国电力法》的有关规定，应教育和监督儿童安全用电。教育监督儿童不要随意触摸、插拔插头、插座，不要玩弄电气设备。在托儿所、幼儿园等儿童活动场所，电源插座安装高度不得低于1.7m，并应采取必要的防护措施。

（9）通信、有线电视等弱电线路与电力线路不得同孔入户或同管线敷设。

（10）农村自建房的内线敷设应采用耐气候型绝缘电线，电线截面按允许载流量选择，符合DL/T 499—2001《农村低压电力技术规程》规定。

（11）雷雨天气时，不应打开电视机等使用天线的家用电器，并将电源插头拔出，防止雷击伤人或损坏电器。

（二）农业生产安全用电

（1）农业生产用电严禁私拉乱接。严禁使用挂钩线、地爬线和绝缘不合格的导线用电。

（2）盖屋建房、排水灌溉、脱粒打稻等需在公用线路搭接电源的临时用电，应向当地供电企业办理临时用电申请。临时用电能表箱内应安装合格的剩余电流动作保护器。供电前应向用户交代临时用电安全注意事项，使用结束后及时拆除。临时用电期间，用户应设专人看管临时用电设施。

（3）农业生产中使用移动式抽水泵、农村家庭生活用潜水泵，以及养殖、制茶、大棚种植等需要使用电动机械的，因工作环境相对潮湿、高温、易污染，用户应遵循下列规定：

1）必须安装单台设备专用的剩余电流动作保护器（末级保护）。

2）每次使用前，要检查剩余电流动作保护器是否处于完好状态。

3）使用的导线、开关等电器应确保满足载流量要求，绝缘和外观完好。当导线长度不满足要求需增加连接线时，接头处应用绝缘橡胶带、黑胶布缠包牢靠。

4）电动机的电缆接线连接要固定可靠，要防止使用过程中拉扯电缆或被重物碾轧。

5）电动机露天使用时应采取防雨、防潮措施，并有专人看守。

6）电动机械使用中发现有异常声响和异味、温度过高或冒烟时，应及时断开电源。

7）长期停用的电器应妥善保管，新购置或长期停用的电器、农用电动机械使用前，应检查其绝缘、运转情况，所选择的熔丝（体）规格应能对短路和过负荷起到有效保护作用。

8）潜水泵在使用过程中，在其附近水面禁止游泳、放牧及洗涮，以防漏电而发生意外。

（三）农村其他场所的安全用电

（1）在浴场（室）、蒸汽房、游泳池等潮湿的公共场所，应有特殊的用电安全措施，保证在任何情况下人体不触及用电设施的带电部分，并在用电设施发生漏电、过载、短路或人员触电时能自动迅速切断电源。

（2）医疗场所的电气装置应符合 GB 16895.24—2005《建筑物电气装置　第 7–710 部分：特殊装置或场所的要求–医疗场所》的规定。

（3）在可燃、助燃、易燃（爆）物体的储存、生产、使用等场所或区域内使用的用电器具，其阻燃或防爆等级要求应符合特殊场所的标准规定。

（4）用户发现有线广播喇叭发出异常声响时，不得擅自处理，应由专业人员查明原因，再进行处理，以防触电。

（四）电力设施保护及电力设施周围活动的安全规定

（1）不准在电力线路 300m 范围内放炮采石。

（2）架设电视天线时应远离电力线路，天线杆与 10kV 及以下电力线路的最小距离应大于杆高 3.0m，天线拉线与上述电力线路的净空距离应大于 3.0m。

（3）必须跨房的低压电力线与房顶的垂直和水平距离，应满足表 10–1–1 的要求。不准在有电力线路的屋顶上进行施工作业或游戏玩耍。

表 10–1–1　　380V 裸导线、架空绝缘电线对跨越物的最小垂直、水平距离

导线类别	跨　越　物	最小垂直距离（m）	水平距离（m）
裸导线	集镇、村庄	6	
	田间	5	
	交通困难的地区	4	
	步行可到达的山坡	3	
	步行不能到达的山坡	1	

续表

导线类别	跨 越 物	最小垂直距离（m）	水平距离（m）
裸导线	通航河流的常年高水位	6	
	通航河流最高航行水位的最高船桅顶	1	
	不能通航的河湖冰面	5	
	不能通航的河湖最高洪水位	3	
	建筑物	2.5	1
	树木	1.25	1.25
架空绝缘电线	集镇、村庄居住区	6	
	非居民区	5	
	不能通航的河湖冰面	5	
	不能通航的河湖最高洪水位	3	
	建筑物	2	0.25
	街道行道树	0.2	0.5

（五）自备电源、保安电源等安全要求

（1）用户自备电源、不得并网电源的安装和使用，应符合《电力供应与使用条例》的规定和要求。凡有自备电源或备用电源的用户，在投入运行前要向当地供电企业提出申请并签订安全协议，应装设在电网停电时能有效防止向电网反送电的安全装置（如联锁、闭锁装置等）。禁止用户自备电源与公用电网共用中性线。

（2）凡需并网运行的农村小型分布式电源（风力发电、光伏发电、小型发电机等），应与供电企业依法签订并网协议后方可并网运行。

（六）电气火灾预防及灭火

（1）应按国家和行业有关规程的要求装配熔断器、断路器（开关）及保护装置，确保其动作正确可靠。不得随意增大熔体的规格，不得以铜、铁、铝丝等其他金属导体代替熔体。

（2）导线连接应可靠，导线与插座、接线柱的连接应正确可靠接，接触良好，不得使用老化、破损、劣质的电线、电器。

（3）对于潮湿、腐蚀、高温、污秽等不同场所，应选用相应的设备和安装方式。

（4）用电负荷不得超过导线的允许载流量，不能在电力线路上盲目增加用电设备。

（5）电气设备的安装位置及家用电器的放置，应避开热源、阳光直射、腐蚀性介质及容易被人或小动物损坏的场所。使用电热器具或长期使用的电器，应与易燃、易爆危险物品保持足够的安全距离。无自动控制的电热器具，人离开时必须断开电源。

（6）经常检查设备的运行情况并定期保养。当发现导线有过热或异味时，必须立即断开电源进行处理。

（7）发生电气火灾时，要先断开电源再行灭火。严禁用水扑救电气火灾。

思考与练习

1. 我国的安全色标有哪些？
2. 安全用电的注意事项有哪些？
3. 电气火灾预防及灭火的用电常识有哪些？

模块2 客户安全用电检查（TQJL10002）

模块描述

本模块包含用电检查内容和范围、检查程序、检查纪律等相关规定。通过条文解释、要点归纳，掌握用电检查相关规定。

模块内容

根据《中华人民共和国电力法》中关于用电检查的相关内容，供电企业依法开展用电检查工作，日常用电检查工作具体内容由供电企业自行确定，通过检查保障正常供用电秩序和公共安全。

一、检查内容和范围

1. 用电检查内容

供电企业应按照规定对本供电营业区内的客户进行用电检查，客户应当接受检查并为供电企业的用电检查提供方便。用电检查的内容是：

（1）客户受（送）电装置工程施工质量检验。

（2）客户受（送）电装置中电气设备运行安全状况。

（3）客户保安电源和非电性质的保安措施。

（4）计量装置、电力负荷控制装置、继电保护和制动装置、调度通信等安全运行状况。

（5）供用电合同及有关协议履行的情况。

（6）受电端电能质量状况。

（7）违约用电和窃电行为。

（8）并网电源、自备电源并网安全状况。

2. 用电检查范围

用电检查的主要范围是客户受电装置，但被检查的客户有下列情况之一者，检查的范围可延伸至相应目标所在处。

（1）有多类电价的。

（2）有自备电源设备（包括自备发电厂）的。

（3）有二次变压设备的。

（4）有违章现象需延伸检查的。

（5）有影响电能质量的用电设备的。

（6）发生影响电力系统事故需作调查的。

（7）客户要求帮忙检查的。

（8）法律规定的其他检查。

（9）客户对其设备的安全负责。用电检查人员不承担因被检查设备不安全引起的任何直接损坏或损害的赔偿责任。

二、检查程序

（1）供电企业用电检查人员实施现场检查时，用电检查人员的人数不得少于2人。执行用电检查任务前，用电检查人员应按规定填写《用电检查工作单》，经审核批准后，方能至客户处执行检查任务。检查工作终结后，用电检查人员应将《用电检查工作单》交回存档。

（2）用电检查人员在执行检查任务时，应向被检查的客户出示《用电检查证》，客户不得拒绝检查，并应派员随同配合检查。

（3）经现场确认客户的设备状况，电工作业行为、运行管理等方面有不符合安全规定的，或者在电力使用上有明显违反国家有关规定的，用电检查人员应开具《用电检查结果通知书》或《违章用电、窃电通知书》一式两份，一份送达客户代表签收，一份存档备查。

（4）现场检查确认有危害供用电安全或扰乱供用电秩序行为的，用电检查人员应按下列规定，在现场予以制止。拒绝接受供电企业按规定处理的，可按国家规定的程序停止供电，并请求电力管理部门依法处理，或向司法机关起诉，依法追究其法律责任。

1）在电价低的供电线路上，擅自接用电价高的用电设备或擅自改变用电类别用电的，应责成客户拆除擅自接用的用电设备，或改正其用电类别，并按规定追收其差额电费和加收电费。

2）擅自超过注册或合同约定的容量用电的，应责成客户拆除或封存私增电力设备，并按规定追收基本电费和加收电费。

3）超过计划分配的电力、电量指标用电的，应责成其停止超用，按国家有关规定限制其所用电力并扣还其超用电量或按规定加收电费。

4）擅自使用已在供电企业办理暂停手续的电力设备，或启用已被供电企业封存的电力设备的应再次封存该电力设备，制止其使用，并按规定追收基本电费和加收电费。

5）擅自迁移、更动或操作供用电企业用电计量装置、电力负荷控制装置、供电设施，以及合同（协议）约定由供电企业调度范围的客户受电设备的，应责成其改正，并按规定加收电费。

6）没经供电企业许可，擅自引入（或供出）电源或者将自备电源擅自并网的，应责成客户当即拆除接线，停止侵害，并按规定加收电费。

（5）现场检查确认有窃电行为的，用电检查人员应当场予以中止供电，制止其侵害，并按规定追补电费和加收电费。拒绝接受处理的，应报请电力管理部门依法给予行政处罚；情节严重，违反治安管理处罚规定的，由公安机关依法给予治安处罚；构成犯罪的，由司法机关依法追究刑事责任。

三、检查纪律

（1）用电检查人员应认真履行用电检查职责，赴客户执行用电检查任务时，应随身携带《用电检查证》，并按《用电检查工作单》规定项目和内容进行检查。

（2）用电检查人员在执行用电检查任务时，应遵守客户的保卫保密规定，不得在检查现场替代客户进行电工作业。

（3）用电检查人员必须遵纪守法，依法检查，廉洁奉公，不徇私舞弊，不以电谋私。违反本规定者，依据有关规定给予经济的、性质的处分；构成犯罪的，依法追究其刑事责任。

思考与练习

1. 用电检查内容和范围有哪些？
2. 现场检查确认有危害供用电或扰乱用电秩序行为的应当怎样处理？
3. 用电检查人员的检查纪律是怎样规定要求的？

模块3　农网工程现场安全监督（TQJL10003）

模块描述

本模块包含农网施工现场安全要求及特点，以及违章现象管理，施工现场安全措施及施工质量检查等内容。通过概念描述、条文说明，掌握国家电网公司对农网施工现场安全管理的要求。

模块内容

一、一般规定

（1）项目建设单位要将现场施工安全管理作为安全督查的重点，重点检查落实保证安全的组织措施、技术措施的情况。坚决杜绝不办票、不交底、不监护、不停电、不验电、不挂接地线等行为。要督促、指导施工人员正确使用安全帽、安全带等个人安全防护用品及安全工器具。

（2）施工单位应根据现场情况编制施工“三措一案”（三措：组织措施、安全措施、技术措施；一案：施工方案），建立作业现场分级勘察制度。“三措一案”必须经设备运行管理单位审查合格后方可执行，现场勘察记录应随工作票一同存档。

（3）发包工程施工涉及运行设备时，工作票应实行“双签发”。可根据作业现场需要，使用工作任务单等。对作业现场进行安全检查时，发现有违章行为等，应立即制止并纠正，必要时可责令施工单位停工整顿。

（4）应认真落实“防触电、防高坠、防倒断杆”的安全防护措施。要抓好“勘察、工作许可、安全技术交底、监护、工作终结”等关键环节的安全管控，务必使作业人员做到“工作任务清楚、工作程序清楚、工作危险点清楚、现场安全防范措施清楚”。

二、保证安全组织措施要求

（一）现场勘察制度

1. 工作要点

应明确工作内容、停电范围、保留带电部位、停电设备范围等，应查看交叉跨越、同杆架设、邻近带电线路，做好多联络复杂环境的停电安全措施、反送电等作业环境情况及作业条件等。勘察时应认真、仔细。要对照勘察记录，制定对应安全措施并落实到工作票中。

重点防范触电、高处坠落、误登带电杆塔等危险。下列情况，设备主人单位和施工单位工作票签发人或工作负责人应到现场组织勘察，检修联络用的断路器（开关）、隔离开关（刀闸）应在两侧验电。

（1）带电作业且配电系统非单一电源。

（2）保留带电部位、邻近带电线路或交叉跨越距离等情况不清楚。

（3）现场施工环境、设备接线方式不清楚，设备识别标识不清晰或缺失。

（4）有可能造成误登电杆、误入带电间隔，停电线路为同杆架设的多回路线路。

（5）外单位队伍承包工程。

（6）存在反送电可能。

2. 邻近带电线路、交叉跨越线路以及同杆架设线路的勘察工作要求

必须查明工作线路（设备）和邻近带电线路（设备）、交叉跨越、同杆架设的线路的双重称号以及色别、相邻杆塔起止杆号等。重点防范误碰带电设备、误登带电杆塔等行为。需配合停电时，必须停电作业，严禁强令冒险作业。

3. 与配合停电设备运行单位的联系

应事先书面申请，明确停送电联系人、联系方式、停电线路名称及操作程序等。重点是要对配合停电线路进行验电、挂工作接地线，配合停电的同杆塔架设线路装设接地线要求与检修线路相同。

4. 加强双电源管理，防止反送电

应查明作业线路是否有双电源用户，是否存在反送电特别是低压反送电可能性。重点是在作业地段所有可能来电方向线路的高低压侧挂接地线。同时要加强对双电源的管理，特别要熟悉辖区内的联络线路和低压分布电源，如光伏、沼气发电，防止发生触电事故。

5. 检查杆根、基础、拉线牢固情况

（1）电杆埋深是否符合要求、回填土是否夯实；杆身是否存在超过规定的纵向、横向裂纹；检查电杆周围基础是否存在掏挖、塌方、滑坡等情况。掏挖时禁止由下部掏挖土层。

（2）老旧拉线埋深是否符合要求；拉线是否严重锈蚀；对埋设于水田等易受腐蚀地段的拉棒应进行开挖检查；拉线、拉棒等拉线组件的强度是否满足要求。

（二）工作票制度

（1）工作票签发人必须认真分析现场查勘记录，结合作业任务，确定工作区域、停电范围及制定对应的安全措施，根据工作需要安排充足的施工力量。

（2）施工单位办理的工作票应由设备运行管理单位签发，必要时实行施工单位与运行单位“双签发”。

（3）工作负责人、工作许可人可根据作业现场实际情况，补充安全措施。对工作票上所列的安全措施、停电范围存在疑问时，应向工作票签发人核实，确有错误的，应立即停止工作，重新办理工作票，布置安全措施。

（4）对不涉及运行设备的新建农配网工程，要制定相应补充规定，如采用执行施工作业

安全措施票等，对其安全管理要求与工作票等同。严禁农（配）网工程无票作业。

（三）工作许可制度

（1）电话许可必须坚持复诵核对制度，并书面记录清楚。现场许可必须逐项交代、确认现场安全措施正确、完备后，双方签字确认，并详细记录许可时间。要求配（农）网停电作业工作许可应采取现场许可方式。现场许可方式只有一种，即当面许可。

当面许可。二级工作许可人和工作负责人应在工作票上记录许可时间，并分别签名。

电话许可。一级工作许可人（如调度员）和工作负责人应在工作票上记录许可时间和双方姓名，复诵核对无误。

（2）工作许可人必须确保工作线路可能来电的各方面（含用户）都拉闸停电，验电挂好接地线后，方能发出许可命令。

（四）工作监护制度

（1）工作负责人、专责监护人应始终在工作现场，对工作班人员进行认真监护，及时纠正不安全行为，不得擅离职守。

（2）以下情况必须使用工作任务单并指派专责监护人：

1）工作地点分散，工作负责人不能在作业现场同时监护多班组作业，工作安全风险较大。

2）工作地点存在同杆架设线路、交叉跨越线路、邻近带电线路。

3）工作地点附近有同类型设备，易造成误登杆塔、误入间隔。

4）工作地点有需要配合停电的设备。

5）工作地点存在需要单独增设的安全措施。

6）有较多雇佣民工或临时工参加工作。

7）工作地点跨越河流、沟渠、房屋、公路或人员密集区等。

8）工作负责人根据现场情况认为有必要时。

9）专责监护人不得兼做其他工作。专责监护人临时离开时，应通知被监护人员停止工作或离开工作现场，待专责监护人回来后方可恢复工作。专责监护人需长时间离开工作现场时，应由工作负责人变更专责监护人，履行变更手续，并告知全体被监护人员。

（五）工作间断、转移制度

（1）工作中遇雷雨、大风等情况威胁到工作人员的安全时，工作负责人或专职监护人应下令停止工作。

（2）工作间断，若工作班离开工作地点应采取措施或派人看守，不让人、畜接近挖好的基坑或未竖立稳固的杆塔以及负载的起重和牵引机械装置等。

（3）工作间断，若工作班离开工作地点，接地线保留不变，恢复工作前应检查确认接地线完好；若接地线撤除，恢复工作前应重新验电、装设接地线。

（4）使用同一张工作票依次在不同工作地点转移工作时，若工作票所列的安全措施在开工前一次做完，则在工作地点转移时不需要再分别办理许可手续；若工作票所列的停电、接地等安全措施随工作地点转移，则每次转移均应分别履行工作许可、终结手续，依次记录在工作票上，并填写使用的接地线编号、装拆时间、位置等随工作地点转移情况。工作负责人在转移工作地点时应逐一向工作人员交代带电范围、安全措施和注意事项。

（5）一条配电线路分区段工作，若填用一张工作票，经工作票签发人同意，在线路检修状态下，由工作班自行装设的接地线等安全措施可分断执行。工作票上应填写使用的接地线编号、装拆时间、位置等随工作区段转移情况。

（六）工作终结制度

完工后，工作负责人应确认设备上无遗留工具、材料等物品，查明全部工作人员确已离开工作现场，方可下令拆除接地线，办理工作终结和恢复送电手续。

三、保证安全的技术措施要求

（1）停电时必须断开所有可能送电至工作设备各侧的断路器（开关）、隔离开关（刀闸）、熔断器，并加挂工作接地线。停电设备各端应有明显断开点，必要时派人看守。

（2）为防止低压反送电，应拉开配电变压器高、低压侧断路器（或熔断器），并摘下熔管。可直接在地面操作的断路器（或隔离开关）的操动机构上应加锁，并悬挂“禁止合闸，有人工作！”或“禁止合闸，线路有人工作！”等标示牌。

（3）验电时应使用合格、相应电压等级的接触式验电器。

（4）对开关柜、环网柜验电时，应先认真查看设备一次系统接线图，验电过程中要严格遵守验电工作程序，防止发生触电或验电位置错误。

特别要注意对可能存在低压反送电和感应电压伤人等情况的设备验电，确认其无电压。

（5）装拆接地线必须按照规定程序进行，装拆接地线应有人监护，禁止反程序操作。所有可能送电至工作设备的线路高、低压各侧均应可靠接地，不能遗漏。

工作地线的装设位置应合理，应以确保作业现场安全、防止触电（如反送电、突然来电等）为核心。

（6）个人保安线应严格按规定使用，禁止用个人保安线代替接地线使用。工作结束时，工作人员应拆除个人保安线。

（7）装设遮拦（围栏）应能够明确划分工作区域、带电区域和非工作区域，并悬挂标识牌。工作区域涉及跨越公路、集镇等人口密集区等时，安全围栏应醒目、充足，必要时指派专人看守，防止无关人员误入工作现场。

（8）在一经合闸即可送电到作业现场的隔离开关、断路器等设备处，应悬挂醒目的安全标示牌，必要时指派专人看守。在配电双电源用户接入点和有反送电可能的高、低压电源侧，应悬挂“禁止合闸，线路有人工作!”等安全标示牌。

四、线路施工现场安全管理

1. 作业前检查要点

（1）现场安全措施是否执行到位，是否存在遗漏、缺失、损坏及移动等情况。重点检查接地线布置、防反送电、防倒断杆、防高处坠落等安全措施。

（2）作业区域电杆（设备）双重称号以及色标、起止杆号及相邻杆塔号是否与工作票所列内容一致。

（3）电杆、配电设备本体及附属设施是否存在缺陷，如电杆纵（横）向裂纹超标、横担及金具腐（锈）蚀、拉线断股、拉线基础松动、电杆倾斜超标等。

（4）杆根、基础、拉线是否牢固，是否需要增设临时拉绳等安全措施。

（5）老旧线路设备存在的危险点、周围环境和电气连接状况等。

（6）施工机具、安全工器具、施工机械的安全性能。

2. 立杆、撤杆工作

主要危险点：高处坠落、触电、倒断杆、机具砸碰。

主要安全措施：

（1）分工明确，信号统一、动作协调。要划定作业区域，严禁无关人员进入施工现场。

（2）控制好电杆重心和电杆起立角度。控制、牵引等拉绳的控制应由有经验的人员操作、指挥，必要时可采取增加临时拉绳等措施。

（3）起吊作业的施工机械自身安全措施必须到位，防止因重心偏移、支撑不牢靠、操作不规范等原因而发生倾翻。起重吊钩必须有防脱扣闭锁。

（4）邻近带电的高压设备立（撤）杆作业时，生产技术人员应在现场指导，必要时制定“三措一案”，并采用有效措施，确保作业过程中人体、施工机具、牵引绳、拉绳等无触及带电设备可能。导线、拉线、施工机具应可靠接地。

3. 杆塔上作业

主要危险点：高处坠落、触电、物体打击。

主要安全措施：

（1）登杆前应仔细检查杆根、基础、拉线等，工作前应再次确认作业范围无触电危险，如不能确定，则需重新验电。

（2）登杆前应认真核对、确认杆塔双重称号。应正确使用安全带（带后备保护绳），禁止杆上移位或上杆过程中不使用安全带。严禁安全带低挂高用。

（3）攀登老旧电杆前，应重点检查杆身是否牢固、杆根是否有裂纹、埋深是否满足要求、电杆拉线是否牢靠。杆上作业前还应检查横担、金具等是否严重锈蚀。

（4）新立杆塔在杆根基础未完全牢固前禁止攀登。

（5）在经泥石流冲刷、内涝、洪水浸泡、大风吹刮、强降雨冲刷后的线路上作业时，工作前应对线路、配电设施进行仔细检查，必要时在采取增加临时拉绳（或支好架杆）、培土加固等措施后，在专人监护下登杆作业，严禁不采取可靠措施盲目作业。

（6）登杆前须认真检查登高器具（登高板、脚扣）是否牢固、可靠。严禁借助绳索、拉线上下杆塔。冰冻天气作业应增加相应防滑、防冻、保暖等措施。

（7）在可能有感应电的杆塔上作业时，在人体接触导线前应挂接保安线，作业结束人体脱离导线后方可拆除。

（8）杆上有人时禁止调整或拆除拉线。

（9）禁止用突然剪断导地线的方式松线。不得随意拆除受力构件。杆上作业、移位时必须手扶牢固构件，禁止失去保护绳进行作业或换位。

4. 搭、拆头工作

主要危险点：触电、高处坠落、误登电杆、高处坠物、导线脱落。

主要安全措施：

（1）防触电、防高处坠落、防倒断杆、防误登电杆、防高处坠物等安全措施同前相应条款。

（2）首先必须验电确认无电。为防止突然来电，在工作地点可能来电各侧均应装设工作地线。

（3）禁止作业人员擅自扩大工作范围、增加工作内容或变更安全措施。

5. 调整弧垂工作

主要危险点：触电、高处坠落、高处坠物、误登电杆。

主要安全措施：

（1）防触电、防高处坠落、防倒断杆、防误登电杆、防高处坠物等措施同前相应条款。

（2）应做好防止导线抽跑、掉落的措施，涉及跨越河流、公路、铁路、人口密集区的线路时，要做好对应安全措施，必要时专人看守。应提前联系主管部门，协调做好相应安全措施。

（3）调整弧垂工作应综合考虑风偏、强对流天气、季节（高温、严寒）、公路、铁路（轨）面高度、房屋高度等因素。

6. 装、拆拉线工作

主要危险点：触电、高处坠落、高处坠物、倒断杆、误登电杆。

主要安全措施：

（1）防触电、防高处坠落、防倒断杆、防误登电杆、防高处坠物等安全措施同前相应条款。

（2）杆上有人时，禁止装拆拉线。

（3）老旧线路拆除拉线时，必要时增加临时拉线等安全措施，防止倒断杆。

（4）转角杆、耐张杆、终端杆及跨越高速公路、铁路、河流等线路电杆的拉线装拆工作，应增设临时拉线，防止倒断杆。

（5）对于水田、圩区、山区（大挡距）电杆拉线装拆工作必须综合考虑地形地貌、受力平衡、设施状况等因素，必要时进行补强，防止倒断杆。

7. 放（紧、撤）线工作

主要危险点：触电、高处坠落、高处坠物、导线抽甩、倒断杆。

主要安全措施：

（1）防触电、防高处坠落、防倒断杆、防误登杆塔、防高处坠物等安全措施同前相应条款。

（2）放（紧、撤）线应专人指挥、统一信号、畅通信息、步调协调，并加强监护。

（3）交叉跨越、邻近电力线路时，要提前勘查现场，做好相应安全措施。

（4）跨越河流、高速公路、铁路时，应提前联系相关主管部门，协调做好相应安全措施，必要时可采取封航、封路、搭设跨越架、专人在交通道口看守、设置明显的警示标志等安全措施。

（5）遇有障碍物挂住时，应先松动导线，沿线巡查，待查明原因并处理后方可重新开工，不能生拉硬拽。

（6）人员应站在牵引绳、导线外侧，不能站在导地线线圈内或牵引绳、架空线等下方，防止跑线伤人。

（7）放（紧、撤）线前应检查杆根、桩锚、拉线、基础。必要时应增加临时拉绳、桩锚，防止倒断杆。

（8）禁止采用突然剪断导线的方法松线。

（9）放（紧、撤）线作业，在关键地点、部位应增设专责监护人，工作负责人、专责监护人不得擅自离开现场。

8. 坑洞开挖工作

主要危险点：地下设施、管线外破，塌方，煤气、沼气中毒，误坠坑洞，地埋线、地下电缆外破触电。

主要安全措施：

（1）施工前，应与地下管线、电缆等地下设施主管单位沟通，根据作业区域地下设施埋设走向图，掌握其分布情况，确定开挖位置。特别是涉及天然气（煤气、自来水、地埋电线电缆）管道等地下设施时，应请其主管单位现场指挥、协调。

（2）要及时清理坑口土石块，土质松软处，应加设挡板、撑木等，防止塌方。圩区、水田等地段应采取相应防塌措施。

（3）已开挖的沟（坑）应设盖板或可靠遮拦，挂警告标牌，夜间设置警示照明灯，并设专人看守。

（4）在下水道、煤气（天然气）管线、潮湿地、垃圾堆或腐质物等附近从事挖沟（坑）时，应在地面上设监护人。挖深超过 2m 时，应采取戴防毒面具、带救生绳、向坑中送风等安全措施。监护人应密切注意沟（坑）内的工作人员状况，防止人员气体中毒。

9. 起重与运输工作

主要危险点：起重设备倾倒、损坏，电杆等超长设备挂碰，装卸过程砸碰，误碰带电线路。

主要安全措施：

（1）起吊物品不得超过起重机械额定载荷。吊件重量达到额定载荷的 95%时，要由起重专业技术人员在现场指挥。

（2）起吊前，工作负责人应全面检查吊绳、吊钩、支腿等，确认起重机械支平停稳。起吊时，应设专人指挥，明确分工，统一信号，发现异常应立即停止，查明原因处理后方可继续起吊。

（3）吊件全部离地后应暂停起吊，同时检查吊车自身稳定、重物捆绑、钢丝绳受力等情况。上述检查确认完好后方可继续起吊。

（4）起吊物应绑牢，吊钩悬挂点应与吊物重心在同一垂线上，吊钩钢丝绳应垂直，严禁偏拉斜吊。落钩时应防止吊物局部着地引起吊绳偏斜。吊物未固定好严禁松钩。

（5）在起吊过程中，受力钢丝绳的周围、上下方、内角侧和起吊物的下面，严禁有人逗留和通过。吊运重物不得跨越人员头顶，吊臂旋转半径以内严禁站人。

（6）起吊成堆物件时，应采取防止滚动或翻倒的措施。钢筋混凝土电杆应分层起吊，每次吊起前，剩余电杆应用木楔掩牢，防止散堆伤人。

（7）吊件不得长时间悬空停留；短时间停留时，操作人员、指挥人员不得离开工作岗位。

（8）吊车在带电设备下方或附近吊装时，须办理安全施工作业票，并有专业技术人员在场指导。吊车操作人员应与起吊指挥人员持续保持通信。吊车应接地，严禁起重臂跨越带电线路进行作业，起重臂及吊件的任何部位（在最大偏斜时）与带电体的最小距离不得小于最小安全距离。拉绳应使用绝缘绳。

（9）人力搬运时，道路应平坦畅通。山区机械牵引作业，牵引线路两侧5m以内不得有人。

10. 线路倒闸操作

主要危险点：误登杆塔、误操作、触电、高处坠落、高处坠物、倒断杆。

主要安全措施：

（1）作业前应认真核对线路双重称号、杆号、位置，查明交叉跨越、邻近带电线路、同类型杆塔、易误登杆塔等设施情况。

（2）登杆作业前，必须检查杆跟、基础、拉线、杆体等安全状况，登杆过程必须使用安全带。杆上作业应使用工具袋和传递绳，防止高处落物伤人。攀登老旧电杆作业时，应采取增加临时拉绳等安全措施，防止倒断杆。

（3）操作前必须认真核对、复诵确认拟操作设备，防止误操作。在专人监护下逐步逐项操作，严禁跳项或无票、无监护操作。

11. 安装、更换配电变压器工作

主要危险点：触电、高处坠落、物体打击、吊运过程砸碰。

主要安全措施：

（1）拆除旧变压器时，应断开所有可能送电至原变压器各侧的断路器（隔离开关），应有明显断开点，验明确无电压后可靠接地，并悬挂标识牌。

（2）在作业区域外围设置遮拦并悬挂“止步，高压危险！”“从此进出！”“在此工作！”等标识牌。在人口密集区、交通道口作业，应增设专人看守，防止无关人员进入作业区域。作业前，应检查变压器台架杆基、杆跟、拉线是否良好，防止倒断杆。

（3）吊运设备过程中应做好防范措施，防止吊臂、吊绳、吊物等与周围带电线路安全距离不足。起吊时应轻起慢放、平稳移动，防止剧烈摆动，必要时应增加临时拉绳。

（4）使用链条葫芦吊运变压器前，应检查钢构件等承力部件是否可靠、牢固，变压器与台架固定是否牢固、水平。

（5）台架上作业应使用安全带，传递工具、材料等物件应使用绳索，禁止上下抛掷。

（6）安装调试完工后，应检查清理现场。严格遵守工作终结和恢复送电制度，按照操作流程进行恢复送电，严禁擅自盲目操作。

12. 安装、更换低压配电箱（JP柜）、配电屏（简称屏柜）工作

主要危险点：触电、高处坠落、高空坠物、移动屏柜时挤碰。

主要安全措施：

（1）防触电、防高处坠落、防倒断杆、防误登电杆、防高处坠物等安全措施同前相应条款。

（2）拆除前，首先应断开连接至屏柜的所有电气接线，应有明显断开点，经验明确无电压后可靠接地并悬挂标示牌。

（3）屏柜金属外壳应接地良好。

（4）搬运屏柜时应统一指挥、步调一致。起立、就位过程中，应做好防止侧滑、挤压、砸碰等措施。

（5）完工后应认真检查、清理作业现场，检查接线情况。接引、恢复送电工作应严格按照操作流程进行，严禁擅自盲目送电。

13. 配电屏、台区低压出线检修工作

主要危险点：触电、低压短路、高处坠落。

主要安全措施：

（1）防触电、防高处坠落、防倒断杆、防误登电杆、防高处坠物等安全措施同前相应条款。

（2）作业前应认真核对设备编号、名称、位置，防止误登带电杆塔。

（3）正确使用个人工器具，并做好相应安全措施，如用绝缘胶带缠绕螺丝刀等工具金属裸露部位，防止低压短路。

（4）断路器（开关）、隔离开关（刀闸）等操作把手应可靠闭锁，并悬挂“禁止合闸，线路有人工作！”等标示牌，必要时设专人看守。

14. 剩余电流动作保护器安装测试工作

主要危险点：触电、相间短路、单相接地。

主要安全措施：

（1）安装前，应先断开低压电源。安装、试验台区总保护工作，应事先通知相关用户，防止反送电。

（2）正确使用工器具，对相线、中性线进行绝缘处理，防止相间短路，单相接地。作业时人员应站在绝缘垫或干燥的木凳上。

（3）接线前应认真核对剩余电流动作保护器接线方向、接线位置，防止误接线。

（4）安装完毕后，应按要求进行试验、试跳等项目，填写安装记录，并告知用户相关使用常识。

15. 低压带电作业

主要危险点：触电或电弧烧灼、相间短路、单相接地、误接线、高处坠落、马蜂蜇伤。

主要安全措施：

（1）低压带电作业应设专人监护。使用有绝缘柄的工具，并对其外裸导电部分进行绝缘处理，防止相间短路、接地。

（2）作业人员应穿全棉工作服、绝缘鞋，并戴手套、安全帽、护目镜等，操作时应站在干燥的绝缘物上。禁止在带电线路上直接使用锉刀、金属尺、金属毛刷等工具。

（3）在高、低压同杆架设线路的低压带电线路上作业，应做好防止误碰高压带电设备的安全措施，确保作业人员工作活动范围与高压线路间保持足够的安全距离，无误触高压线路、断路器、熔断器等设备的可能。

（4）登杆前，应先分清相线、中性线。断开导线应先断开相线，后断开中性线。搭接导线时顺序相反。人体不准同时接触两根导线。

（5）在杆上进行低压带电作业时，宜采用升降板登高，人体与电杆及金属构件接触部位宜用绝缘物进行包裹、隔离。

（6）使用配电作业车（绝缘斗臂车）作业，应专人指挥，提前选好工作方位、移动（升降）路线，确保升降过程中人体、车臂等与高压带电线路保持足够的安全距离。

16. 装表、接电工作

主要危险点：触电或电弧烧灼、高处坠落、误登杆塔、误接线。

主要安全措施：

（1）带电更换表计时，要采取与低压带电作业相同安全防护措施。

（2）电能表与电流互感器、电压互感器配合接线工作应停电进行。

（3）登杆前应认真核对杆塔名称、杆号、位置，防止误登杆塔。

（4）高处作业及杆上移动过程中必须使用安全带，防止高处坠落。

（5）要做好相应防范措施，防止因低压线路裸露部分误碰、误触有线电视、光缆、电话线等线路而造成其线路带电误伤人。

（6）在居民小区等多用户地点安装电能表时，应提前查看低压线路接线及分布，分清电源点和相线、中性线，防止因误接线造成短路、触电危险。

思考与练习

1. 正式开工前，工作负责人必须向全体工作人员进行安全技术交底，应包括哪些主要内容？

2. 立杆、撤杆工作的主要安全措施是什么？

3. 低压带电作业应采取哪些安全措施？

4. 施工作业现场工作人员要做到“四清楚”指的是什么？

第 11 章

信息系统应用

模块 1　营销管理信息系统基本知识及功能介绍（TQJL11001）

模块描述

本模块包含农电营销管理信息系统各子系统的功能介绍，包括营销基础资料管理、抄核收业务、电费账务管理、计量管理、业扩与变更、线损管理等功能模块。通过概念描述、术语说明、要点归纳，掌握农电营销信息系统各子系统功能。

模块内容

按照供电所的业务范围和岗位责任，电力营销管理信息系统主要包括营销基础资料管理、抄核收业务、电费账务管理、计量管理、业扩与变更、线损管理等功能模块。

一、营销基础资料管理

1. 客户档案管理

保存和管理与客户有关的所有供电业务信息，具有客户信息新增、查询、删除、修改功能。

2. 供用电合同管理

根据客户及供电方案信息、合同模板或原有合同，生成合同文本内容，并能对合同文本进行编辑、打印输出，记录纸质合同文档存放位置及变更记录。具有供用电合同新签、变更、续签、补签、终止功能。

3. 台区和线路资料管理

对线路和台区基础数据维护和保存，这是电量电费和线损计算、统计必需的基础数据，具有线路、台区参数新增、查询、删除、修改等维护功能。

二、抄核收业务

1. 抄表

抄表业务主要包括以下工作环节：

（1）抄表派工。抄表派工主要是将抄表工作分派给抄表人员，包括客户表计抄录、供电台区表计抄录以及企业用户计量数据抄录等。抄表派工又分为纸质抄表派工单抄表和抄表机抄表。前者是将客户的名单（列表）打印在纸质工单上，抄表过程中将客户抄码记录在工单上；后者则将用户数据从营销系统中导入抄表机，抄表过程中只需将抄码输入抄表机即可，这种抄表方式能较好地控制抄表质量，随时发现营销过程的问题，提高抄表准确率，并能在抄表时给客户提供相关的电量电费情况。

（2）抄码录入。抄码录入是将抄表派工的工作结果录入营销管理信息系统的过程，针对上述两种抄表派工类别，抄码录入也分为两种情况：对于纸质工单抄表派工，须将用户本月抄码依次手工录入营销管理系统；对于抄表机抄表，只需将抄表机与计算机连接，把数据上传即可。上传时间短，确保基础数据的准确。

2. 电费计算复核

电费计算复核业务包括以下工作环节：

（1）电费计算、复核。电费计算、复核是在系统中按相应设定的电费计算规则和电价种类，分公用变压器和专用变压器计算出每个用电客户的本月电量、电费，复核员再对计算出来的电费进行审核，确认后发行的过程，然后进入收费阶段。

电费计算环节中，营销系统应提供多种模板以适应不同计算的需要，如按比例分摊电量、固定电能等；另外根据专用变压器客户，也可提供相应的电费计算模板。

（2）复核客户电费。对客户电费的复核，是营销业务至关重要的一环，系统提供多种数据筛选和统计功能，筛选出电费数据变化较大的客户，帮助复核员快速审核数据，例如：

1）通过本月数据与上月数据比较，过滤出波动率大于 n%的客户，n 值由复核员设定。

2）列出本月抄码低于上月抄码的客户，确认电能表是否翻度或换表。

3）按设定电量值将客户分组，并统计客户数和用电量、电费。

4）筛选出零用电客户。

（3）电费修改。对于已经审核发行的电费，如有特殊情况需要修改，需专人负责提供相应的抄码修改情况、电量冲减、电费追补的具体材料，并由主管部门负责审批。

（4）违约金管理。对于逾期不交费的客户，系统自动计算违约金，通过履行相关的手续后，系统提供电费违约金减免功能。

3. 收费

营销管理信息系统提供多种收费方式，针对不同客户及供电区域的情况给出不同的交费方式：如十分偏远且交通不便利的山区，采取电费走收的方式；对于客户相对较为集中的地区，可以采取坐收的方式；为方便客户及减少资源浪费，可以采取代收、代扣、托收的收费方式；对于电费回收风险较大的客户，可以采取预购电等方式。

对所有电费发票和收据进行统一的规范化管理，记录所有进出单位的各类票据票号及票据使用情况，具有登记领用、打印记录、查询统计功能。

三、电费账务管理

传统的账务管理上，营销与财务在电费管理上时有脱节，营销人员缺乏相关的财务专业知识，财务部门不能准确得到营销数据，造成营销与财务电费账务不一致。营销管理信息系统较好地解决了这一问题。

1. 生成报表

系统对收费员的每一笔电费自动归类，实时生成报表，月末关账后固定数据，自动生成本月电费、预存电费、陈欠电费相关数据，同时系统自动辅助复核，确保各类数据的准确无误，并根据财务对电费统计报表的要求，系统每月实收电费及欠费能按照基本电费、电度电费等方式分类。

2. 收费管理

系统按收费员、按时间段提供收费查询，为“日清日结”制度提供良好的技术平台。另外，可以按月份分台区、线路、供电所、县公司、市公司逐级统计客户电费回收率报表，可以按回收率对供电所和台区排名，可以按回收率对台区进行筛选，具备欠费统计、查询、催交及欠费停电功能等。

四、计量管理

1. 计量流程管理

流程管理即对从计量资产校验入库，然后配送到各单位，再装配给用户的过程进行管理，确保计量资产数据库数据完整。包括计量资产入库、县公司分配、供电所领用及计量资产退回等工作流程。

2. 计量资产管理

计量资产管理是对供电所使用的所有计量器具（包括电能表、电流互感器、电压互感器、封印钳、封签）进行管理，系统提供各种查询方式，方便查询各计量资产设备的信息，并能根据各种条件统计计量资产的数据。另外，根据计量装置的有效期，自动提示轮换周期等信息。

五、业务扩充与变更用电

1. 业务扩充

业务扩充是指根据用户的用电申请制定可行的供电方案，组织工程验收，装表接电，与客户签订供用电合同，建立起客户与供电企业的供用电关系。主要包括用电申请、受理申请、现场查勘、提出并确定供电方案、装表接电、签订供用电合同及有关协议、资料建档。

2. 变更用电

在不增加用电容量和供电回路的情况下，客户由于自身经营、生产、建设、生活等变化而向供电企业申请，要求改变由供用电双方签订的《供用电合同》中约定的有关用电事宜的行为。

低压业务变更用电主要有故障表计轮换、周期换表、容量变更换表、更名或过户、迁址、销户等业务。

六、线损管理

营销管理信息系统具有线损计算、分析、统计等功能。

1. 线损计算

计算出当月和本年累计的低压、高压、综合线损，为线损统计和线损分析提供有力的数据支持。

2. 线损指标设置

给每个单位设置线损相关的数据指标，用实际线损率与指标比较，反映出线损管理水平上升或下降幅度，找出差距和不足，是考核线损的主要依据。

3. 线损分析

线损分析是指根据线损计算的结果，以及线损指标数据，对各级单位的线损情况进行分析，找到线损管理中的不足，为下一阶段节能降损工作指明重点和方向。

4. 线损统计

按月，分市、县、所、线路、台区统计低压、高压、综合损失电量，低压、高压、综合损失率，以及本月与本年指标、与上月线损率、与去年同期线损率的比较，累计与本年指标、与上年同期的比较。

根据线损率对县总站、供电所、线路、台区排名，根据指定线损率范围筛选台区、线路、供电所，统计数量。

思考与练习

1. 按照供电所的业务范围和岗位责任，电力营销管理信息系统主要包括哪些功能？
2. 电力营销管理信息系统一般应能提供哪些收费方式？
3. 营销管理信息系统有哪些线损管理功能？

模块2 用电信息采集系统基本知识及功能介绍（TQJL11002）

模块描述

本模块包含用电信息采集系统的定义和作用等基本知识。通过概念描述、术语说明、要点归纳，掌握用电信息采集系统的基本知识和主要功能。

模块内容

一、用电信息采集系统的基本知识

1. 用电信息采集系统的目的和意义

建设“电力用户用电信息采集系统”，实现计量装置在线监测和用户负荷、电量、电压等重要信息的实时采集，及时、完整、准确地为“SG186”信息系统提供基础数据；实现电费收缴的全面预控，为智能电费结算等营销业务策略的实施提供技术基础，为推进双向互动营销、实施更具竞争力的市场营销策略、优化完善营销业务奠定基础。从而为企业经营管理各环节的分析、决策提供支撑，提升快速响应市场变化、快速反应客户需求的互动能力。

采集系统建设是公司的重大战略部署，是统一坚强智能电网建设的重要内容，是支撑阶梯电价执行的基础条件，是加强精益化管理、提高优质服务水平的必要手段，是延伸电力市场、创新交易平台的重要依托。

2. 用电信息采集系统的作用

多年来相关的负荷管理系统和低压集中抄表系统建设和运行积累了一定经验、显现了一定效果。但是，总体覆盖用户分散、覆盖率低，技术标准差异大，功能相对简单，满足不了

“三集五大”和统一坚强智能电网的特征要求，满足不了“SG186”系统深化应用的需求，难以支撑新能源使用、阶梯电价执行及互动式服务的开展。

加快采集系统建设，已成为建设“大营销”体系和统一坚强智能电网，实现公司发展方式和电网发展方式转变的必然要求。

3. 用电信息采集系统的特点

电力用户用电信息采集系统是“SG186”营销技术支持系统的重要组成部分，既可通过中间库、Web service 方式为“SG186”营销业务应用提供数据支撑，同时也可独立运行，完成采集点设置、数据采集管理、预付费管理、线损分析等功能。

电力用户用电信息采集系统从功能上完全覆盖“SG186”营销业务应用中电能信息采集业务中所有相关功能，包括基本应用、高级应用、运行管理、统计查询、系统管理，为“SG186”营销业务应用中的其他业务提供用电信息数据源和用电控制手段。同时还可以提供“SG186”营销业务应用之外的综合应用分析功能，如配电业务管理、电量统计、决策分析、增值服务等功能，并为其他专业系统如“SG186”生产管理系统、GIS 系统、配电自动化系统等提供基础数据。

二、用电信息采集系统架构

用电信息采集系统架构如图 11–2–1 所示。

用电信息采集系统从物理上可根据部署位置分为主站、通信信道、采集设备三部分，其中系统主站部分单独组网，与其他应用系统以及公网信道采用防火墙进行安全隔离，保证系统的信息安全。用电信息采集系统集成在营销业务应用系统中，数据交互由营销业务应用系统统一与其他业务应用系统（如生产管理系统等）进行交互。

1. 主站

主站网络的物理结构主要由营销系统服务器（包括数据库服务器、磁盘阵列、应用服务器）、前置采集服务器（包括前置服务器、工作站、GPS 时钟、防火墙设备）以及相关的网络设备组成。密码机用于在主站与终端通信的过程中对通信的报文数据进行加密，以确保数据的安全传输。

2. 通信信道

通信信道是主站和采集设备的纽带，提供了对各种可用的有线和无线通信信道的支持，为主站和终端的信息交互提供链路基础。主站支持所有主要的通信信道，包括 230MHz 无线专网、GPRS 无线公网和光纤专网等。

3. 采集设备

采集设备是用电信息采集系统的信息底层，负责收集和提供整个系统的原始用电信息，包括各类专用变压器用户的终端、具备远传功能的多功能电能表、集中器、采集器以及电能表计等设备。各类终端采集用户计量设备的信息，处理和冻结相关数据，并实现与上层主站的信息交互；计量设备实现电能计量和数据输出等功能。

三、用电信息采集系统的主要功能

用电信息采集系统是对电力用户的用电信息进行采集、处理和实时监控的系统。其主要功能包括数据采集、数据管理、控制、综合应用、运行维护管理、系统接口等。

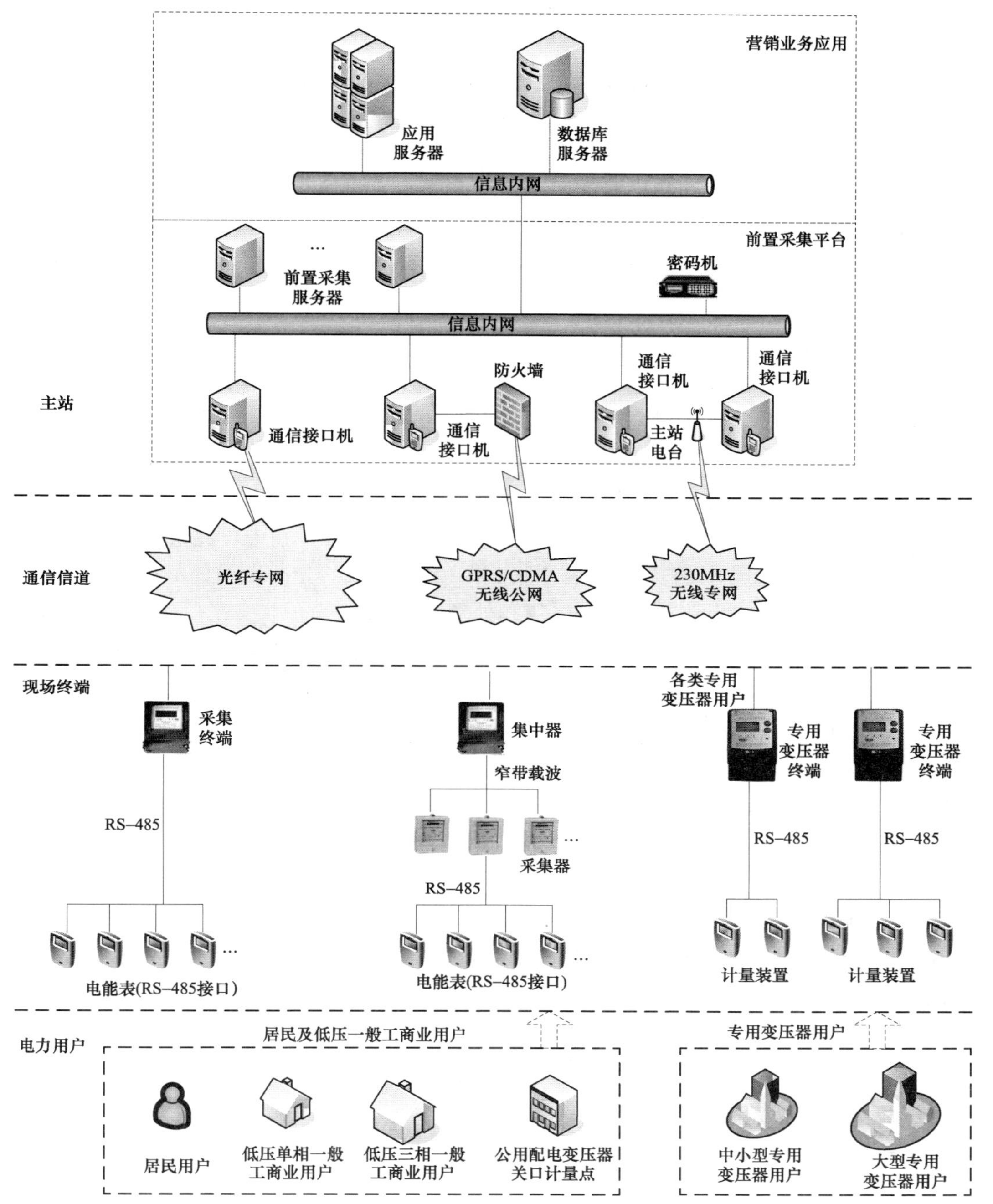

图 11-2-1 用电信息采集系统架构

1. 数据采集

根据不同业务对采集数据的要求，编制自动采集任务，包括任务名称、任务类型、采集群组、采集数据项、任务执行起止时间、采集周期、执行优先级、正常补采次数等信息，并管理各种采集任务的执行，检查任务执行情况。

（1）采集数据类型项：

电能量数据：总正反向电能示值、各费率正反向电能示值、组合有功电能示值、正反向电能示值、总电能量、各费率电能量、最大需量等。

交流模拟量：电压、电流、有功功率、功率因数等。

工况数据：采集终端及计量设备的工况信息。

电能质量越限统计数据：电压、电流、功率、功率因数、谐波等越限统计数据。

事件记录数据：终端和电能表记录的事件记录数据。

其他数据：费控信息等。

（2）采集方式；

1）定时自动采集。按采集任务设定的时间间隔自动采集终端数据，自动采集时间、间隔、内容、对象可设置。当定时自动数据采集失败时，主站应有自动及人工补采功能。

2）人工召测。根据实际需要随时人工召测数据。例如出现事件告警时，人工召测与事件相关的重要数据，供事件分析使用。

3）主动上报。在全双工通道和数据交换网络通道的数据传输中，允许终端启动数据传输过程（简称为主动上报），将重要事件立即上报主站，以及按定时发送任务设置将数据定时上报主站。主站应支持主动上报数据的采集和处理。

（3）采集数据模型。通过需求分析，按照电力用户性质和营销业务需要，将电力用户划分为六种类型，并分别定义不同类型用户的采集要求、采集数据项和采集数据最小间隔：

1）大型专用变压器用户（A类）。

2）中小型专用变压器用户（B类）。

3）三相一般工商业用户（C类）。

4）单相一般工商业用户（D类）。

5）居民用户（E类）。

6）公用配电变压器考核计量点（F类）。

（4）采集任务执行质量统计分析。检查采集任务的执行情况，分析采集数据，发现采集任务失败和采集数据异常，记录详细信息。统计数据采集成功率、采集数据完整率。

2. 数据管理

（1）数据合理性检查。

（2）数据计算、分析。

（3）数据存储管理。

（4）数据查询。

3. 定值控制

定值控制主要是指通过远方控制方式实现系统功率定值控制、电量定值控制和费率定值控制功能。

4. 远方控制

远方控制主要包括遥控、保电、剔除。

5. 综合应用

主要包括自动抄表管理、费控管理、有序用电管理、用电情况统计分析（综合用电分析、负荷预测支持）、异常用电分析、电能质量数据统计、线损分析、变损分析和增值服务。

6. 运行维护管理

运行维护管理主要包括系统对时、权限和密码管理、终端管理、档案管理、配合其他业务应用系统、通信和路由管理、运行状况管理、维护及故障记录、报表管理等。

7. 系统接口

系统接口主要完成与其他业务应用系统的连接功能。

思考与练习

1. 用电信息采集系统的作用？
2. 用电信息采集系统具有哪些特点？
3. 用电信息采集系统主要功能有哪些？

模块3 生产管理系统基本知识及功能介绍（TQJL11003）

模块描述

本模块包含生产管理系统（PMS）的定义和作用等基本知识。通过概念描述、术语说明、要点归纳，掌握生产管理系统的基本知识及系统基本功能。

模块内容

一、PMS的基本知识

1. PMS的目的和意义

PMS是电力信息集成八大业务应用中最为复杂的应用之一。建立纵向贯通、横向集成、覆盖电网生产全过程的标准化生产管理系统对实现省网生产集约化、精细化、标准化管理，提高电网资产管理水平具有十分重要的意义。

2. PMS的作用

配电 PMS 以图库一体化的信息化管理为基础，逐步建立以可靠性为中心的工作管理模式，以满足不断增加的配电管理资讯需求。一方面根据业务变化需要，完善与营销系统的数据交换；另一方面对配电 MIS、GIS、配网自动化系统功能进行重新定位和分工，建立一套满足配电运行管理实际需求的管理系统，是电网企业实现管理创新、提高管理水平、保证配网安全运行、适应客户需求、提高工作效率的主要手段和技术支撑。

3. PMS的特点

（1）统一设备类型定义，规范全省设备管理。

（2）建立电力统一设备标准属性库、统一图元、统一图形标准、统一电力服务商管理，为本地的设备统计、汇总、分析奠定了基础，保障了统计数据的规范性。

（3）实现设备的中压至低压的管理，低压部分实现至表箱、低压用户的管理。

（4）实现图纸、台账的流程管理，规范系统数据流转，保证业务数据的正确性。

（5）实现图纸的多版本管理，可以比较各版本图纸之间的差异，实时浏览图纸变化信息，能够掌握线路的整个变迁情况。

（6）方便的同杆管理，通过台账关联确立同杆的相对位置，图形自动生成同杆标注线。

（7）方便的设备统计、汇总，实现按线路、变电站、单位进行统计、分析设备信息。

（8）方便的 Web 查询，系统支持单线图 Web 发布功能，可以在 Web 进行单线图、设备台账浏览、查询，无须安装任何客户端。

（9）清晰的权限管理。在设备维护中坚持"设备是谁的、谁进行维护"，设备与管理班组、设备主人的关系体现在每条线路、每个主设备上，同时限定设备数据的维护只能由一线班组来完成。

（10）系统图形操作快捷、方便，图形编辑功能强大，符合 Windows 操作规范，具备正常的复制、粘贴、撤销、重做等 Windows 系统基本功能。

（11）系统采用多层设计，客户端不需要安装任何中间产品。

（12）系统突出设备管理为中心的理念，提供方便的设备管理功能，一个设备可以在台账界面直接关联至其巡视信息、缺陷信息、操作票、测试信息、图档信息等，并且可以在系统配置中对台账字段进行扩充。

（13）系统实现真正的流程自定义功能，对于流程的节点、流向实现图形化定制。

二、PMS 各子系统介绍

PMS 功能模块分为作业层和管理层，作业层分为设备管理、运行维护管理，管理层对作业层维护的数据进行统计、分析。

1. 设备管理

设备管理是对配电网设备进行管理，包含设备的台账、图形信息，通过单线图管理配电网设备拓扑关系。设备管理为运行维护管理提供设备台账、图纸资料，同时设备管理中可触发、查询设备的运行维护信息。

（1）设备台账管理。对新购买的设备进行登记造册，对投运设备的数量、型号、坐标进行维护管理，对备品、备件进行登记造册、试验、分类和修理记录。

（2）设备变更管理。设备变更指设备的位置、状态等参数已不能满足需要，对设备进行更换、退役或报废。设备变更包括设备异动、设备退役和设备报废三种。设备异动是指设备的位置发生变动，从一处移动到另外一处。在做设备异动之前要填写《设备异动申请单》。设备退役是指设备从运行的位置拆除下来，放在指定地点。

（3）退役设备管理。备品、备件是指设备采购后，不直接投入运行，放在指定地点等待使用的设备；或设备退役后，经过试验或修理仍可使用的设备，但不需要立即使用，也放在指定地点等待使用的设备。购入设备，入库，对备用设备进行试验、修理，并产生试验、修理记录。

2. 运行维护管理

运行维护管理是在设备投运后产生运行维护，实现各类设备的巡视、缺陷、抢修等管理。

（1）运行管理。运行管理主要是将日常进行的线路维护工作全过程的记录下来，可以在一定条件下对记录进行查询，检索出想要的记录，以便于对线路及设备的运行情况进行分析研究。主要包括以下几类：

1）巡视记录。巡视记录是将日常所进行的线路巡视过程记录下来，可以在一定条件下对巡视记录进行查询，检索出想要的记录。

2）交叉跨越测量记录。对线路与线路、弱电线路、公路、铁路、河流、建筑物等的水平及垂直距离进行测量并记录。可以对测量结果进行分析比较，以判断该处交叉跨越距离是否满足规范要求。

3）接地电阻测量记录。对杆塔、杆上配电变压器、电缆等设备进行接地电阻测量。

4）设备测温记录。对开关设备、线路连接点、配电变压器桩头等易出现高温进而影响线路设备正常运行的部位进行温度测量。

5）设备测试记录。对设备进行检测试验工作。

6）设备测负记录。在负荷较高时对线路设备进行负荷测量，以保证线路设备不发生超负荷运行烧毁事故。

（2）缺陷管理。对线路设备的缺陷来源、原因、内容、等级、地点、处理方案、发现日期等进行记录，并对处理过程及结果进行记录。

（3）“两票”管理。对日常工作过程中的工作票和任务票的管理。

（4）任务计划管理。任务计划管理分为任务管理和计划管理两类。任务管理是对检修试验任务、运行任务、工单分派等进行管理，计划管理是对停电计划和综合计划进行管理。停电计划管理分为年度停电计划、月度停电计划、周停电计划、停电申请、停电事件记录等，综合计划管理又分为年工作计划、月工作计划和周工作计划。

（5）检修试验管理。对检修试验工作从项目立项、作业过程方案编制、作业现场管控及最终出具修试报告的整个流程进行全过程管理。

（6）图形管理。通过单线图管理配电网设备拓扑关系，对配电网设备进行管理，为运行维护管理提供设备台账、图形信息、图纸资料，同时可触发、查询设备的运行维护信息。

（7）专项管理。用于管理工器具信息及班组概况、规章制度、各人员岗位的相关信息。

3. 统计分析

以设备台账、图形、运行维护信息为支撑数据，实现设备统计分析、运行维护统计分析。能够区分输变电设备和配电设备进行统计，又能够区分高压设备、低压设备进行统计。主要统计线路、变压器、杆塔、开关、导线等。

思考与练习

1. PMS 的作用是什么？
2. PMS 具有哪些特点？
3. PMS 主要包括哪些功能？
4. PMS 运行维护管理工作的主要内容有哪些？

第 12 章

电力设施保护

模块 1　电力设施保护知识与宣传（TQJL12001）

模块描述

本模块介绍输配电线路保护设施管理考核内容、电力设施属地保护的意义。通过电力设施属地保护的介绍、概念解释讲解，掌握电力设施属地保护范围及其各类危害行为。

模块内容

为强化电力设施保护工作，控制外力破坏电力设施事故，保证电网安全运行，进一步明确责任，强化考核，强化电力设施保护属地管理，确保电力安全、稳定、可靠供应。

一、电力设施保护的意义

为了保障电力生产和建设的顺利进行，维护公共安全，必须做好电力设施的保护工作。

二、电力设施的保护原则

电力设施的保护实行电力管理部门、公安部门、电力企业和人民群众相结合的原则。

三、供电企业保护电力设施的职责

（1）监督、检查相关法律法规的贯彻执行。

（2）开展保护电力设施的宣传教育工作。

（3）会同有关部门及沿电力线路各单位，建立群众护线组织并健全责任制。

（4）会同当地公安部门，负责所辖地区电力设施的安全保卫工作。

四、电力线路设施的保护范围

（1）架空电力线路：杆塔、基础、拉线、接地装置、导线、避雷线、金具、绝缘子、登杆塔的爬梯和脚钉，导线跨越航道的保护设施，巡（保）线站，巡视检修专用道路、船舶和桥梁，标志牌及其有关辅助设施。

（2）电力电缆线路：架空、地下、水底电力电缆和电缆联结装置，电缆管道、电缆隧道、电缆沟、电缆桥、电缆井、盖板、人孔、标石、水线标志牌及其有关辅助设施。

（3）电力线路：变压器、电容器、电抗器、断路器、隔离开关、避雷器、互感器、熔断器、计量仪表装置、配电室、箱式变电站及其有关辅助设施。

（4）电力调度设施：电力调度场所、电力调度通信设施、电网调度自动化设施、电网运行控制设施。

五、电力线路保护区

（一）架空电力线路保护区

导线边线向外侧水平延伸并垂直于地面所形成的两平行面内的区域，在一般地区各级电压导线的边线延伸距离见表 12–1–1。

表 12–1–1　　各级电压导线的边线延伸距离（一般地区）

电压等级（kV）	1～10	35～110	154～330	500
导线边线延伸距离（m）	5.0	10.0	15.0	20.0

各级电压导线边线在计算导线最大风偏情况下，距建筑物的水平安全距离见表 12–1–2。

表 12–1–2　　各级电压导线边线距建筑物的水平安全距离（最大风偏）

电压等级（kV）	1～10	35	66～110	154～220	330	500
距建筑物的水平安全距离（m）	1.5	3.0	4.0	5.0	6.0	8.5

架空电力线路导线在最大弧垂或最大风偏后与树木之间的安全距离见表 12–1–3。

表 12–1–3　　架空电力线路导线与树木之间的安全距离

电压等级（kV）	与树木之间的安全距离（m）	
	最大风偏	最大弧垂
35～110	3.5	4.0
154～220	4.0	4.5
330	5.0	5.5
500	7.0	7.0

（二）电力电缆线路保护区

电力电缆线路保护区一般为：

（1）地下电缆为电缆线路地面标桩两侧各 0.75m 所形成的两平行线内的区域。

（2）海底电缆一般为线路两侧各 2 海里（港内为两侧各 100m）。

（3）江河电缆一般不小于线路两侧各 100m（中、小河流一般不小于各 50m）所形成的两平行线内的水域。

六、危害电力线路设施的行为

（1）向电力线路设施射击。

（2）向导线抛掷物体。

（3）在架空电力线路导线两侧各 300m 的区域内放风筝。

（4）擅自在导线上接用电气设备。

（5）擅自攀登杆塔或在杆塔上架设电力线、通信线、广播线，安装广播喇叭。

（6）利用杆塔、拉线作起重牵引地锚。

（7）在杆塔、拉线上拴牲畜、悬挂物体、攀附农作物。

（8）在杆塔、拉线基础的规定范围内取土、打桩、钻探、开挖或倾倒酸、碱、盐及其他有害化学物品。

（9）在杆塔内（不含杆塔与杆塔之间）或杆塔与拉线之间修筑道路。

（10）拆卸杆塔或拉线上的器材，移动、损坏永久性标志或标志牌。

（11）其他危害电力线路设施的行为。

七、电力设施保护方法

（1）任何单位或个人在架空电力线路保护区内，必须遵守下列规定：

1）不得堆放谷物、草料、垃圾、矿渣、易燃物、易爆物及其他影响安全供电的物品。

2）不得烧窑、烧荒。

3）不得兴建建筑物、构筑物。

4）不得种植可能危及电力设施安全的植物。

（2）任何单位或个人必须经供电部门许可，并采取安全措施后，方可进行下列作业或活动：

1）在架空电力线路保护区内进行农田水利基本建设工程及打桩、钻探、开挖等作业。

2）起重机械的任何部位进入架空电力线路保护区进行施工。

3）小于导线距穿越物体之间的安全距离，通过架空电力线路保护区。

4）在电力电缆线路保护区内进行作业。

（3）任何单位或个人不得从事下列危害电力设施建设的行为：

1）非法侵占电力设施建设项目依法征用的土地。

2）涂改、移动、损害、拔除电力设施建设的测量标桩和标记。

3）破坏、封堵施工道路，截断施工水源或电源。

4）任何单位和个人不得非法收购电力设施器材。

（4）供电所日常做的电力设施保护工作：

1）防外力破坏工作。

2）安装鱼塘警示牌。

3）悬挂、张贴电力设施保护标语、宣传画等。

4）发放有关电力设施保护宣传物品。

5）到社区、学校开展电力设施保护的宣传活动。

6）对属地范围内的输、配电线路进行巡视。

八、电力设施管理规定

（1）对电力设施与其他设施互相妨碍的处理：

1）新建、改建或扩建电力设施，需要损害农作物，砍伐树木、竹子，或拆迁建筑物及其他设施的，电力建设企业应按照国家有关规定给予一次性补偿。

2）在依法划定的电力设施保护区内种植的，或自然生长的可能危及电力设施安全的树木、竹子，电力企业应依法予以修剪或砍伐。

（2）出现下列行为之一，应给予表彰或一次性物质奖励：

1）对破坏电力设施或哄抢、盗窃电力设施器材的行为检举、揭发有功。

2）对破坏电力设施或哄抢、盗窃电力设施器材的行为进行斗争，有效地防止事故发生。

3）为保护电力设施而同自然灾害作斗争，成绩突出。

4）为维护电力设施安全，做出显著成绩。

（3）出现下列行为之一，应给予惩罚：

1）对危害发电设施、变电设施和电力线路设施的，由电力管理部门责令改正，恢复原状并赔偿损失；拒不改正的，处 10 000 元以下的罚款。

2）违反规定，在依法划定的电力设施保护区内进行烧窑、烧荒、抛锚、拖锚、炸鱼、挖沙作业，危及电力设施安全的，由电力管理部门责令停止作业、恢复原状并赔偿损失。

3）构成犯罪的，由司法机关依法追究刑事责任。

思考与练习

1. 危害电力线路设施的行为有哪些？
2. 哪些破坏电力设施行为应给予惩罚？
3. 供电所日常做的电力设施保护工作？

模块 2　防外力破坏典型案例与分析（TQJL12002）

模块描述

本模块介绍在电力设施保护区内发生的各类违章作业、违章施工和违章建筑等行为，并对典型案例进行分析，掌握各类破坏电力设施行为的处置方法及防范措施。

模块内容

一、　破坏电力设备

（一）案件回顾

2013 年 12 月至 2014 年 3 月，某地先后多次发生破坏、盗窃电力设备案，被盗变压器达十余台，造成直接或间接经济损失达二十余万元。作案场所多选择在城郊和乡镇离马路不远而交通十分便利的地段。当时正值春运高峰期间，其猖狂行为严重影响了当地村民正常的生产生活用电。造成供电公司供电服务投诉增多，社会影响恶劣。

（二）案侦措施

供电公司将案情分别向市三电办、区三电办、区电力行政执法大队、区公安分局做了专题汇报。促请区公安分局刑警大队与供电分公司于 1 月 7 日成立联合专案组。专案组由公安分局主管刑侦的副局长何×任组长，供电分公司保卫专责李×进入专案组。专案组第一时间通知辖区各派出所将本案纳入重点工作内容。同时，供电分公司于 1 月 8 日组织供区 8 个供电所的所长、技术员、安全员进行了专题部署。一是各供电所加强夜间值班纪律，值班人员在值班期间不得擅离岗位，在案件高发时间段（夜间22时至凌晨4时）配合当地派出所开展夜间巡视工作；二是加强与各村社的联系，大力进行配电变压器防盗宣传工作，促进各村社提高警觉和及时反映情况。在配电变压器附近安排1～2名得力群众护线员，一旦发现可疑人员或断电情况，立即向供电所、派出所报告。

专案组经过一个月的摸排走访，结合技术性侦查措施，一个以王×、蒋×等人为首，长期在该地盗窃变压器的犯罪团伙逐渐浮出水面。2014年2月28日，负责情报收集工作的侦查员向专案组反馈一条重要信息：这伙盗贼很可能再次作案。为了尽可能挽回国家的经济损失，专案组决定立即收网。为了保证抓捕成功，专案组分成两个抓捕小组，分别同时对窝藏在两处的犯罪嫌疑人进行抓捕。当晚，犯罪嫌疑人王×等被抓获。

（三）处置结果

犯罪嫌疑人的行为触犯了《中华人民共和国刑法》第二百六十四条之规定，涉嫌盗窃罪；触犯了《中华人民共和国刑法》第一百一十八条之规定，涉嫌破坏电力设备罪。法院判处：

王×，犯破坏电力设备罪判刑五年，犯盗窃罪判刑一年半。合并执行有期徒刑五年半。

蒋××，犯破坏电力设备罪判刑三年三个月，犯盗窃罪判刑一年。执行有期徒刑三年半。

蒋××，犯破坏电力设备罪判刑三年，犯盗窃罪判刑八个月。执行有期徒刑三年一个月。

蒋××，犯破坏电力设备罪判刑一年。

张×，犯盗窃罪判刑八个月。

二、抢劫电力设施

（一）案件简介

2012年5月19日凌晨1时许，某县110kV变电站发生特大抢劫案件，7名犯罪嫌疑人翻墙侵入变电站，对1名守卫人员采用堵嘴、捆绑的方式进行控制并殴打致伤，打开大门驾驶车辆进入站内，盗拆变电站已安装好的电缆、铜排、钢芯铝绞线等电气材料，整个抢劫作案过程持续2个多小时，共抢走价值35万元的物资，造成损失100余万元。

（二）产生的原因

（1）安防设施建设和运行管理脱节。基建单位未做到安防设施与生产设施同步投运，安排非保安人员值守；运行单位未履行对值守人员管理责任，导致变电站人防、技防责任划分不明，安防要求落实不到位。

（2）技防系统存在隐患。部分变电站建设遗留问题较多，视频系统无法调看、不能上传集控中心，重点要害单位技防安装、缺陷整改进度迟缓，安防基础工作不牢固。

（3）人防措施不落实。部分变电站未按照省电力公司《变电站安全防范管理标准》配置人防力量，变电站护卫工作制度和工作记录簿册不完善，巡护值守工作缺失或开展不好。

（三）案件的处理

当地省市县三级公安机关组成联合专案组，查破案件，迅速抓获4名犯罪嫌疑人，另3名犯罪嫌疑人在外地落网。7名犯罪分子分别被判处一年零六个月至十七年不等的刑罚。

（四）防范措施

（1）划清新建、新投运变电站的治安安全防范职责。基建单位在建设过程中，负责落实安全保卫工作措施，规范施工现场安保工作人员配置，做好出入登记、交接班、护卫巡视、工作检查等工作。新投运变电站安防设施不全或安防系统未通过验收的，由基建单位尽快完善整改，并安排保安人员值守，配足安防器具，生产运行单位应担负起安全保卫工作职责，完善保安工作职责、巡护制度，并按要求上墙，配齐工作簿、册，严格管理保安人员，确保其值守、巡护到位。

（2）完善已投运重点部位技防系统、设备配置。要求新建重点部位安防设施与生产设施，同规划、同设计、同建设、同验收、同运行。已投运的变电站，对照《变电站安全防范管理标准》检查技术防范措施的落实和完善情况，确保视频监控系统、电子围栏、消防报警系统和灭火器材、防火封堵等的安装、运行。发现不足和安全隐患，限期整改，严格维保管理，确保安防系统和设备正常运行。

（3）规范重点要害部位的安保力量配置、管理和守护情况。变电站等重点要害部位运行维护单位要在技防投入的基础上，压减安保人员数量，积极探索变电站无人值守模式。落实变电站守卫、巡视制度、职责，完善护卫、巡视、检查工作记录。杜绝保安人员未严格履行进出登记制度，安防技能不足，不清楚治安事件发生的报告、报警电话和处置流程的情况发生。

（4）将重点部位的保卫纳入综合治理群防群治工作，落实“三定”管理明确工作职责和防范措施，对接地方党委、政府发动治保、联防、群众积极分子开展立体防控工作；与当地公安机关建立联勤工作机制，平稳时段定期巡逻，重点时段驻点守护，有条件的应与公安110服务系统联网。

三、大型机械外力破坏

（一）事件简介

2012年9月14日，某局地铁二号线延伸段项目部在220kV线路75号–76号档线下违章使用吊车吊装钢筋作业，造成220kV线路故障跳闸，引发大面站220kV Ⅱ段母线失电压，母线上多条220kV枢纽线路跳闸。

（二）产生的原因

各类施工现场大量铺开，大型机具和流动作业人员随之大幅增加，线路运行的外部环境复杂。施工过程中，部分机械设备的操作人员违章蛮干，加之供电企业预控措施不到位，造成电力设施被破坏的事故不断发生。

（三）事件的处置

未造成对外停电和负荷损失，地铁二号线项目部愿意承担故障损失，作为外力破坏事件进行赔付。

（四）防范措施

（1）责任单位应积极与地方政府相关部门联系，建立沟通机制，强化信息沟通，预先了解各类市政、绿化、道路建设等工程的规划和建设情况，及早采取预防措施。

（2）责任单位配合政府相关部门严格执行可能危及电力设施安全的规划项目、施工作业的审批制度，事前预防施工外力损坏电力设施事故的发生。

（3）各单位应商请当地政府电力管理部门或电力设施保护行政执法机构，加大对施工外力隐患的查处力度，保证及时消除危及电力设施安全运行的隐患。

（4）运维单位应组织建立吊车、混凝土罐车等特种工程车辆车主、驾驶员及沿线大型工程项目经理、施工员、安全员等相关人员数据库（台账资料），开展电力安全知识培训，定期发送安全提醒短信，充分利用公益广告、媒体宣传等方式推动培训宣传工作常态化。

（5）对施工外力隐患（如大型施工项目），运行维护单位应事先与施工单位（含建设单位、外包单位）沟通，事先签订《电力设施保护安全协议》（包括保护范围、防护措施、应尽义务、违约责任、事故赔偿标准等内容），指导施工单位制订详细的《电力设施防护方案》。

（6）运行维护单位应根据《电力设施防护方案》对施工单位项目经理、安全员、工程车辆驾驶员等人员等进行现场交底，包括靠近工地的线路、线路对地的安全距离、地下电缆走向、各施工阶段不同施工机械对线路破坏的危险源及其控制措施、沟通渠道等。特别要加强对混凝土输送泵车清理输送管道环节重大危险源的控制。

（7）运行维护单位应要求施工单位在每个可能危及电力设施安全运行的施工工序开始前，通知运行维护人员前往现场监护。如遇复杂施工项目，应24h看守监护。

（8）运行维护单位应主动参加施工单位组织的工程协调会，分析确定施工各阶段的高危作业，提前预警。

（9）应按照《供电营业规则》《电力供应与使用条例》《供用电合同》及其所附安全协议等有关规定制订内部工作程序，对于用户设施可能危及供电安全，确需中断供电的情况，履行必要手续。

四、施工外力破坏

（一）事件简介

2013年3月12日20时33分，某局钻探施工中，擅自扩大作业范围，将某电力隧道钻穿，造成220kV某线路二线U、V相接地短路发生爆炸，220kV某线路一线V相电缆护层及主绝缘损伤。

（二）产生的原因

（1）城乡建设规划部门对电力设施的规划、计划前瞻性不强，地铁路径和电缆通道安全距离不足，电力设施保护区形同虚设，极易发生外力破坏事件。

（2）电力设施保护区内施工作业许可制度推行困难，电力行政执法缺位，造成涉电作业安全方案缺失、方案不完备，重点施工区段电力管理人员无法实时安全监察。

（3）大型建设项目多为政府重点工程，建设单位来头大、背景复杂，运行单位对此类外力损坏事件存在协调乏力、巡护困难、处理受阻的问题。

（4）施工单位电力设施保护意识淡薄，工期紧管理人员只关注施工进度，特种机械作业人员不具备涉电安全知识，涉电安全形成真空，造成扩大作业范围、野蛮强行施工的安全隐患。

（三）事件的影响

导致该地区停电，医院、宾馆等6000余重要用户供电安全受到严重威胁。此次事件，220kV电缆线路非计划停运造成电网薄弱，极易引起城区大面积停电造成恶劣影响，事件直接经济损失约 234 万元。

（四）处理结果

该省公安厅直属二分局受理当地供电公司报案，立案调查后根据《中华人民共和国治安管理处罚法》第三十三条的规定，对“3·12”施工损毁电力设施的两名主要责任人江×、李×，分别给予行政拘留 10 天的处罚，并送拘留所执行。施工方赔偿当地供电公司经济损失 240 余万元。

思考与练习

1. 如何预防破坏电力设备行为？
2. 如何预防大型机械外力破坏行为？
3. 如何预防施工外力破坏行为？

第 13 章

台区线损综合分析

模块 1　线损以及线损率的基本概念（TQJL13001）

模块描述

本模块介绍电力网电能损耗的一些基础知识、线损率的概念、计算方法。通过介绍，掌握线损及线损率的基本概念。

模块内容

一、线损的基本概念

线损是电网电能损耗的简称，是电能从发电厂传输到电力用户过程中，在输电、变电、配电和营销各环节中所产生的电能损耗和损失。

电能在传输过程中产生线损的原因有以下几方面：

（1）电阻作用。线路的导线、变压器、电动机的绕组都是铜或者铝材料的导体。当电流通过时，对电流呈现一种阻力，此阻力称为导体的电阻。电能在电力网传输中，必须克服导体的电阻，从而产生了电能损耗，这一损耗见之于导体发热。由于这种损耗是由导体的电阻引起的，所以称为电阻损耗，它与电流的平方成正比。

（2）磁场作用。变压器需要建立并维持交变磁场，才能升压或降压。电动机需要建立并维持旋转磁场，才能运转而带动生产机械做功。电流在电气设备中建立磁场的过程，也就是电磁转换过程。在这一过程中，由于交变磁场的作用，在电气设备的铁芯中产生了磁滞和涡流，使铁芯发热，从而产生了电能损耗。由于这种损耗是在电磁转换过程中产生的，所以称为励磁损耗，它造成铁芯发热。

（3）管理方面。由于供用电管理部门和有关人员管理不够严格，出现漏洞，造成用户违章用电和窃电，电网元件漏电，电能计量装置误差以及抄表人员漏抄、错抄等而引起的电能损失。由于这种损耗无一定规律，又不易测算，故称为不明损耗。不明损耗是供电企业营业过程中产生的，所以又称为管理线损。

二、线损率的基本概念

损失电量占供电量的百分比称为线路损失率，简称线损率。

$$线损率=\frac{线损电量}{供电量}\times 100\%=\frac{供电量-售电量}{供电量}\times 100\%=1-\frac{售电量}{供电量}\times 100\%$$

思考与练习

1. 什么叫线损？
2. 什么叫线损率？

模块 2　台区线损分类及计算方法（TQJL13002）

模块描述

本模块介绍台区线损的构成、分类以及计算方法。通过介绍，掌握线台区线损分类及计算方法。

模块内容

一、线损的构成和分类

1. 按损耗特性进行分类

（1）不变损耗。即固定损耗，其损耗的大小与电压大小有关，与流过负荷电流无关，而由于配电网系统电压相对稳定的，所以其产生的损耗也相对稳定。

（2）可变损耗。指当电流流经配电网系统时，配电网系统内的所有电力设备的电阻所产生的损耗，此类损耗与电流平方成正比。

（3）不明损耗。是实际线损和理论线损之差，也叫管理损耗。产生此类损耗的原因为对线损管理工作没有达到与所定损耗目标值相对应的水平，不能通过理论计算得出。

2. 按损耗性质进行分类

（1）技术线损。即理论线损，它是电网系统中必然存在的，其数值可通过各种计算方法算出的。技术线损包含线路损耗、爬电比距变小导致的绝缘子电量损耗、配电变压器绕组损耗、高次谐波损耗、灰尘过多污闪而导致漏电的电量损耗等。

（2）管理线损。管理线损包含计量管理线损、营业线损及其他原因管理线损。

其他管理线损包括 TV 熔丝熔断或 TV 投切不做记录、不计负荷、不计时间造成的电量损耗；因为电网系统运方不合理造成的电量损耗；电压质量及无功补偿过度引起的电量损耗；变电站自用电量过大引起的电量损耗；电力设备老化、选型不当造成的电量损失等。

配电网线损的构成与分类情况以及它们之间的关系如图 13–2–1 所示。

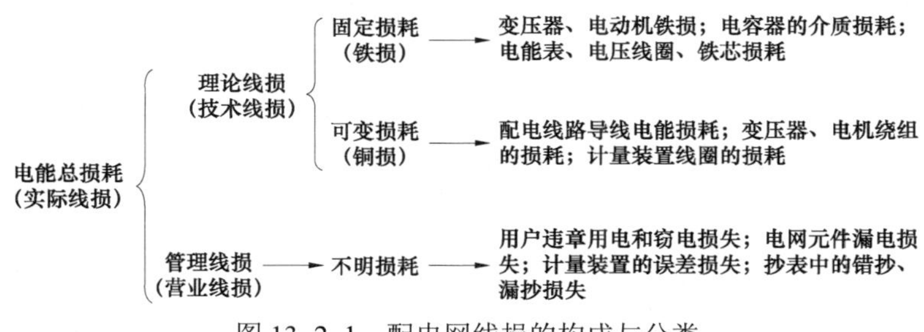

图 13–2–1　配电网线损的构成与分类

二、线损计算方法

理论线损的计算常用方法有平均电流法（形状系数法）、均方根电流法、最大电流法（损失系数法）、最大负荷损失小时法、电压损失法、分散系数法和等值电阻法等。计算 10kV 配电网线损，一般采用等值电阻法。

思考与练习

1. 线损可以分为哪几类？
2. 管理线损包括哪些内容？
3. 技术线损的概念是什么？

模块 3　台区线损分析及解决措施（TQJL13003）

模块描述

本模块结合台区线损的分类介绍不同分类情况下降低线损可采取的方法，以及对台区线损进行分析，并选择相应的解决措施。通过介绍，掌握台区线损分析及解决措施。

模块内容

降低台区线损的措施可分为技术措施和管理措施两大类。

一、降低配电网线损的技术措施

降低线损的技术措施由建设措施和运维措施两部分组成。电网企业所采取的建设措施主要是指需要一定的投资，对供电系统的某些部分进行技术改造，采取建设措施是以提高供配电网系统的电能输送能力及改善电能质量为目的。而运行措施是指不需要投资或对电网实施检修，通过确定供电系统符合经济技术要求的运行方式，达到降低线损的目的。

电力网电力设备（线损或变压器）中功率损耗关系为

$$\Delta P = 3I^2R\times10^{-3} = \frac{P^2+Q^2}{U^2}\times R\times10^{-3} \qquad (13\text{–}3\text{–}1)$$

式中：I 为流过各电力设备的电流，A；R 为电力设备的电阻，Ω；P、Q 分别是通过各电力设备的有功功率（kW）、无功功率（kvar）；U 为加在原件上的电力网的电压，kV。

由此可见，降低电力网的线损仅有两种途径：减小流过电力设备中的电流和减少电力设备的电阻。而在向用电设备供电时，在供电的负荷相对固定的情况下：

（1）要减小流过电力设备中的电流，可采取提高供电的电压及负载的功率因数等措施。供电电压的提高可将高电压引入负荷密集区域，避免了低压线路供电半径过大的不利情况。负载功率因数的提高需减少配电网中流过的无功电流，可采取将流过的无功电流就地平衡的措施。

（2）要减小电力设备的电阻，可采取的途径有：加大导线的截面；采用性能更优的配电变压器和电能计量装置。因此，要降低配电网的技术损耗，必须对配电网络进行升级改造。

1. 降低线损的运维措施

（1）确定最经济的电网接线方式。

（2）提高电力网的运行电压，特别是配电变压器低压出口电压。

（3）合理安排配电网运行方式，确保电网可靠经济运行。

（4）合理分配用电负荷，提高配电变压器负荷率。

（5）治理三相不平衡。

（7）对配电网合理配置电力电容器，降低无功功率的影响。

（8）科学安排设备运维检修工作。

2. 降低线损的建设措施

（1）对配电网进行科学规划增强配电网结构的合理性。主要是指“按照密布点、短半径”原则，合理确定变压器安装位置，减少电网升、降压环节，以 10kV 电力线路为主网架，并引入负荷密集区域。

（2）对电网进行升压改造。

（3）增加并列线路运行。

（4）采用绝缘导线提高线路绝缘水平，并适当增大线路的导线截面。

（5）改进不正确的接线方式如：迂回供电、线路线径不一、配电变压器不在负荷中心，实施低压台区的升级改造。

（6）增设无功补偿装置。

（7）采用节能配电变压器，逐步淘汰高能耗变压器。

二、降低配电网线损的管理措施

管理线损是由计量设备误差、管理不善以及电力网元件漏电引起的电能损失，就低压线损管理而言，如疏于管理、用户有违章用电和窃电、社会风气差，存在权力电、关系电、恶霸电等现象，电工舞弊、临时用电不上报、计量表记有误差、抄表及核算有差错等，结果导致线损电量中的不合理成分增大，给企业造成了损失。由于这种损失无规律可循，又不易测算，通常又称为不明损耗。在供电所的线损管理中，管理线损是影响统计线损的一个重要因素。因管理不到位，形成的电能损失在整个统计线损中占有较大的比重，某些地方甚至在部分环节上还相当严重。有些供电所由于管理不够严格，造成一些 10kV 线路高压线损率和低压线损率长期居高不下，严重影响着企业的效益和电力市场的开拓。

降低线损的管理措施概括起来可分为：建立健全组织、指标管理体系，定期开展线损分析工作，加强营销管理和设备运行管理等方面。

1. 建立健全组织、指标管理体系

建立健全供电所线损管理的组织、指标管理体系是统筹协调全所电力网管理工作，实行分线路、分台区进行考核的基础。要积极落实按线按台区承包管理办法，对各岗位人员应当明确职责、明确指标、明确任务，将各项指标落实到位，考核到位，只有通过层层落实责任制，严格考核兑现，才能使供电所的管理有章可循。

2. 开展好线损分析工作

电力网中电能的损失与线路的结构、负载和管理有关。通过开展线损分析，可以找出影响损失的主要因素，从中找出相应的改进措施以确保取得最佳的降耗目标和经济效益。开展线损分析要针对线损管理的有关内容做好 6 个对比分析：

（1）统计线损率与理论线损率的对比。开展线损理论计算工作，通过对比，如果统计线损率比理论线损率过高，说明电力网漏电严重、结构和布局不合理、电力网运行不经济或管理方面存在的问题较多，或许几个方面都存在问题。

（2）固定损耗和可变损耗的对比。如果固定损耗所占比重较大，这说明线路处于轻负荷运行状态，配电变压器负荷率低或者电力网长期在高于额定电压下运行。对于固定损失是电压越高损失越大，可变损失是电压越低损失越小。

（3）现实与历史问题的对比。由于同期的气象条件和客观现实比较一致，与历史同期的数值比较有很大的可比性，通过比较能够发现很多问题。

（4）当前水平与年平均水平的对比。一个持续较长时间的线损率平均水平能够消除因负载、时间、抄表时差等变化形成的线损波动现象。这个线损水平能反映线损的实际状况，与这个水平相比较，可以发现当时的线损是否正常。

（5）计量总表与分表电量的对比。做好电能的平衡分析，监督电能计量设备的运行情况，可以发现其中的矛盾现象，是表记故障还是存在窃电行为，有助于分析比较。

（6）线路或设备之间、季度和年度之间、班组之间的线损综合对比。

依据上述 6 个对比分析达到线损管理的五个目的：

（1）找出当前线损工作中的不足和缺点，指明降损方向。

（2）找出电力网结构的薄弱环节，确定今后电力网结构改善的工作重点。

（3）找出电力网运行中存在的问题，制定最佳运行方案。

（4）找出降损措施在实施中存在的问题，确保新的降损措施更具有针对性和科学性。

（5）查找出线损升降的原因，确定今后降损的主攻方向。

思考与练习

1. 降低线损的技术措施分为哪两类？
2. 电力网电力设备（线损或变压器）中功率损耗关系是什么？
3. 降低线损的管理措施有哪些？

模块 4　用电信息采集系统线损分析（TQJL13004）

模块描述

本模块包含用电信息采集系统中台区线损分析。通过介绍，掌握台区线损合格率的分析。

模块内容

一、考核单元管理

点击功能菜单中的【高级应用】→【线损分析】→【台区线损分析】→【考核单元管理】，进入考核单元管理页面，如图 13-4-1 所示。

本功能主要用于管理低压公用变压器运行台区考核单元，并可按重要等级进行考核单元分组管理。

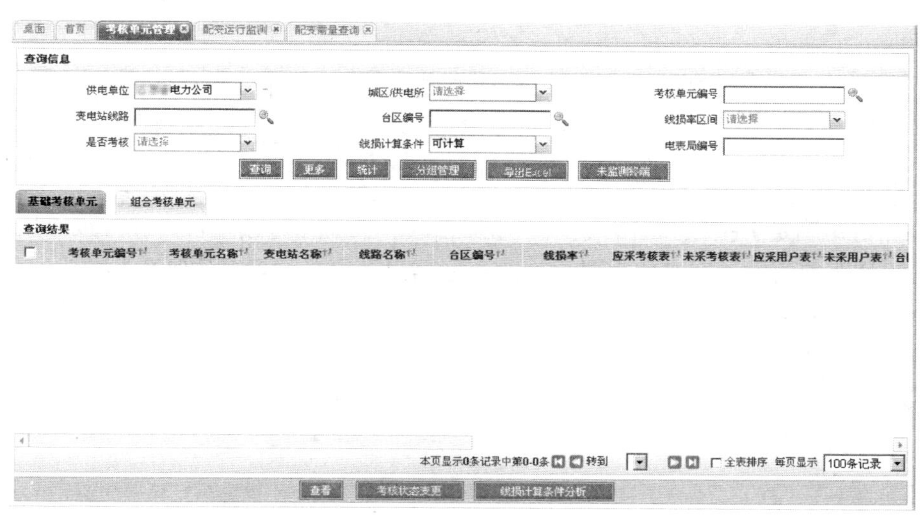

图 13-4-1　【考核单元管理】页面

（一）考核单元【管理】

1. 【生成】基础考核单元

系统自动将所有低压公用变压器运行台区生成基础考核单元（默认定义一个台区为一个考核单元），线损计算条件默认“不可计算”状态，告警限值默认 10%。

（1）系统自动将“应采考核表＞0、应采用户表＞0、考核表覆盖率=100%、用户表覆盖率≥80%”的考核单元置为“可计算”“告警”，每天刷新一次。

（2）系统自动将“应采考核表和应采用户表都为 0”或者“台区状态为非运行”的考核单元置为“空台区”，每天刷新一次。

（3）系统每天将自动计算线损计算条件为“可计算”或“考核”的考核单元日线损，线损率超限的记录将生成告警记录（可在高级应用→线损分析→台区线损分析→线损统计查询页面进行查询）。

2. 【生成】组合考核单元

若需要将多个台区组合成一个考核单元进行考核（线损计算），可新建组合考核单元，具体操作如下：

（1）在主页面点击“组合考核单元”TAB 页面，点击【新建】按钮，进入“新建考核单元”页面，如图 13-4-2 所示，输入考核单元名称、管理单位等信息，点击【保存】按钮，弹出“保存成功！”提示。

图 13–4–2 "新建考核单元"页面

（2）点击【确定】按钮，自动进入"添加台区"页面，可输入台区编号或者用户编号或者线路编号等查询条件，查询出需要添加的台区信息，选择，点击【保存】按钮，保存成功，关闭页面即可完成组合的新建操作，考核单元线损计算条件默认"不可计算"状态。

3. 【修改】组合考核单元

在查询结果可点击【查看】按钮，进入"查看考核单元"页面，进行考核单元基础信息及台区信息修改，如图 13–4–3 所示。

图 13–4–3 "查看考核单元"页面

4.【考核状态变更】

（1）需要手动批量更改考核单元考核状态时，可在主页面"查询结果列表"中选择需要更改的基础或者组合考核单元（线损计算条件为"空台区"的考核单元暂不允许修改），点击【考核状态变更】，进入"考核单元批量修改"页面，更改"是否考核"，点击【保存】按钮，保存成功即可完成修改操作。

（2）也可以批量修改告警信息（是否告警、告警限值）、责任人工号等信息，如图 13-4-4 所示。

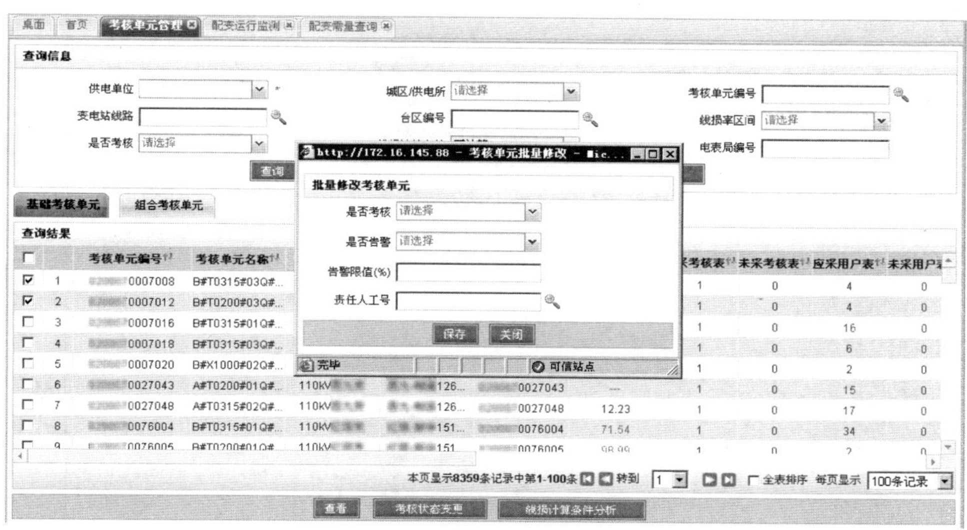

图 13-4-4 “考核单元批量修改”页面

（二）【考核单元管理】

1. 查询

系统提供多种查询条件（如供电单位、城区/供电所、线损计算条件、变电站线路、台区编号等），可按照需要选择查询条件，组合查询基础、组合考核单元信息（选择基础考核单元 TAB，查询基础考核单元；选择组合考核单元 TAB，查询组合考核单元 TAB），如图 13-4-5 所示。

图 13-4-5 “考核单元管理”页面

（1）当只知道台区名称或者用户编号或者电表局编号时，可利用台区编号的辅助查询功能，查询台区编号信息，进而查询到对应的考核单元信息，如图 13–4–6 所示。

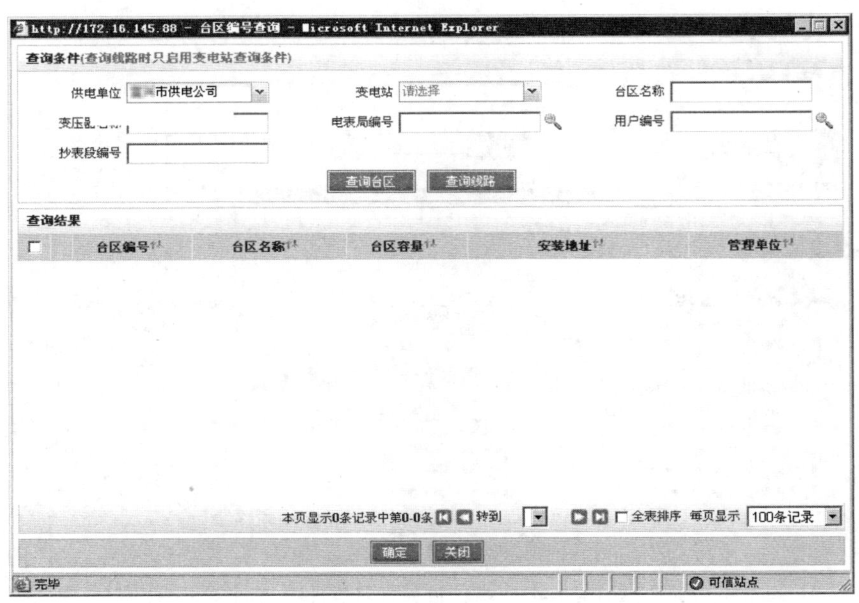

图 13–4–6 “台区编号查询”页面

（2）当只知道施工区名称时，可利用施工区辅助查询功能，查询施工区编号信息，进而查询到对应的考核单元信息，如图 13–4–7 所示。

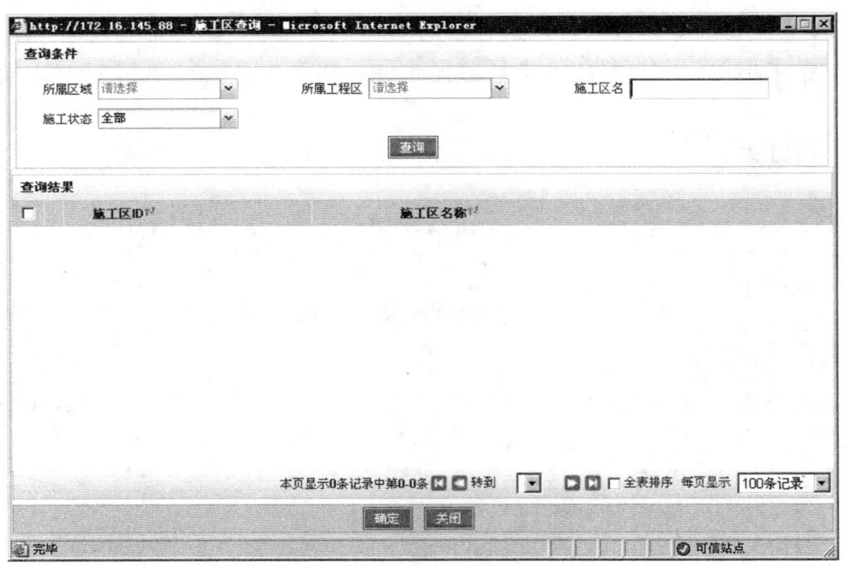

图 13–4–7 “施工区查询”页面

2. 导出

点击【导出 Excel】按钮，可将考核单元信息导出到 Excel 中。

（三）考核单元表计明细查看

1. 应采考核表

在查询结果列表中，点击“应采考核表”数字链接，弹出页面可查看考核单元应采考核表明细信息，如图 13–4–8 所示。

注：台区下所有运行考核计量点数。

图 13–4–8　“应采考核表”页面

2. 未采考核表

在查询结果列表中，点击“未采考核表”数字链接，弹出页面可查看考核单元未采考核表明细信息，如图 13–4–9 所示。

注：台区下所有未建档［未挂接在运行（运行、暂停、故障）的配电变压器终端下］的运行考核计量点数。

3. 应采用户表

在查询结果列表中，点击“应采用户表”数字链接，弹出页面可查看考核单元应采用户表明细信息。

注：台区下所有运行用户计量点数。

4. 未采用户表

在查询结果列表中，点击“未采用户表”数字链接，弹出页面可查看考核单元未采用户表明细信息。

注：台区下所有未建档［未挂接在运行（运行、暂停、故障）的终端下］的运行用户计量点数。

（四）线损计算条件分析

（1）在查询结果列表单选一台区记录，点击【线损计算条件】按钮。

（2）或者直接点击【线损计算条件】按钮，进入分析页面，输入台区编号，点击【分析】按钮，进行台区线损计算条件分析（具体分析条件如下），如满足将打√，如图 13–4–9 所示。

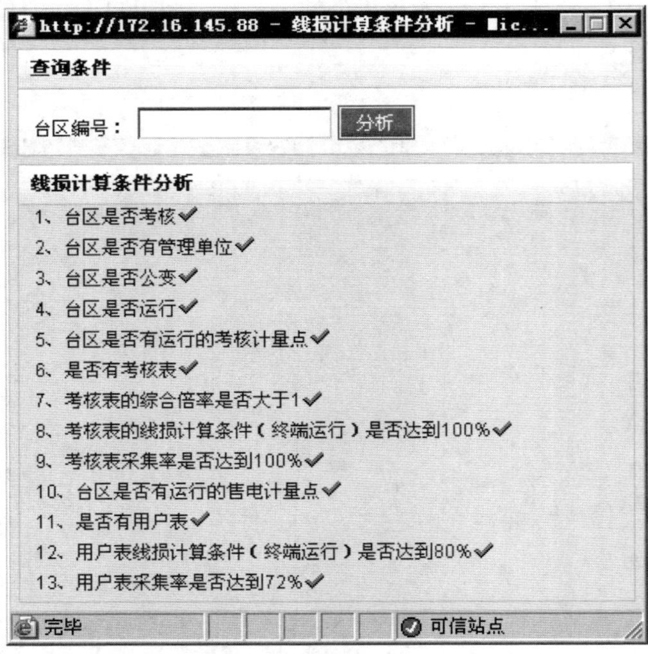

图 13–4–9 “线损计算条件分析”页面

- 台区是否考核。
- 台区是否有管理单位。
- 台区是否公用变压器。
- 台区是否运行。
- 台区是否有运行的考核计量点。
- 是否有考核表。
- 考核表的综合倍率是否大于 1。
- 考核表的线损计算条件（终端运行）是否达到 100%。
- 考核表采集率是否达到 100%。
- 台区是否有运行的售电计量点。
- 是否有用户表。
- 用户表线损计算条件（终端运行）是否达到 80%。
- 用户表采集率是否达到 72%。

（五）考核单元【分组管理】

1. 创建群组

（1）在主页面点击【分组管理】按钮，进入“考核单元分组管理”页面，如图 13–4–10 所示。

图 13–4–10 “考核单元分组管理”页面

（2）点击【新建】按钮，进入新建页面，输入群组名称、管理单位和责任人工号信息，点击【保存】按钮，保存成功即可完成群组创建操作，如图 13–4–11 所示。

http://172.16.145.88 - 编辑考核单元分组 - Microsoft ...
编辑考核单元分组信息
分组名称
管理单位
责任人工号
保存　修改　关闭
完毕　可信站点

图 13–4–11 “编辑考核单元分组”（新建）页面

2. 修改群组

在“考核单元分组管理”页面查询结果列表中，点击“群组名称”链接，进入修改页面，点击【修改】按钮，修改相应信息，点击【保存】按钮，保存成功即可完成群组修改操作，如图 13–4–12 所示。

3. 删除群组

在“考核单元分组管理”页面查询结果列表中，选择需要删除的群组记录，点击【删除】按钮，弹出确认删除信息，点击【是】，提示删除成功即可完成群组删除操作（若所选群组考核单元数量不为 0，则需要先移除群组考核单元信息，如图 13–4–13 所示）。

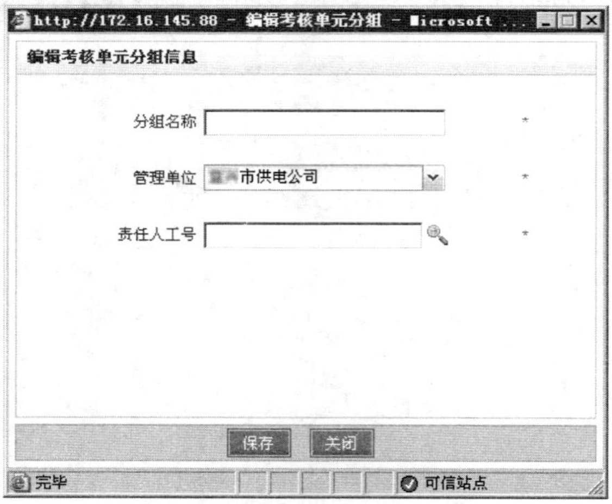

图 13–4–12 “编辑考核单元分组”（修改）页面

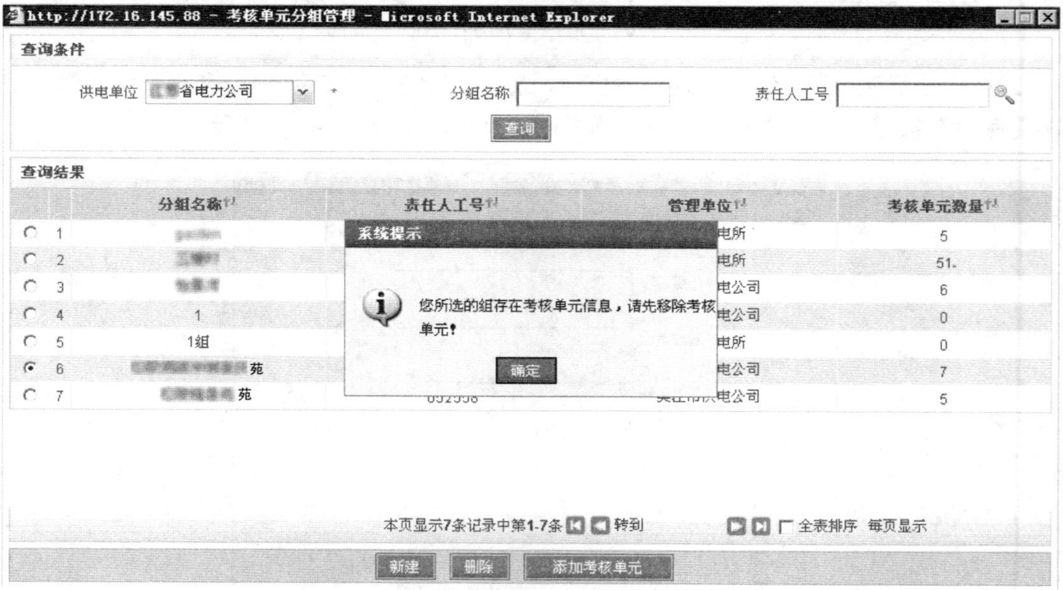

图 13–4–13 提示“移除群组考核单元”页面

4. 添加考核单元

在查询结果列表中，选择群组记录，点击【添加考核单元】按钮，进入添加考核单元页面，输入考核单元名称等条件，查询考核单元信息，选择，点击【确定】按钮，一次添加成功后，可在此页面继续进行添加操作，全部添加完成，点击【关闭】按钮，即可完成群组考核单元添加操作，如图 13–4–14 所示。

5. 移除考核单元

在查询结果列表中，点击“考核单元数量”链接，进入“查看考核单元”页面，选择需要移除的考核单元记录，点击【移除考核单元】按钮，移除成功后，关闭页面即可完成群组考核单元移除操作，如图 13–4–15 所示。

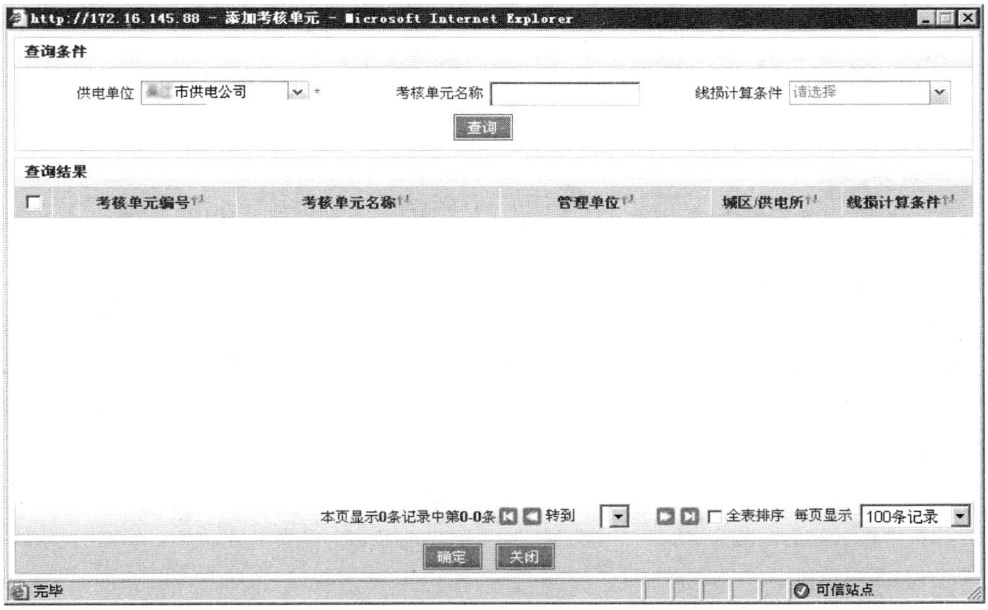

http://172.16.145.88 - 添加考核单元 - Microsoft Internet Explorer
查询条件
供电单位
市供电公司
考核单元名称
线损计算条件
请选择
查询
查询结果
考核单元编号
考核单元名称
管理单位
城区/供电所
线损计算条件
本页显示0条记录中第0-0条
转到
全表排序
每页显示
100条记录
确定
关闭
完毕
可信站点

图 13–4–14　“添加考核单元”页面

http://172.16.145.88 - 查看考核单元 - Microsoft Internet Explorer
分组信息
供电单位
分组名称
责任人工号
查询结果
考核单元编号
考核单元名称
管理单位
城区/供电所
线损计算条件
城区
不可计算
可计算
本页显示7条记录中第1-7条
转到
全表排序
每页显示
100条记录
移除考核单元
关闭
完毕
可信站点

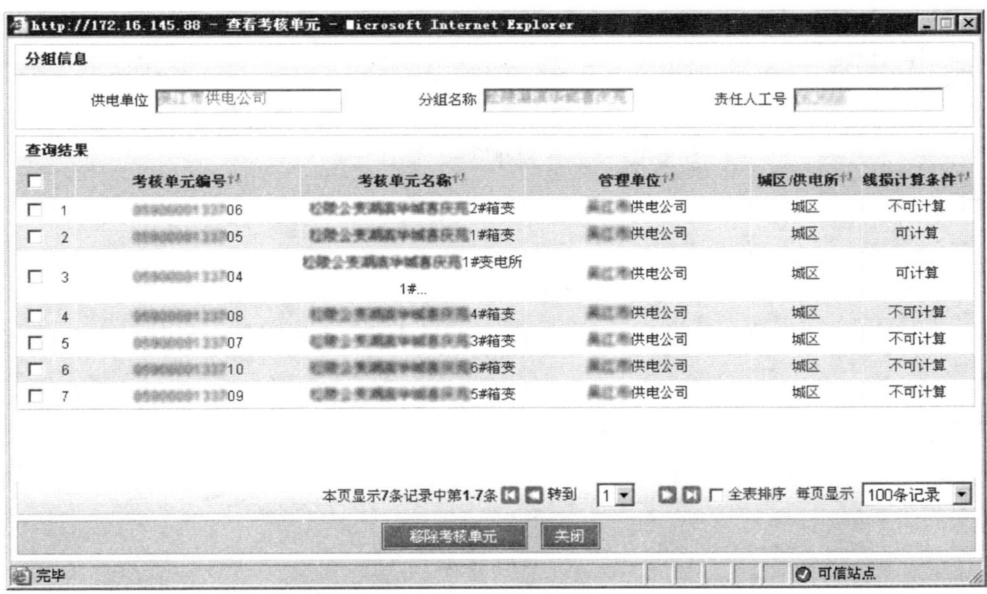

图 13–4–15　“查看考核单元”页面

二、线损统计查询

本功能主要用于查询考核单元线损信息（包括供电量、售电量、线损电量、线损率等）。

（一）名词解释

1. 电能表可采率

$$电能表可采率=\frac{可采用户表数}{应采用户表数}\times 100\%$$

2. 线损率

$$线损率=\frac{损失电量（供电量-售电量）}{供电量}\times 100\%$$

3. 折算线损率

$$折算线损率=\frac{供电量\times 用户表参与率-售电量}{供电量\times 用户表参与率}\times 100\%$$

（二）考核单元线损【查询】

1. 查询及导出

系统提供多种查询条件（如供电单位、台区编号、考核周期、用户表参与率等），可按照需要选择查询条件，组合查询考核单元线损信息（供电量、售电量、损失电量、线损率等信息），点击【导出Excel】按钮，可将查询出的考核单元线损信息导出到Excel中，如图13–4–16所示。

注：线损率显示红色，表示线损率大于告警限值，或者为负值。线损率显示“— —”，表示线损率为空值。

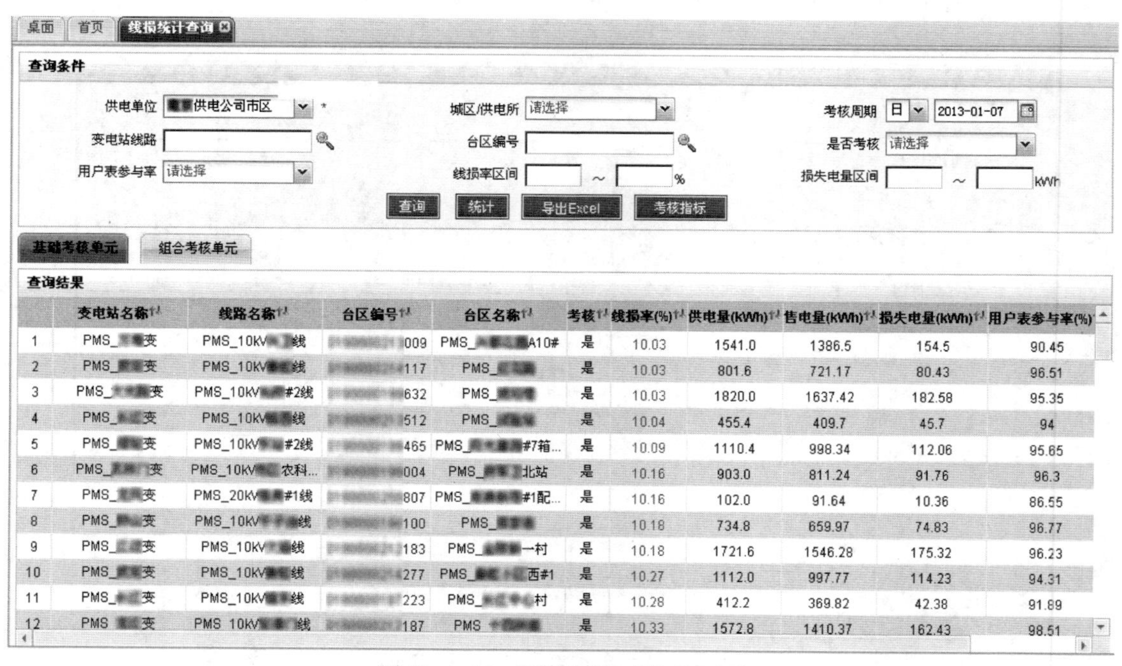

	变电站名称	线路名称	台区编号	台区名称	考核	线损率(%)	供电量(kWh)	售电量(kWh)	损失电量(kWh)	用户表参与率(%)
1	PMS_[illegible]变	PMS_10kV[illegible]线	[illegible]009	PMS_[illegible]A10#	是	10.03	1541.0	1386.5	154.5	90.45
2	PMS_[illegible]变	PMS_10kV[illegible]线	[illegible]117	PMS_[illegible]	是	10.03	801.6	721.17	80.43	96.51
3	PMS_[illegible]变	PMS_10kV[illegible]#2线	[illegible]632	PMS_[illegible]	是	10.03	1820.0	1637.42	182.58	95.35
4	PMS_[illegible]变	PMS_10kV[illegible]线	[illegible]512	PMS_[illegible]	是	10.04	455.4	409.7	45.7	94
5	PMS_[illegible]变	PMS_10kV[illegible]#2线	[illegible]465	PMS_[illegible]#7箱...	是	10.09	1110.4	998.34	112.06	95.65
6	PMS_[illegible]变	PMS_10kV[illegible]农科...	[illegible]004	PMS_[illegible]北站	是	10.16	903.0	811.24	91.76	96.3
7	PMS_[illegible]变	PMS_20kV[illegible]#1线	[illegible]807	PMS_[illegible]#1配...	是	10.16	102.0	91.64	10.36	86.55
8	PMS_[illegible]变	PMS_10kV[illegible]线	[illegible]100	PMS_[illegible]	是	10.18	734.8	659.97	74.83	96.77
9	PMS_[illegible]变	PMS_10kV[illegible]线	[illegible]183	PMS_[illegible]一村	是	10.18	1721.6	1546.28	175.32	96.23
10	PMS_[illegible]变	PMS_10kV[illegible]线	[illegible]277	PMS_[illegible]西#1	是	10.27	1112.0	997.77	114.23	94.31
11	PMS_[illegible]变	PMS_10kV[illegible]线	[illegible]223	PMS_[illegible]村	是	10.28	412.2	369.82	42.38	91.89
12	PMS [illegible]变	PMS 10kV[illegible]线	[illegible]187	PMS [illegible]	是	10.33	1572.8	1410.37	162.43	98.51

图13–4–16 “线损统计查询”页面

2. 考核单元电量明细查看及分析

（1）查看：在查询结果列表，点击“台区编号”链接，进入“线损计算明细”页面，可查看考核单元用电量、抄表段、采集终端、载波搜表等信息。

（2）用电量：可查看此考核单元电表（包括供电和用电）电量信息（电表局编号、用户编号、用电地址、电量、昨日示数、当日示数等），如图13–4–17所示。

图 13–4–17　“用电量”页面

（3）抄表段：本台区除考核表外所有关联到的抄表段下的全部考核单元，展示这些台区的现状和电能表数，以达到按抄表段分析并修正营销系统台区关系档案的目的，如图 13–4–18 所示。

图 13–4–18　“抄表段”页面

（4）采集终端：本台区所有电能表关联到的终端下的全部电能表所关联到的全部考核单元信息。

（5）载波搜表：本台区所关联到的载波集中器，显示当前档案和搜表差异；点击“终端资产号”链接，可查看搜表记录与档案的比对结果，并可进行立即搜表操作。

（6）分析：在此页面可很直观的看见哪些表未采集到数据，点击列表中电量为空（未采集数据）的"电表局编号"链接，进入"单个电表数据分析"页面，提供排查手段，进行电能表数据分析（如查询电能表历史日冻结数据、召测电能表日冻结数据、实时数据等），如图 13–4–19 所示。

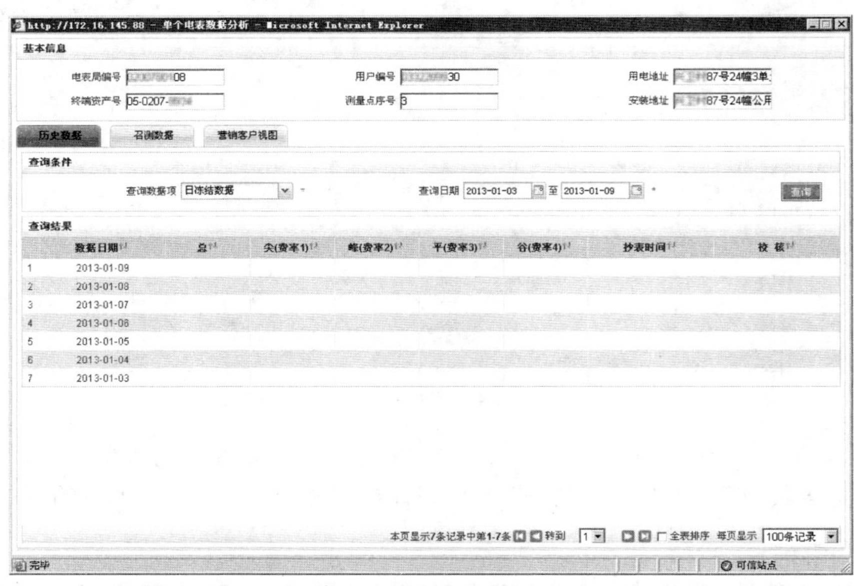

图 13–4–19 "单个电表数据分析"页面

3. 【查看】历史线损率曲线

在查询结果列表，点击"线损率"链接，进入"历史线损率统计"页面（若查询日期在当月，默认显示当前月 1 号到最近一天的线损率曲线；若查询日期在历史月，则显示历史月整月的线损率曲线），以便看到此线损率的变化趋势和稳定性，如图 13–4–20 所示。

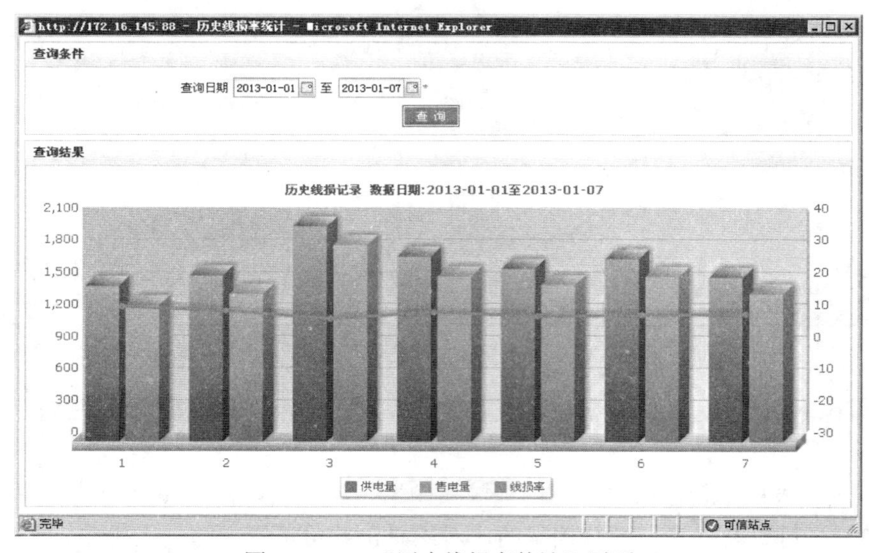

图 13–4–20 "历史线损率统计"页面

（三）【查看】台区线损率统计

1. 查看统计信息

在主页面点击【统计】按钮，进入“台区线损率统计”页面，选择供电单位、考核周期，点击【查询】按钮，可查看供电单位各线损区间考核单元数量，如图 13–4–21 所示。

http://172.16.145.88 - 台区线损率统计 - Microsoft Internet Explorer

查询条件

供电单位　城区/供电所 请选择　考核周期* 日　2013-01-07

考核单元类型 基础　是否考核 是

查询

查询结果

供电单位	台区总数	考核单元				当天已计算线损率区间					
		总数	已考核	可计算	当天已计算	0~10%	10~20%	20~30%	-10~0%	-20~-10%	其它
总计	34376	1085	1085	1085	1085	543	349	0	193	0	0
南京供电公司市区	32981	1008	1008	1008	1008	495	325	0	188	0	0
[illegible]供电所	96	0	0	0	0	0	0	0	0	0	0
[illegible]供电所	85	7	7	7	7	5	1	0	1	0	0
[illegible]供电所	49	5	5	5	5	4	1	0	0	0	0
[illegible]供电所	0	0	0	0	0	0	0	0	0	0	0
[illegible]供电所	150	2	2	2	2	0	2	0	0	0	0
[illegible]供电所	128	6	6	6	6	6	0	0	0	0	0
[illegible]供电所	77	0	0	0	0	0	0	0	0	0	0
[illegible]供电所	16	0	0	0	0	0	0	0	0	0	0
[illegible]供电所	217	33	33	33	33	21	10	0	2	0	0
[illegible]供电所	29	0	0	0	0	0	0	0	0	0	0
[illegible]供电所	14	0	0	0	0	0	0	0	0	0	0
[illegible]供电所	25	0	0	0	0	0	0	0	0	0	0

完毕　可信站点

图 13–4–21　“台区线损率统计”页面

2. 查看明细

在统计结果中，点击各数字链接，可查看考核单元明细信息（线损率、超标值等信息），如图 13–4–22 所示。

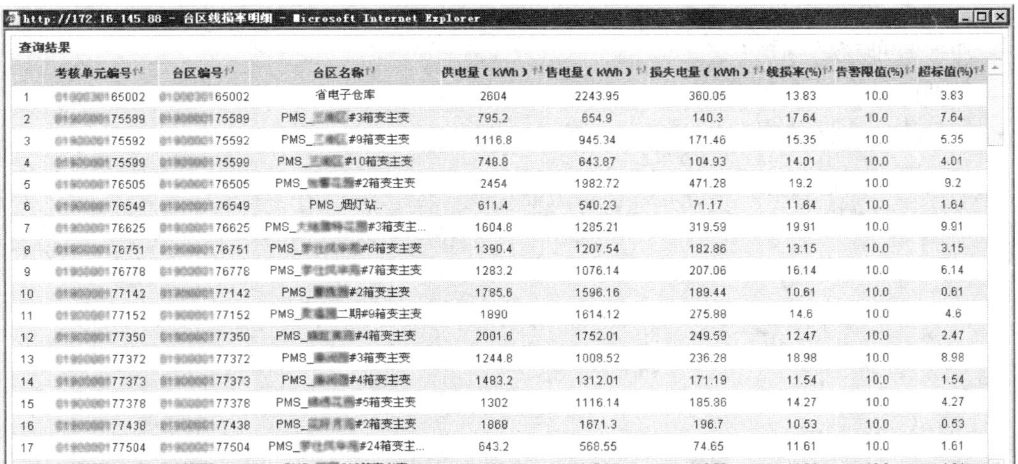

http://172.16.145.88 - 台区线损率明细 - Microsoft Internet Explorer

查询结果

	考核单元编号	台区编号	台区名称	供电量（kWh）	售电量（kWh）	损失电量（kWh）	线损率(%)	告警限值(%)	超标值(%)
1	[illegible]65002	[illegible]65002	省电子仓库	2604	2243.95	360.05	13.83	10.0	3.83
2	[illegible]75589	[illegible]75589	PMS_[illegible]#3箱变主变	795.2	654.9	140.3	17.64	10.0	7.64
3	[illegible]75592	[illegible]75592	PMS_[illegible]#9箱变主变	1116.8	945.34	171.46	15.35	10.0	5.35
4	[illegible]75599	[illegible]75599	PMS_[illegible]#10箱变主变	748.8	643.87	104.93	14.01	10.0	4.01
5	[illegible]76505	[illegible]76505	PMS_[illegible]#2箱变主变	2454	1982.72	471.28	19.2	10.0	9.2
6	[illegible]76549	[illegible]76549	PMS_烟灯站..	611.4	540.23	71.17	11.64	10.0	1.64
7	[illegible]76625	[illegible]76625	PMS_[illegible]#3箱变主...	1604.8	1285.21	319.59	19.91	10.0	9.91
8	[illegible]76751	[illegible]76751	PMS_[illegible]#6箱变主变	1390.4	1207.54	182.86	13.15	10.0	3.15
9	[illegible]76778	[illegible]76778	PMS_[illegible]#7箱变主变	1283.2	1076.14	207.06	16.14	10.0	6.14
10	[illegible]77142	[illegible]77142	PMS_[illegible]#2箱变主变	1785.6	1596.16	189.44	10.61	10.0	0.61
11	[illegible]77152	[illegible]77152	PMS_[illegible]二期#9箱变主变	1890	1614.12	275.88	14.6	10.0	4.6
12	[illegible]77350	[illegible]77350	PMS_[illegible]#4箱变主变	2001.6	1752.01	249.59	12.47	10.0	2.47
13	[illegible]77372	[illegible]77372	PMS_[illegible]#3箱变主变	1244.8	1008.52	236.28	18.98	10.0	8.98
14	[illegible]77373	[illegible]77373	PMS_[illegible]#4箱变主变	1483.2	1312.01	171.19	11.54	10.0	1.54
15	[illegible]77378	[illegible]77378	PMS_[illegible]#5箱变主变	1302	1116.14	185.86	14.27	10.0	4.27
16	[illegible]77438	[illegible]77438	PMS_[illegible]#2箱变主变	1868	1671.3	196.7	10.53	10.0	0.53
17	[illegible]77504	[illegible]77504	PMS_[illegible]#24箱变主...	643.2	568.55	74.65	11.61	10.0	1.61
18	[illegible]77742	[illegible]77742	PMS_[illegible]#19箱变主变	760	647.24	112.76	14.84	10.0	4.84

本页显示325条记录中第1-100条　转到 1　全表排序　每页显示 100条记录

完毕　可信站点

图 13–4–22　“台区线损率明细”页面

（四）【查看】考核指标

在主页面点击【考核指标】按钮，进入“低压线损考核统计”页面，点击【考核统计】按钮，可查看考核指标信息，如图 13–4–23 所示。

排名	所属供电公司	台区线损指标(T)	线损监测率(A1)	线损合格率(A2)	已考核台区(N)	线损率区间			
						0~10%(N1)	10~20%(N2)	20~30%(N3)	-10~0%
	电力公司	0.232031	33.29%	69.7%	75601	52691	18052	0	485
1	供电公司	0.593923	71.86%	82.65%	11627	9610	1534	0	48
2	供电公司	0.29885	42.3%	70.65%	10355	7316	2603	0	43
3	供电公司	0.282817	42.18%	67.05%	4968	3331	1383	0	25
4	供电公司	0.258425	37.35%	69.19%	3531	2443	871	0	21
5	供电公司	0.25097	38.88%	64.55%	5467	3529	1651	0	28
6	供电公司	0.245845	32.74%	75.09%	14078	10571	2405	0	11
7	供电公司	0.238626	36.15%	66.01%	2989	1973	896	0	12
8	供电公司	0.237265	38.25%	62.03%	3332	2067	972	0	29
9	供电公司	0.181427	34.91%	51.97%	3975	2066	1489	0	42
10	供电公司	0.157725	25.73%	61.3%	2925	1793	754	0	37
11	供电公司	0.132797	19.63%	67.65%	6591	4459	1800	0	33
12	供电公司	0.105018	17.04%	61.63%	4444	2739	1264	0	44
13	供电公司	0.093009	15.45%	60.2%	1319	794	430	0	9

图 13–4–23 “低压线损考核统计”页面

思考与练习

1. 如何查询台区线损？
2. 如何统计台区线损率？
3. 如何进行台区线损分析？

第 14 章

太阳能光伏发电及电动汽车充换电设施

模块 1　太阳能光伏基本知识（TQJL14001）

模块描述

本模块介绍太阳能光伏定义、太阳能光伏技术的基本知识及主要部件。通过介绍，了解光伏发电的主要部件、发电原理、影响发电效率的因素，以及简单的功率计算等内容。

模块内容

一、太阳能光伏定义

太阳能光伏是太阳能光伏发电的简称，是利用太阳电池半导体材料的光伏效应，将太阳光辐射能直接转换为电能的一种新型发电方式，其核心是可释放电子的半导体物质。最常用的半导体材料是硅。地壳中硅储量很丰富，可以说是取之不尽、用之不竭。太阳能光伏电池有两层半导体，一层为正极，一层为负极。阳光照射在半导体上时，两极交界处产生电流。阳光强度越大，电流就越强。太阳能光伏系统不仅只在强烈阳光下运作，在阴天也能发电。由于反射阳光，少云的天气甚至比晴天发电效果更好。

二、太阳能光伏技术

太阳能光伏系统中最重要的是电池，是收集阳光的基本单位。大量的电池合成在一起构成光伏组件。有时还有逆变器，用于转换电流以适合不同电器的使用或与电网相匹配。

1. 太阳能光伏电池

太阳能光伏电池通常用晶体硅或薄膜材料制造，前者由切割、铸锭或者锻造的方法获得，后者是一层薄膜附着在低价的衬背上。目前市场生产和使用的太阳能光伏电池大多数是用晶体硅材料制作的，未来发展的重点可能是薄膜太阳能电池，它因用材少、重量小、外表光滑、安装方便而更具有更广阔的发展潜力。

（1）晶体硅光伏电池。根据硅晶体结构的不同，太阳能电池可分为单晶硅太阳能电池、多晶硅太阳能电池、非晶硅太阳能电池、带状硅太阳能电池。

1）单晶硅太阳能电池。单晶硅太阳能电池的光电转换效率为15%左右，最高的达到24%，这是目前所有种类的太阳能电池中光电转换效率最高的，但制作成本很大，以至于它还不能被大量、广泛和普遍地使用。由于单晶硅一般采用钢化玻璃以及防水树脂进行封装，因此其坚固耐用，使用寿命一般可达 15 年，最高可达 25 年。

2）多晶硅太阳能电池。多晶硅太阳能电池的制作工艺与单晶硅太阳能电池差不多，但是多晶硅太阳能电池的光电转换效率则要降低不少，其光电转换效率约 12%左右。从制作成本上来讲，比单晶硅太阳能电池要便宜一些，材料制造简便，节约电耗，总的生产成本较低，因此得到大量发展。此外，多晶硅太阳能电池的使用寿命也要比单晶硅太阳能电池短。从性能价格比来讲，单晶硅太阳能电池还略好。

3）非晶硅太阳能电池。非晶硅太阳能电池是 1976 年出现的新型薄膜式太阳能电池，它与单晶硅和多晶硅太阳能电池的制作方法完全不同，工艺过程大大简化，硅材料消耗很少，电耗更低。它的主要优点是在弱光条件也能发电。但非晶硅太阳能电池存在的主要问题是光电转换效率偏低，国际先进水平为 10%左右，且不够稳定，随着时间的延长，其转换效率衰减。

（2）薄膜光伏电池。薄膜太阳能电池是在廉价的玻璃、不锈钢或塑料衬底上附上非常薄的感光材料制成，比用料较多的晶体硅技术造价更低，其价格优势可抵消低效率的问题。目前已商业化的薄膜光伏电池材料有非晶硅（a–Si）、铜铟硒（CIS，CIGS） 和碲化镉（CdTe），它们的厚度只有几微米。

（3）其他电池类型。

1）多元化合物太阳能电池。多元化合物太阳能电池指不是用单一元素半导体材料制成的太阳能电池。各国研究的品种繁多，大多数尚未工业化生产，主要有：

a. 硫化镉太阳能电池。

b. 砷化镓太阳能电池。

c. 铜铟硒太阳能电池，如新型多元带隙梯度 Cu（In，Ga）Se_2 薄膜太阳能电池。

2）聚光电池。聚光电池用菲涅尔镜等聚光器将光聚焦到一个小区域，聚光倍数达到 1000 倍。在很小的区域覆上用Ⅲ～Ⅴ族化合物多结砷化镓半导体制成的材料。其效率可达到 30%，实验室效率达 40%。该系统有两个弊端，不能使用分散的阳光，必须用跟踪器将系统调整到与太阳精确相对。

2. 光伏组件

把光伏电池黏结固定到层压件上可以得到光伏组件。组件尺寸可根据安装地点调整，并迅速安装。组件结实、可靠并且防水。一个装机容量 3kWp 的光伏发电系统，组件面积约需 $2m^2$，可给一个普通家庭供电。

（1）层压件。由钢化玻璃、背板等组成。钢化玻璃的作用为保护发电主体（如电池片）、透光（透光率一般为 91%以上）；背板的作用是密封、绝缘、防水，其材质必须耐老化（一般都用 TPT、TPE 等），大部分组件厂家都是质保 25 年。

（2）铝合金。起保护层压件的作用，同时起一定的密封、支撑作用。

（3）接线盒。保护整个发电系统，起到电流中转站的作用，如果组件短路接线盒自动断开短路电池串，防止烧坏整个系统。接线盒中最关键的是二极管的选用，根据组件内电池片的类型不同，对应的二极管也不相同。

（4）硅胶。起密封作用，用来密封组件与铝合金边框、组件与接线盒交界处，由于其工艺简单、方便、易操作，而且成本很低，国内普遍使用硅胶，有些公司使用双面胶条、泡棉来替代硅胶。

3. 逆变器

逆变器可以将光伏电池生产的直流电转换为交流电，与地方配电网络兼容。逆变器对并网光伏系统是必需的。逆变器有多种规格，从几百瓦到几千瓦不等，最常用的为 3～6kW。

4. 蓄电池

独立离网光伏发电系统需要蓄电池，通常为铅酸蓄电池。目前，专为太阳能光伏发电系统设计的高质量电池使用寿命已达 15 年。电池通过充电控制器与光伏阵列连接。充电控制器可以避免电池过度充电，提供系统情况以及电量度量。如果需要交流电，则需用逆变器将直流电转换为交流电。

三、影响太阳能电池转换效率的因素

影响太阳能电池转换效率的因素有材料能带宽度、温度、光生载流子复合寿命、光强、掺杂浓度及剖面分布、串联电阻、金属栅线和光反射。

四、功率计算

太阳能交流发电系统是由太阳能电池板、充电控制器、逆变器和蓄电池共同组成的，而太阳能直流发电系统不包括逆变器。为了使太阳能发电系统能为负载提供足够的电源，就要根据用电器的功率，合理选择各部件。下面以 100W 输出功率，每天使用 6h 为例，介绍一下计算方法：

（1）首先应计算出每天消耗的瓦时数（包括逆变器的损耗）：

若逆变器的转换效率为 90%，当输出功率为 100W 时，实际需要输出功率应为 100W/90%=111（W）若每天使用 5h，则耗电量为 111W×5h=555（Wh）。

（2）计算太阳能电池板：

按每日有效日照时间为 6h 计算，再考虑到充电效率和充电过程中的损耗，太阳能电池板的输出功率应为 555Wh/6h/70%=130（W）。

其中 70%是充电过程中，太阳能电池板的实际使用功率。

思考与练习

1. 太阳能光伏电池一般有哪几种？
2. 实际工程应用中是直接使用太阳能电池还是光伏组件？
3. 影响太阳能电池转换效率的因素有哪些？

模块 2　太阳能光伏发电系统应用及维护（TQJL14002）

模块描述

本模块介绍太阳能光伏发电系统类型、太阳能光伏发电优势、太阳能光伏发电并网时对电网的影响以及太阳能光伏发电应用领域的基本知识，同时介绍了太阳能光伏发电系统一般周期性维护的内容。掌握太阳能光伏发电系统的构成、并网时对电网的影响以及一般定期维护的内容。

模块内容

一、太阳能光伏发电系统类型

太阳能光伏发电系统主要有三种：并网光伏发电系统、独立光伏发电系统（离网系统）、混合系统。

1. 并网光伏发电系统

在近几年的光伏发电体系中，并网光伏发电系统是主要的发展方向，它可以节省了蓄电池的费用；通过研究理想的最大功率追踪控制技术，也将降低太阳能电池发电的成本。并网系统主要组成部分如下：

（1）光伏阵列。单一组件的发电量是十分有限的，实际运用中，是单一组件通过电缆和汇线盒实现组件的串、并联，组成整个的组件系统，称为光伏阵列。

（2）光伏控制器。光伏控制器是独立光伏发电系统中非常重要的部件，可以控制光伏阵列对蓄电池组进行充电，并控制蓄电池组对后负载的放电，实现蓄电池组的过充和过放保护，对蓄电池进行温度补偿，并监控蓄电池组的电压和启动相关辅助控制。

（3）并网逆变器。逆变器就是把直流电（如 12V DC）逆变成交流电（如 220V AC）的设备。一般分为独立逆变器和并网逆变器。

（4）公共电网。与地方电网连接，使得发出的富余电量都可出售给电网。夜晚则可从电网买电。逆变器将光伏发出的直流电转换为交流电，以供一般电器之用。

（5）监控系统。监控系统是监控整个系统的运行状态、设备的各个参数，记录系统的发电量、环境等数据，并对故障进行报警。

2. 独立光伏发电系统（离网系统）

没有主电网时，光伏发电系统通过充电控制器与蓄电池连接。生产的电可蓄存起来供以后使用。离网系统通过逆变器提供交流电，供一般家庭用电使用。典型的离网系统用于通信中继站、偏远地区和农村供电。农村供电通常包括供单个家庭用电的小型光伏户用系统，或可以供几家用电较大的独立电站。独立系统主要组成部分如下：

（1）光伏阵列。单一组件的发电量是十分有限的，实际运用中，是单一组件通过电缆和汇线盒实现组件的串、并联，组成整个的组件系统，称为光伏阵列。

（2）光伏控制器。光伏控制器是独立光伏发电系统中非常重要的部件，可以控制光伏阵列对蓄电池组进行充电，并控制蓄电池组对后负载的放电，实现蓄电池组的过充和过放保护，对蓄电池进行温度补偿，并监控蓄电池组的电压和启动相关辅助控制。

（3）并网逆变器。逆变器就是把直流电（如 12V DC）逆变成交流电（如 220V AC）的设备。一般分为独立逆变器和并网逆变器。

（4）蓄电池组。用于存储电能，白天使得发出的富余电量都可存储在蓄电池组中。夜晚则可从通过逆变器将蓄电池组中存储的直流电转换为交流电，以供一般电器之用。

（5）监控系统。监控系统是监控整个系统的运行状态，设备的各个参数，记录系统的发电量，环境等的数据，并对故障进行报警。

（6）负载。负载就是用电设备，独立系统发电的目的就是为用电设备供电。

3. 混合系统

光伏系统可与生物质能发电系统、风力发电系统或柴油发电系统等其他发电系统组合，以保证持续的电力供应。混合系统可以采取并网或离网的形式。

二、太阳能光伏发电优势

（1）太阳能资源丰富且免费。

（2）没有会磨损、毁坏或需替换的活动部件。

（3）保持系统运转仅需很少的维护。

（4）系统为组件，可在任何地方快速安装。

（5）无噪声、无有害排放和污染气体。

三、太阳能光伏发电并网时对电网的影响

（1）对电网规划产生影响。分布式光伏的并网，加大了其所在区域的负荷预测难度，改变了既有的负荷增长模式。大量的分布式电源的接入，使配电网的改造和管理变得更为复杂。

（2）不同的并网方式影响各不相同。离网运行的分布式光伏对电网没有影响；并网但不向电网输送功率的分布式光伏发电会造成电压波动；并网并且向电网输送功率的并网方式，会造成电压波动并且影响继电保护的配置。

（3）对电能质量产生影响。分布式光伏接入的重要影响是造成馈线上的电压分布改变，其影响的大小与接入容量、接入位置密切相关。光伏发电一般通过逆变器接入电网，这类电力电子器件的频繁开通和关断，容易产生谐波污染。

（4）对继电保护的影响。中国的配电网大多为单电源放射状结构，多采用速断、限时速断保护形式，不具备方向性。在配电网中接入分布式电源后，其注入功率会使继电保护范围缩小，不能可靠地保护整体线路，甚至在其他并联分支故障时，引起安装分布式光伏的继电保护误动作。

四、太阳能光伏发电应用领域

（1）用户太阳能电源。包括：

1）小型电源 10～100W 不等，用于边远无电地区如高原、海岛、牧区、边防哨所等军民生活用电，如照明、电视、收录机等。

2）3～5kW 家庭屋顶并网发电系统。

3）光伏水泵，解决无电地区的深水井饮用、灌溉。

（2）交通领域。如航标灯、交通/铁路信号灯、交通警示/标志灯、太阳能路灯、高空障碍灯、高速公路/铁路无线电话亭、无人值守道班供电等。

（3）通信/通信领域。太阳能无人值守微波中继站、光缆维护站、广播/通信/寻呼电源系统；农村载波电话光伏系统、小型通信机、士兵 GPS 供电等。

（4）石油、海洋、气象领域。石油管道和水库闸门阴极保护太阳能电源系统、石油钻井

平台生活及应急电源、海洋检测设备、气象/水文观测设备等。

（5）家庭灯具电源。如庭院灯、路灯、手提灯、野营灯、登山灯、垂钓灯、黑光灯、割胶灯、节能灯等。

（6）光伏电站。10kW～50MW 独立光伏电站、风光（柴）互补电站、各种大型停车场充电站等。

（7）其他领域包括：

1）与汽车配套。太阳能汽车/电动车、电池充电设备、汽车空调、换气扇、冷饮箱等。

2）太阳能制氢加燃料电池的再生发电系统。

3）海水淡化设备供电。

4）卫星、航天器、空间太阳能电站等。

5）太阳能建筑。将太阳能发电与建筑材料相结合，使得未来的大型建筑实现电力自给，是未来一大发展方向。

五、太阳能光伏发电系统的维护

预防性检修是最好的维护方法，所以应该定期对光伏系统定期检查，使小问题在变成大问题之前就及时发现并处理。即使系统是刚安装不久，感觉系统工作正常也应该开始检查。大部分的检查采用电压表、电流表和一些基本常识就可以完成。定期检查可使系统在出故障前清除隐患。一般来说，可定期做下列检查：

（1）检查系统中所有接线的紧密度、牢固性。

（2）蓄电池的连线需清洁且用抗腐蚀剂密封。检查电解液液面，如需要就加入纯净（蒸馏）水，但不要加得太满。应每年检测一次电池的标称比重。标称比重是电池充电状态（SOC）的反映，但如果电解液分层了，测量就会有误差。应检查电池中不同层的标称重量确定电解液是否分层。如果电解液分层了，就要对电池充分充电以混合电解液。如果电解液的标称比重比别的电池差 0.05，就意味着电池或已报废，需要进一步监测这个电池的性能看是否需要更换。

（3）在有负载的情况下，检查每一个蓄电池电压，把这些电压与所有蓄电池电压的平均值相对比。如果一个电池与其他电池相差 0.15V，可能就会有问题了。监测该电池的性能看是否需要替换。

（4）检查系统走线。如果有导线露出来，就查找裂处，检查绝缘性，检查所有接线盒的接入点和接出点，检查绝缘处有否破裂，若有，就该更换导线，而不能依靠用黑胶布缠绕来起长期绝缘的作用。

（5）检查所有导线盒是否关上（封上），看看有无水的破坏和腐蚀。如果电子元件是安装在接线盒中，检查盒中通风状况，更换或清理空气过滤器。

（6）检查阵列安装框架或跟踪机械，保养各种系紧的支架。

（7）检查开关，确保开关功能良好，查看接点附近有无腐蚀和炭化。用电压表检查熔断器，若电压降为 0，则熔断器正常。

按照这些维护方面去做，可以增加系统的利用率，延长系统的寿命。

思考与练习

1. 太阳能光伏发电系统类型有哪几种？
2. 太阳能光伏发电优势有哪些？
3. 太阳能光伏发电并网时对电网有哪些影响？

模块 3　分布式光伏发电的并网业务办理（TQJL14003）

模块描述

本模块包含分布式光伏发电并网适用范围，重点介绍分布式光伏并网业务的办理。通过介绍，掌握分布式光伏并网业务流程、电价政策，了解分布式光伏并网的相关规定。

模块内容

分布式光伏发电是指在用户所在场地或附近建设运行，以用户侧自发自用为主、多余电量上网且在配电网系统平衡调节为特征的光伏发电。分布式光伏发电实行“自发自用、余电上网、就近消纳、电网调节”的运营模式。

一、分布式光伏发电并网适用范围

分布式电源是指在用户所在场地或附近建设安装、运行方式以用户侧自发自用为主、多余电量上网，且在配网系统平衡调节为特征的发电设施或有电力输出的能量综合梯级利用多联供设施；包括太阳能、天然气、生物质能、风能、地热能、海洋能、资源综合利用发电等。适用于以下两种类型分布式电源（不含小水电）：

第一类：10kV 及以下电压等级接入，且单个并网点总装容量不超过 6MW 的分布式电源。

第二类：35kV 电压等级接入，年自发用电量比例大于 50%的分布式电源，或 10kV 电压等级接入且单个并网点总装机容量超过 6MW，年自发自用电量比例大于 50%的分布式电源。

二、分布式光伏并网业务办理

分布式光伏并网业务办理流程见表 14–3–1。

表 14–3–1　　分布式光伏并网业务办理流程

序号	业务流程		企　业　客　户	居民客户
1	客户提交并网申请	服务方式	在当地供电营业厅提交光伏并网申请，递交申请所需资料	
		申请资料	（1）经办人身份证原件、复印件和法定代表人身份证原件、复印件（或法人委托书原件）。 （2）企业法人营业执照、税务登记证、组织机构代码证、土地证等项目用地合法性支持文件；如客户已办理三证合一，可提供三证合一后的新证原件和复印件。 （3）政府投资主管部门同意项目开展前期工作的批复（需核准项目）。 （4）发电项目前期工作及接入系统设计所需资料（发用电设备相关资料）。 （5）用电电网相关资料（仅适用大工业用户）。 （6）合同能源管理项目、公共屋顶光伏项目，建筑物及设施使用或租用协议	（1）身份证原件及复印件。 （2）房产证或其他房屋使用的证明文件。 （3）对于住宅小区居民使用公共区域建设分布式电源，需提供物业、业主委员会或居民委员会的同意建设证明

续表

<table>
<tr><th>序号</th><th colspan="2">业务流程</th><th>企 业 客 户</th><th>居民客户</th></tr>
<tr><td rowspan="2">2</td><td rowspan="2">供电公司现场勘查</td><td>服务方式</td><td colspan="2">受理并网申请后、当地供电公司会与您预约时间勘查现场</td></tr>
<tr><td>服务时限</td><td colspan="2">自受理并网申请之日起2个工作日内完成</td></tr>
<tr><td rowspan="2">3</td><td rowspan="2">供电公司答复接入方案</td><td>服务方式</td><td colspan="2">当地供电公司依据国家、行业及地方相关技术标准，结合项目现场条件，免费制定接入系统方案，并通过书面方式答复</td></tr>
<tr><td>服务时限</td><td>自受理并网申请之日起20个工作日（多点并网的30个工作日）内完成</td><td>自受理并网申请之日起15个工作日内完成</td></tr>
<tr><td rowspan="2">4</td><td rowspan="2">客户提交接入系统设计文件</td><td>服务方式</td><td>380（220）V多点并网或10kV并网的项目，在正式开始接入系统工程建设前，需自行委托有相应设计资质的单位进行接入系统工程设计，并将设计材料提交当地供电公司审查</td><td>无</td></tr>
<tr><td>设计审查所需资料</td><td>（1）设计单位资质复印件。
（2）若委托第三方管理，提供项目管理方资料（工商营业执照、与用户签署的合作协议复印件）。
（3）项目可行性研究报告。
（4）接入工程初步设计报告、图纸及说明书。
（5）隐蔽工程设计资料。
（6）高压电气装置一、二次接线图及平面布置图。
（7）主要电气设备一览表。
（8）继电保护、电能计量方式</td><td>无</td></tr>
<tr><td rowspan="2">5</td><td rowspan="2">供电公司答复设计文件审查意见</td><td>服务方式</td><td>当地供电公司依据国家、行业、地方、企业标准。对您的接入系统设计文件进行审查，出具答复审查意见。您根据审查意见开展接入系统工程建设等后续工作。若审查不通过，供电公司提出修改意见；若您需要变更设计，应将变更后的设计文件再次送审，通过后方可实施</td><td>无</td></tr>
<tr><td>服务时限</td><td>自收到设计文件之日起5个工作日内完成</td><td>无</td></tr>
<tr><td>6</td><td>客户工程施工</td><td>服务方式</td><td colspan="2">可根据接入方案答复意见和设计审查意见，自主选择具备相应资质的施工单位实施分布式光伏发电本体工程及接入系统工程。工程应满足国家、行业及地方相关施工技术及安全标准</td></tr>
<tr><td rowspan="2">7</td><td rowspan="2">客户提交并网验收及调试申请</td><td>服务方式</td><td colspan="2">光伏发电本体工程及接入系统工程完成后，您可向当地供电公司提交并网验收及调试申请，递交验收调试所需资料</td></tr>
<tr><td>验收调试所需资料</td><td>（1）施工单位资质复印件，包括承装（修、试）电力设施许可证。
（2）主要电气设备技术参数、型式认证报告或质检证书，包括发电、逆变、变电、断路器、开关等设备。
（3）并网前单位工程调试报告（记录）。
（4）并网前单位工程验收报告（记录）。
（5）并网前设备电气试、继电保护装置整定，通信设备、电能计量装置安装、调试记录。
（6）并网启动调试方案。
（7）项目运行人员名单及专业资质证书复印件。
220V项目需（1）（2）（4）项资料；380V项目需（1）项至（5）项资料；10kV项目需（1）项至（5）项及（7）项资料；35kV及以上项目需（1）项至（7）项资料</td><td>（1）施工单位资质复印件[承装（修、试）电力设施许可证]。
（2）主要电气设备技术参数、型式认证报告或质检证书，包括发电、逆变、变电、断路器、开关等设备。
（3）并网前单位工程调试报告（记录）。
（4）并网前单位工程验收报告（记录）。
（5）并网前设备电气试验、继电保护整定、通信联调、电能量信息采集调试记录。
220V项目需（1）（2）（4）项资料；380V项目需（1）项至（5）项资料</td></tr>
<tr><td rowspan="2">8</td><td rowspan="2">供电公司安装表计并与客户签订合同、协议</td><td>服务方式</td><td>在正式并网前，当地供电公司完成相关计量装置的安装，并与客户按照平等自愿的原则签订《发用电合同》（10kV并网的还需签订《电网调试协议》），约定发用电相关方的权利和义务</td><td>在正式并网前，当地供电公司完成相关计量装置的安装，并与客户按照平等自愿的原则签订《发用电合同》，约定发用电相关方的权利和义务</td></tr>
<tr><td>服务时限</td><td colspan="2">自受理并网验收及调试申请之日起5个工作日内完成</td></tr>
</table>

续表

序号	业务流程		企 业 客 户	居民客户
9	供电公司完成并网验收调试	服务方式	当地供电公司安排工作人员上门为客户免费进行并网验收调试，出具《并网验收意见书》。对于并网验收合格的，调试后直接并网运行；对于并网验收不合格的，当地供电公司将提出整改方案，直至并网验收通过	
		服务时限	自表计安装完毕及合同、协议签署完毕之日起 10 个工作日内完成	

注　企业客户分布式光伏并网业务承诺在受理申请后的 40 个工作日（多点并网的 50 个工作日）（不含光伏发电本体工程和接入系统工程施工时间）内办结所有并网业务。居民客户分布式光伏并网业务承诺在受理申请后的 30 个工作日（不含您的光伏发电本体和接入系统工程施工时间）内办结所有并网业务。

三、光伏发电项目上网电价政策

1. 享受国家财政资金补贴项目

目前江苏省光伏电站标杆电价为 0.98 元/kWh，仅针对全电量上网光伏项目，余电上网光伏项目执行 0.378 元/kWh 脱硫标杆电价。

分布式光伏发电补贴电价为 0.42 元/kWh，可与地方能源主管部门（即发改委）进行咨询。

2. 2009～2011 年期间新投产的项目上网电价

2009～2011 年期间新投产的项目上网电价见表 14–3–2。

表 14–3–2　　2009～2011 年期间新投产的项目上网电价

年份	上网电价（元/kWh）		
	地面	屋顶	建筑一体化
2009	2.15	3.70	4.30
2010	1.70	3.00	3.50
2011	1.40	2.40	2.90

根据《江苏省光伏发电推进意见》（苏政办发〔2009〕85 号）和《关于继续扶持光伏发电的政策意见》（苏政办发〔2012〕111 号）规定，该上网电价政策有效期至 2015 年。

3. 2012～2015 年期间新投产项目上网电价

2012～2015 年期间新投产项目上网电价见表 14–3–3。

表 14–3–3　　2012～2015 年期间新投产项目上网电价　　元/kWh

类型	2012 年	2013 年	2014 年	2015 年
地面、屋顶、建筑一体化	1.30	1.25	1.20	1.15

根据《关于继续扶持光伏发电的政策意见》（苏政办发〔2012〕111 号）规定，该上网电价政策有效期至 2015 年。

注：非国家财政资金补贴项目至 2015 年底已结束，从 2016 年起无江苏省地方补贴政策，部分地市根据当地文件发放相应补贴。

四、相关说明

（1）根据《分布式光伏发电项目管理暂行办法》（国能新能〔2013〕433 号、《国家能源局关于进一步加强光伏电站建设与运行管理工作的通知》（国能新能〔2014〕445 号）等文件规定，分布式光伏发电项目采用的光伏电池组件、逆变器等设备须采用经国家认监委批准的认证机构认证的产品，符合相关接入电网的技术要求；承揽分布式光伏发电项目设计、施工的单位应根据工程性质、类别及电压等级具备政府主管部门颁发的相应资质等级的承装（修、试）电力设施许可证；分布式光伏发电项目的设计、安装应符合有关管理规定、设备标准、建筑工程规范和安全规范等要求。

（2）根据国家相关规定，分布式光伏发电项目结算上网电费、获得国家补贴还应：

1）按照《国家能源局关于实行可再生能源发电项目信息化管理的通知》（国能新能〔2015〕258 号）要求。在项目核准（备案）、申请并网、竣工验收等关键环节前后，及时登录国家能源局网站的可再生能源发电项目信息管理平台填报项目建设和运行的相关信息，以纳入国家补助资金目录。

2）按照相关手续完成备案并建成并网。

3）至当地工商行政管理部门变更相应的经营范围。

4）按合同约定的结算周期，客户经与当地供电公司确认后，根据当地供电公司提供的上网电费及发电补贴结算单，前往所在地市国税部门开具相应增值税发票并提供给供电公司，当地供电公司审核项目收款人信息、发票金额，核对一致后，按照合同约定的收款单位账户信息及时通过转账方式支付上网电费和补助资金。居民项目由当地供电公司按照国家规定直接代开票，无须自行前往国税部门开票。

（3）电网企业在并网申请受理、接入系统方案制订、设计审查、计量装置安装、合同和协议签署、并网验收和并网调试、国家补贴计量和结算全过程服务中，不收取任何费用。

（4）一般客户申请并网，会安装两块电能表（双向计量），一块是发电电能表（供电单位是供电公司，营销系统可查询发电关口正向有功总的抄见电量），一块是用电电能表（营销系统可查询上网关口的反向有功总的抄见电量），并网后，用电电能表还需承担计量客户上网电量的功能，此时就需要考虑用电电能表的接线方式、线径、负荷等是否能满足并网后的技术要求，如果不能，则需要客户降低光伏并网容量或者将原先用电电能表进行增容。

思考与练习

1. 申请分布式光伏发电并网需携带哪些资料？
2. 分布式光伏发电的补贴有哪些？
3. 分布式光伏发电项目并网验收及调试需携带哪些材料？

模块 4　电动汽车的电源及充电模式（TQJL14004）

模块描述

本模块介绍电动汽车基本知识，动力电池的基本知识及电动汽车的各种充电方式。通过介绍，了解电动汽车的种类、动力电池的种类，以及电动汽车的各种充电方式等内容。

模块内容

一、电动汽车基本知识

电动汽车是指以车载电源为动力，用电动机驱动车轮行驶，符合道路交通、安全法规各项要求的车辆。

1. 工作原理

蓄电池→电流→电力调节器→电动机→动力传动系统→驱动汽车行驶。

2. 电动汽车的种类

电动汽车可分为纯电动汽车（BEV）、混合动力汽车（HEV）、燃料电池汽车（FCEV）。

（1）纯电动汽车（BEV）：由电动机驱动的汽车。

电动机的驱动电能来源于车载可充电蓄电池或其他能量储存装置。

优点：技术相对简单成熟，只要有电力供应的地方都能够充电。

缺点：目前蓄电池单位重量储存的能量太少，还因电动车的电池较贵，又没形成经济规模，故购买价格较贵，至于使用成本，有些使用价格比汽车贵，有些价格仅为汽车的 1/3，这主要取决于电池的寿命及当地的油、电价格。

（2）混合动力汽车（HEV）：指能够至少从下述两类车载储存的能量中获得动力的汽车：

——可消耗的燃料；

——可再充电能/能量储存装置。

混合动力是指那些采用传统燃料的，同时配以电动机/发动机来改善低速动力输出和燃油消耗的车型。目前国内市场上，混合动力车辆的主流都是汽油混合动力，而国际市场上柴油混合动力车型发展也很快。

优点：

1）采用混合动力后可按平均需用的功率来确定内燃机的最大功率，此时处于油耗低、污染少的最优工况下工作。需要大功率内燃机功率不足时，由电池来补充；负荷少时，富余的功率可发电给电池充电，由于内燃机可持续工作，电池又可以不断得到充电，故其行程和普通汽车一样。

2）因为有了电池，可以十分方便地回收制动时、下坡时、怠速时的能量。

3）在繁华市区，可关停内燃机，由电池单独驱动，实现零排放。

4）有了内燃机可以十分方便地解决耗能大的空调、取暖、除霜等纯电动汽车遇到的难题。

5）可以利用现有的加油站加油，不必再投资。

6）可让电池保持在良好的工作状态，不发生过充、过放，延长其使用寿命，降低成本。

缺点：长距离高速行驶基本不能省油。

（3）燃料电池汽车（FCEV）：以燃料电池作为动力电源的汽车。燃料电池的化学反应过程不会产生有害产物，因此燃料电池车辆是无污染汽车，燃料电池的能量转换效率比内燃机要高 2～3 倍，因此从能源的利用和环境保护方面，燃料电池汽车是一种理想的车辆。

单个的燃料电池必须结合成燃料电池组，以便获得必需的动力，满足车辆使用的要求。

与传统汽车相比，燃料电池汽车具有以下优点：

1）零排放或近似零排放。

2）减少了机油泄漏带来的水污染。

3）降低了温室气体的排放。

4）提高了燃油经济性。

5）提高了发动机燃烧效率。

6）运行平稳、无噪声。

二、电动汽车的动力电池

动力电池为电动汽车的驱动电动机提供电能，电动机将动力电池的电能转化为机械能，通过传动装置或直接驱动车轮和工作装置。目前，电动汽车上应用最广泛的动力电池是铅酸蓄电池，但随着电动汽车技术的发展，铅酸蓄电池由于比能量较低，充电速度较慢，寿命较短，逐渐被其他蓄电池所取代。正在发展的动力电池主要有钠硫电池、镍镉电池、锂电池、燃料电池、飞轮电池等，这些新型动力电池的应用，为电动汽车的发展开辟了广阔的前景。动力电池是电动汽车的关键技术，决定了它的续航里程和成本。

1. 纯电动车所需的动力电池

用于电动车的动力电池应有的功能指标和经济指标包括安全性、比能量、比功率、寿命、循环价格、能量转换效率。这些因素直接决定了电动车的合用性、经济性。

2. 超级电容器

超级电容器的优势是质量比功率高、循环寿命长，弱点是质量比能量低、购置价格贵，但是循环寿命长达 50 万～100 万次，故单次循环价格不高，与铅酸电池、能量型锂离子电池并联可以组成性能优良的动力电源系统。

3. 铅酸电池

铅酸电池生产技术成熟，安全性好，价格低廉，废电池易回收再生。近些年来，通过新技术，其比能量低、循环寿命短、充电时发生酸雾、生产中可能有铅污染环境等缺点在不断克服中，各项指标有很大提高，不仅可更好地用作电动自行车和电动摩托车的电源，而且在电动汽车上也能发挥很好的作用。

4. 以磷酸铁锂为正极的锂离子电池

负极为碳、正极为磷酸铁锂的锂电池综合性能好，安全性较高，不用昂贵的原料，不含有害元素，循环寿命长达 2000 次，并已克服了电导率低的缺点。能量型电池的质量比能量可达 120Wh/kg，与超级电容器并联使用，可以组成性能全面的动力电源。功率型的质量比能量也有 70～80Wh/kg，可以单独使用而不必并联超级电容器。

5. 以钛酸锂为负极的锂离子电池

钛酸锂在充电–放电中体积变化极小，保证了电动机机构稳定和电池的长寿命；钛酸锂电极电位较高（相对于 Li^+/Li 电极为 1.5V），在电池充电时可以不生成锂晶枝，保证了电池的高安全性。但也因钛酸锂电极电位较高，即使与电极电位较高的锰酸锂正极配对，电池的电压也仅约 2.2V，所以电池的比能量只有 50～60Wh/kg。即使如此，这种电池高安全性，长寿命的突出优点，也是其他电池无可比拟的。

三、电动汽车的充电方式

1. 常规充电方式

该充电方式采用恒压、恒流的传统充电方式对电动车进行充电。以相当低的充电电流为蓄电池充电，电流大小约为 15A，若以 120Ah 的蓄电池为例，充电时间要持续 8h 左右。相应的充电器的工作和安装成本相对比较低。

电动汽车家用充电设施（车载充电机）和小型充电站多采用这种充电方式。车载充电机是纯电动轿车的一种最基本的充电设备。充电机作为标准配置固定在车上或放在后备厢里。由于只需将车载充电器的插头插到停车场或家中的电源插座上即可进行充电，因此充电过程一般由客户自己独立完成。直接从低压照明电路取电，充电功率较小，由 220V/16A 规格的标准电网电源供电。典型的充电时间为 8～10h（SOC 达到 95%以上）。这种充电方式对电网没有特殊要求，只要能够满足照明要求的供电质量就能够使用。

小型充电站是电动汽车的一种最重要的充电方式，充电机设置在街边、超市门口、办公楼楼下、停车场等处。采用常规充电电流充电。电动汽车驾驶员只需将车停靠在充电站指定的位置上，接上电线即可开始充电。计费方式是投币或刷卡，充电功率一般在 5～10kW，采用三相四线制 380V 供电或单相 220V 供电。其典型的充电时间是：补电 1～2h，充满 5～8h（SOC 达到 95%以上）。

2. 快速充电方式

该充电方式以 150～400A 的高充电电流在短时间内为蓄电池充电，与前者相比安装成本相对较高。快速充电也可称为迅速充电或应急充电，其目的是在短时间内给电动汽车充满电，充电时间应该与燃油车的加油时间接近。大型充电站（机）多采用这种充电方式。

大型充电站（机）——快速充电方式主要针对长距离旅行或需要进行快速补充电能的情况进行充电，充电机功率很大，一般都大于 30kW，采用三相四线制 380V 供电。其典型的充电时间是：10～30min。这种充电方式对电池寿命有一定的影响，特别是普通蓄电池不能进行快速充电，因为在短时间内接受大量的电量会导致蓄电池过热。快速充电站的关键是非车载快速充电组件，它能够输出 35kW 甚至更高的功率。由于功率和电流的额定值都很高，因此这种充电方式对电网有较高的要求，一般应靠近 10kV 变电站附近或在监测站和服务中心中使用。

3. 无线充电方式

电动汽车无线充电方式是近几年国外的研究成果，其原理就像在车里使用的移动电话，将电能转换成一种符合现行技术标准要求的特殊的激光或微波束，在汽车顶上安装一个专用天线接收即可。

有了无线充电技术，公路上行驶的电动汽车或双能源汽车可通过安装在电线杆或其他高层建筑上的发射器快速补充电能。电费将从汽车上安装的预付卡中扣除。

4. 更换电池充电方式

除了以上几种充电方式外，还可以采用更换电池组的方式，即在蓄电池电量耗尽时，用充满电的电池组更换已经耗尽的电池组。蓄电池归服务站或电池厂商所有，电动汽车用户只需租用电池。电动汽车用户把车停在一个特定的区域，然后用更换电池组的机器将耗尽的蓄电池取下，换上已充满电的电池组。对于更换下来的未充电蓄电池，可以在服务站充电，也可以集中收集起来以后再充电。由于电池更换过程包括机械更换和蓄电池充电，因此有时也称它为机械“加油”或机械充电。电池更换站同时具备正常充电站和快速充电站的优点，也就是说可以用低谷电给蓄电池充电，同时又能在很短的时间内完成“加油”过程。通过使用机械设备，整个电池更换过程可以在 10min 内完成，与现有的燃油车加油时间大致相当。

不过，这种方法还存在不少问题有待解决。首先，这种电池更换系统的初始成本很高，其中包括昂贵的机械装置和大量的蓄电池。其次，由于存放大量未充电和已充电的蓄电池需要很多空间，因此修建一个蓄电池更换站所需空间远大于修建一个正常充电站或快速充电站所需的空间。还有，在蓄电池自动更换系统得到应用之前，需要对蓄电池的物理尺寸和电气参数制定统一的标准。

5. 移动式充电方式

对电动汽车蓄电池而言，最理想的情况是汽车在路上巡航时充电，即所谓的移动式充电（MAC）。这样，电动汽车用户就没有必要去寻找充电站、停放车辆并花费时间去充电了。MAC 系统埋设在一段路面之下（即充电区），不需要额外的空间。

接触式和感应式的 MAC 系统都可实施。对接触式的 MAC 系统而言，需要在车体的底部装一个接触拱，通过与嵌在路面上的充电元件相接触，接触拱便可获得瞬时高电流。当电动汽车巡航通过 MAC 区时，其充电过程为脉冲充电。对于感应式的 MAC 系统，车载式接触拱由感应线圈所取代，嵌在路面上的充电元件由可产生强磁场的高电流绕组所取代。

很明显，由于机械损耗和接触拱的安装位置等因素的影响，接触式的 MAC 对人们的吸引力不大。

目前的研究主要集中在感应充电方式，因为它不需要机械接触，也不会产生大的位置误差。当然，这种充电方式的投资巨大，现在仍处于实验阶段。

思考与练习

1. 电动汽车的种类一般有哪几种？
2. 电动汽车的动力电池一般有哪几种？
3. 电动汽车有哪几种充电方式？

模块 5　电动汽车交直流充电设备及充换电站（TQJL14005）

模块描述

本模块介绍了交直流充电设备类型、组成、充电接口。介绍了充换电站采用的充换电方式以及充换电设备的充电设备使用和维护内容。

模块内容

一、充电设备简介

1. 充电设备类型

充电设备是指电动汽车或动力蓄电池相连接，并为其提供电能的设备，一般包括非车载充电机、交流充电桩、车载充电机等，如图 14–5–1 所示。

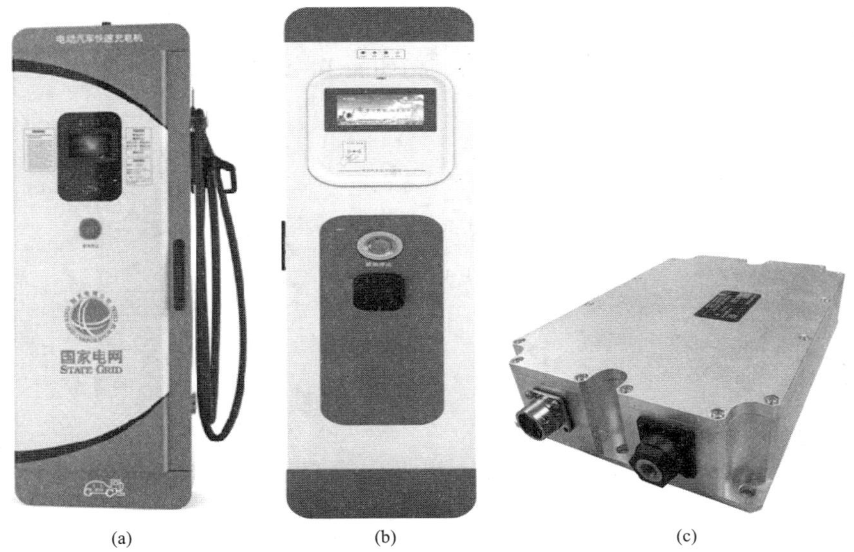

(a)　(b)　(c)

图 14–5–1　充电设备

（a）直流充电桩（非车载充电机）；（b）交流充电桩；（c）车载充电机

GB/T 29317—2012《电动汽车充换电设施术语》中规定：

（1）非车载充电机：安装在电动汽车车体外，将交流电能变换为直流电能，采用传导方式为电动汽车动力蓄电池充电。

（2）交流充电桩：采用传导方式为具有车载充电装置的电动汽车提供交流电源。

（3）车载充电机：固定安装在电动汽车上运行，将交流电能变换为直流电能，采用传导方式为电动汽车动力蓄电池充电。

2. 充电设备基本构成

（1）交流充电桩。交流充电桩如图 14–5–2 所示。

交流充电桩内部构成如图 14–5–3 所示。

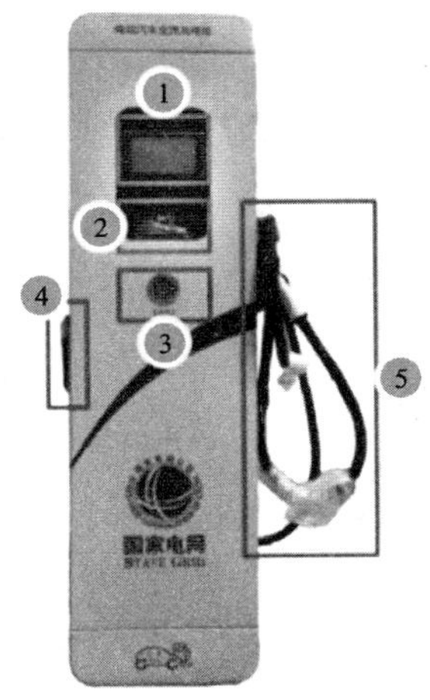

图 14–5–2　交流充电桩

1—液晶屏；2—读卡器；3—急停按钮；4—门锁；5—充电枪

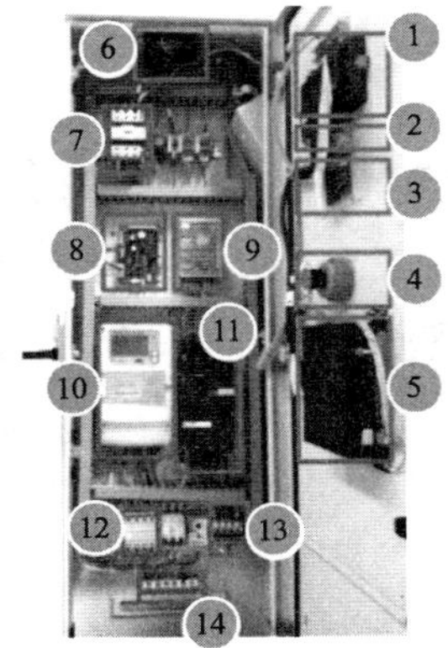

交流充电桩构成

1	液晶屏	8	控制器
2	喇叭	9	辅助电源
3	读卡器	10	电能表
4	急停按钮	11	进线开关
5	TCU	12	避雷器
6	风机	13	进线端子
7	输出接触器	14	接地排

图 14–5–3　交流充电桩内部构成

交流充电供电接口和车辆接口应符合 GB/T 20234.2—2015《电动汽车传导充电用连接装置 第 2 部分：交流充电接口》的规定，其结构如图 14–5–4 所示。

图 14–5–4 交流充电供电接口和车辆接口

注：触头编号含义见表 14–5–1。

表 14–5–1 交流充电供电接口和车辆接口触头编号及含义

触头编号/标识	额定电压和额定电流	功能定义
1——（L1）	250V 10A/16A/32A	交流电源（单相）
	440V 16A/32A/63A	交流电源（三相）
2——（L2）	440V 16A/32A/63A	交流电源（三相）
3——（L3）	440V 16A/32A/63A	交流电源（三相）
4——（N）	250V 10A/16A/32A	中线（单相）
	440V 16A/32A/63A	中线（三相）
5——（⏚）	—	保护接地（PE），连接供电设备地线和车辆电平台
6——（CC）	0V～30V 2A	充电连接确认
7——（CP）	0V～30V 2A	控制导引

交流充电枪由供电接口、电缆及帽盖等组成，如图 14–5–5 所示，可实现车辆与接口耦合，提供能量传输路径。交流充电电流大于 16A 时，供电接口和车辆接口应具有锁止功能；额定充电电流大于 16A 的应用场合，供电插座、车辆插座均应设置温度监控装置，譬如 PT100、NTC 及温度继电器等。

图 14–5–5 交流充电枪

（2）直流充电桩。直流充电桩如图 14–5–6 所示。

直流充电桩内部构成如图 14–5–7 所示。

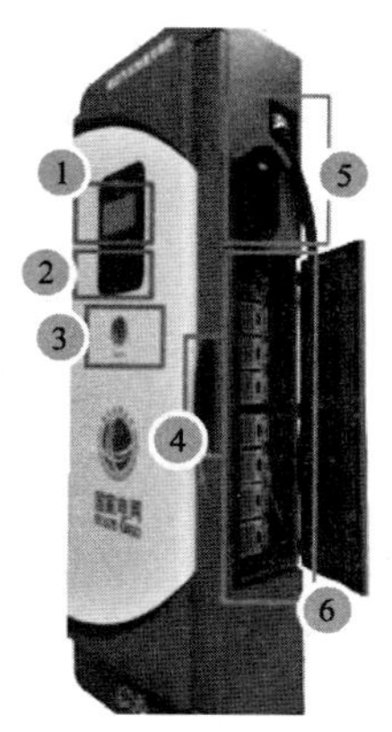

图 14–5–6　直流充电桩

1—液晶屏；2—读卡器；3—急停按钮；4—门锁；
5—充电枪及枪座；6—充电机模块

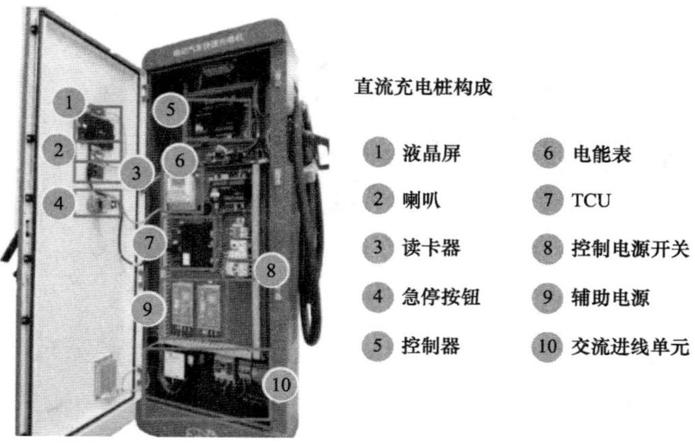

图 14–5–7　直流充电桩内部构成

直流充电供电接口和车辆接口应符合 GB/T 20234.2—2015《电动汽车传导充电用连接装置　第 2 部分：交流充电接口》的规定，其结构如图 14–5–8 所示。

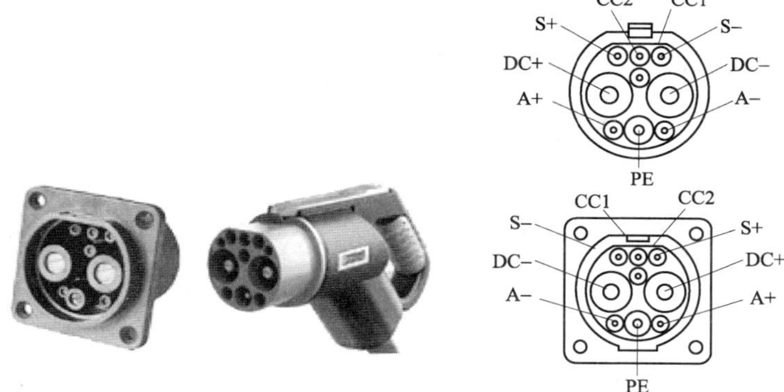

图 14–5–8　直流充电供电接口和车辆接口

注：触头编号含义见表 14–5–2。

表 14–5–2　　　　直流充电供电接口和车辆接口触头编号及含义

触头编号/标识	额定电压和额定电流	功能定义
1——（DC+）	750V/1000V 80A/125A/200A/250A	直流电源正
2——（DC–）	750V/1000V 80A/125A/200A/250A	直流电源负
3——（⏚）	—	保护接地（PE）
4——（S+）	0V～30V　2A	充电通信 CAN_H
5——（S–）	0V～30V　2A	充电通信 CAN_L
6——（CC1）	0V～30V　2A	充电连接确认
7——（CC2）	0V～30V　2A	充电连接确认
8——（A+）	0V～30V　20A	低压辅助电源正
9——（A–）	0V～30V　20A	低压辅助电源负

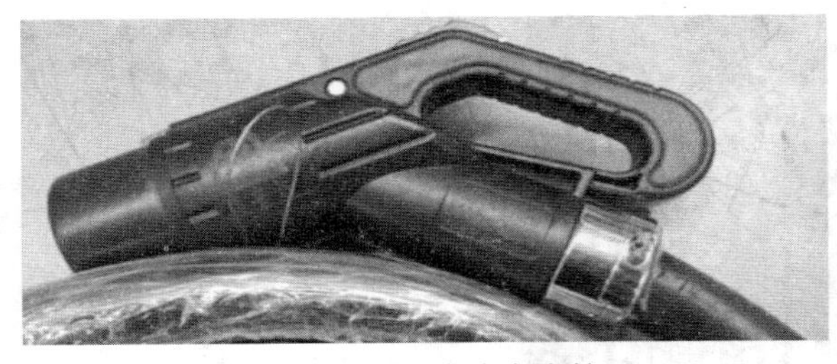

图 14–5–9　直流充电枪

直流充电枪由包括供电接口、电缆及帽盖等组成，如图 14–5–9 所示。可实现车辆与接口耦合，提供能量传输路径。直流充电时，车辆接口应具有锁止功能，锁止功能应符合 GB/T 20234.1—2015《电动汽车传导充电用连接装置　第 1 部分：通用要求》相关要求：电子锁止装置应具备应急解锁功能，不应带电解锁且不应由人手直接操作解锁。额定充电电流大于 16A 的应用场合，供电插座、车辆插座均应设置温度监控装置，譬如 PT100、 NTC 及温度继电器等。

二、充电模式

1. 连接方式

（1） 连接方式 A。将电动汽车和交流电网连接时，使用和电动汽车永久连接在一起的充电电缆和供电插头，如图 14–5–10（a）所示。

（2） 连接方式 B。将电动汽车和交流电网连接时，使用带有车辆插头和供电插头的独立的活动电缆组件，如图 14–5–10（b）所示。

（3） 连接方式 C。将电动汽车和交流电网连接时，使用了和供电设备永久连接在一起的充电电缆和车辆插头，如图 14–5–10（c）所示。

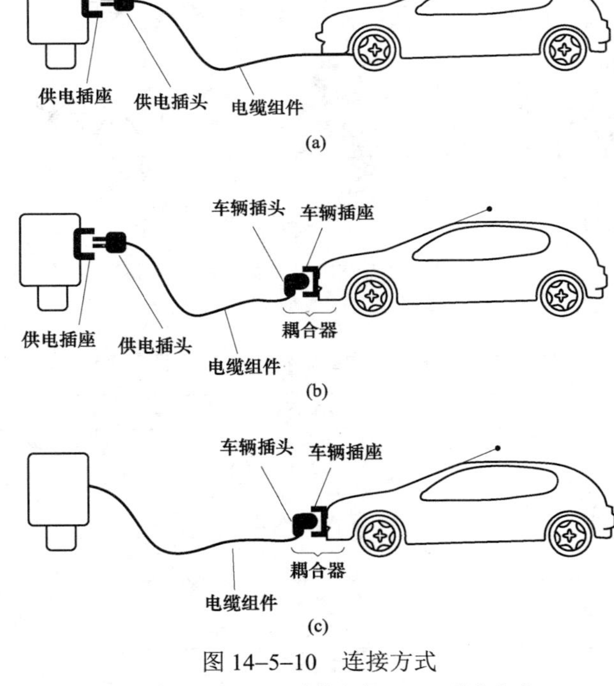

图 14–5–10　连接方式

（a）连接方式 A；（b）连接方式 B；（c）连接方式 C

2. 充电模式

（1） 充电模式 1。使用标准的插座和插头，能量传输过程中应采用单相交流供电，且不允许超过 8A 和 250V。其他情况下不应使用充电模式 1 对电动汽车进行充电。

（2）充电模式 2。使用标准插座，能量传输过程中应采用单相交流供电，采用缆上控制不保护装置（IC–CPD）连接电源和电动汽车。16A 插座输出不能超过 13A，10A 插座输出不能超过 8A。

（3）充电模式 3。供电设备与交流电网连接，并且安装了保护装置。采用单相供电时电流不大于 32A。采用三相供电且电流大于 32A 时，应采用连接方式 C。

（4）充电模式 4。直流供电设备永久连接在电网（电源）。可连接至交流电网或直流电网。仅连接方式 C 适用于充电模式 4。

三、充换电站采用的充换电方式

1. 交流充电

交流充电桩如图 14–5–11 所示，其额定电压为单相 220V 和三相 380V，电流优选值为 10、16、32、63A。

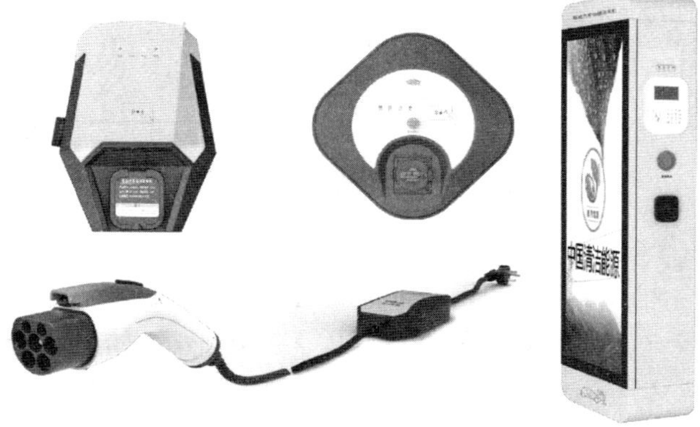

图 14–5–11　充换电站交流充电桩

2. 直流充电

直流充电桩又称为非车载充电机，按照功率单元部分的分布可分为一体式和分体式两大类，如图 14–5–12 所示。

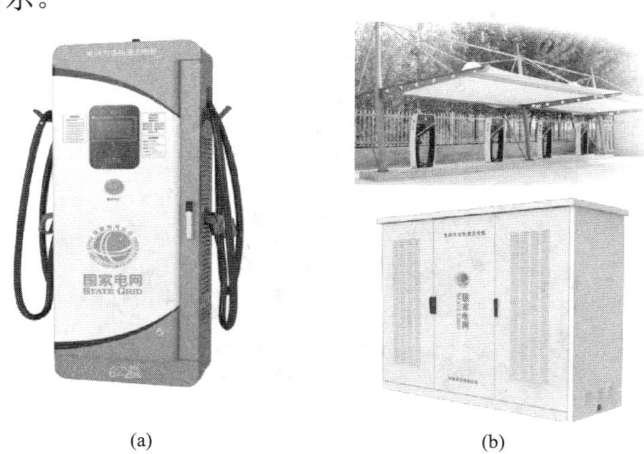

(a)　　(b)

图 14–5–12　充换电站直流充电桩

（a）一体式；（b）分体式

3. 群控充电

群控充电示意如图 14–5–13 所示。

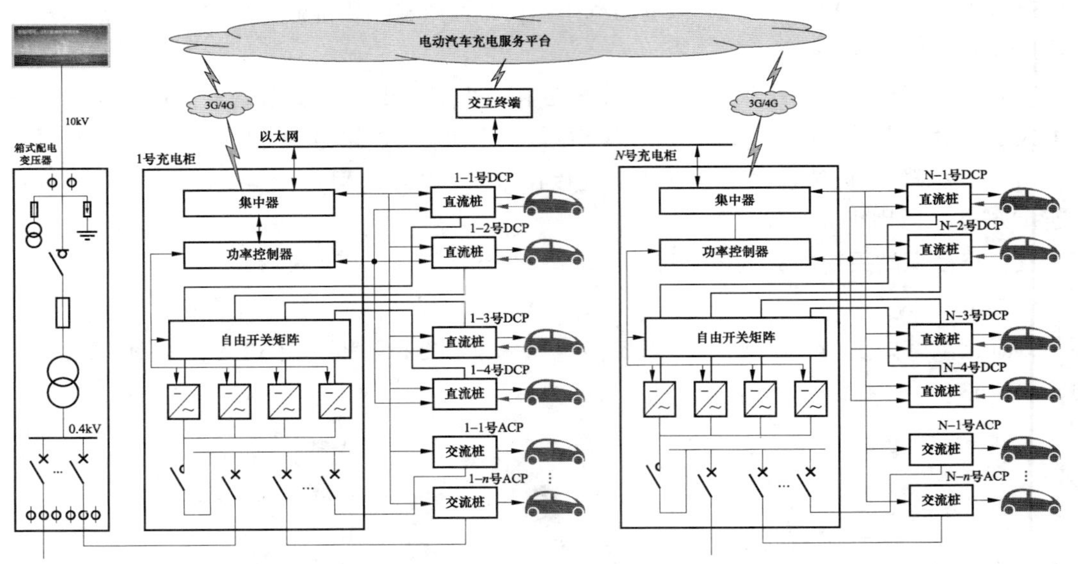

图 14–5–13　群控充电示意

4. 电池更换

电池更换是使用全自动或半自动机械设备，通过更换动力蓄电池为电动汽车提供电能的方式。可以分为侧向换电、底部换电和端部换电等更换方式，如图 14–5–14 所示。

(a)　(b)

(c)

图 14–5–14　电池更换

（a）侧向换电；（b）底部换电；（c）端部换电

5. 感应式充电

感应式充电又称为非接触式感应充电，基于电磁感应原理的空间范围内的电能无线传输技术，充电过程如图 14–5–15 所示。感应式充电又分为电磁感应式、磁共振式、无线电波式三类，其特点分别如下：

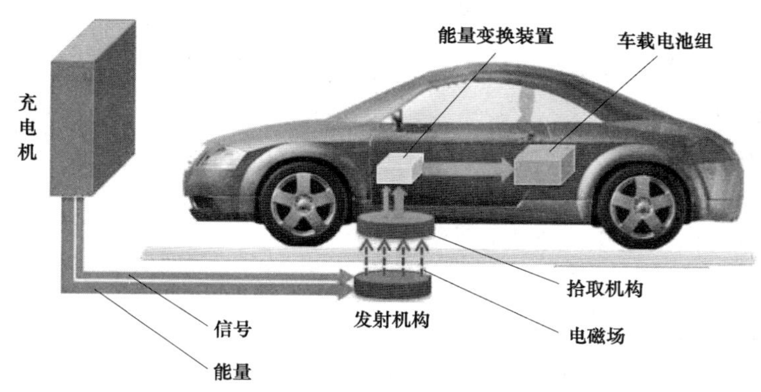

图 14–5–15　感应式充电

（1） 电磁感应式：采用了可在供电线圈和受电线圈之间提供电力的电磁感应方式。传输功率为数瓦至 5 瓦；传输距离为数毫米至数厘米；使用频率为 22kHz；充电效率为 80%。

优点：适合短距离充电、转换效率较高；

缺点：特定摆放位置才能精确充电，金属感应接触会发热。

（2） 磁共振式：原理与感应式基本相同，特殊的地方在于采用了线圈和电容器的 LC 共振电路，并利用控制电路形成相同的共振频率。传输功率为数千瓦；传输距离为数厘米至数米；使用频率为 13.56MHz；充电效率 50%。

优点：适合远距离小功率充电，随时随地充电。

缺点：效率较低，且大功率高频电磁波容易泄漏，影响人体健康。

（3） 无线电波式：将环境电磁波转换为电流，通过电路传输电流。传输功率为大于毫瓦级；传输距离为大于 10m；使用频率为 2.45GHz；充电效率为 38%。

优点：适合远距离充电，转换效率适中。

缺点：转换效率低，充电时间长。

四、充电设备使用和维护

1. 读卡器使用及维护

（1） 读卡器发射线圈与充电桩金属外壳之间需要预留足够间距，避免干涉。

（2） 读卡器区域所用前面板在满足防护要求情况下，厚度尽量小。

（3） 读卡器需要远离充电机模块内部的电感和变压器等存在高频干扰的器件。

（4） 读卡器通信线在充电桩内布线时与强电部分分离，并固定。

（5） 读卡器故障更换，需要在充电桩内给其供电的辅助电源断电情况下进行。

2. 电能表使用及维护

（1） 电能表在充电桩内安装时远离发热器件。

（2）采用内置分流器式电能表时需要增加散热措施。

（3）电能表通信线屏蔽层单端接地。

（4）电能表通信线在充电桩内布线时与强电部分分离，并固定。

（5）日常巡检时需要注意电能表电流采样线是否正常。

3. 计费控制单元 TCU 使用及维护

（1）设备离线：SIM 卡被盗，SIM 卡与卡座接触不良，4G 模块故障，与平台双向认证未通过，ESAM 芯片损坏。

（2）平台校验失败：ESAM 芯片损坏，本地注册文件损坏。

（3）高温环境下运行，导致内部器件故障。

（4）与液晶屏之间的连接线需要锁紧。

4. 充电机模块使用及维护

（1）故障更换在充电桩交流进线开关分断情况下进行。

（2）充电桩的进风口和出风口采用百叶窗和防尘棉等进行防水防尘。

（3）充电机模块需要定期进行除尘。

5. 避雷器使用及维护

（1）故障原因：雷击损坏，接触不良。

（2）使用维护：在交流进线开关分断情况下更换。

6. 绝缘监测故障

（1）判据：按照 GB/T 18487.1—2015《电动汽车传导充电系统　第 1 部分：通用要求》中的规定，充电桩直流输出正母线对地绝缘电阻和负母线对地绝缘电阻中的较小值，大于 500Ω/V 视为安全；大于 100Ω/V 且小于等于 500Ω/V，宜进行故障报警，但仍可正常充电；小于等于 100Ω/V 视为绝缘故障，应停止充电。

（2）方法：电桥（平衡桥非平衡桥），交流注入。

（3）原因：充电电缆绝缘性能下降，车辆绝缘检测与充电机绝缘监测配合问题，充电电缆内部凝露，充电电缆压接工艺问题，环境湿度大导致设备绝缘性能下降。

7. 充电设备日常维护

（1）液晶屏运行状态检查：花屏，黑屏，屏幕点击无效。

（2）充电枪状态检查：枪头损坏，电缆破损，未放回充电桩枪座。

（3）急停按钮状态检查：急停被按下，顺时针旋转复位。

（4）充电设备门锁检查：门锁损坏。

（5）TCU 天线及 SIM 卡检查：天线丢失，SIM 卡被盗。

（6）充电桩内开关状态检查：控制部分开关分断，交流进线开关分断。

（7）充电机模块固定及接线检查：充电机模块进线或出现松动脱落，充电机模块被抽出。

（8）避雷器检查：避雷器故障。

（9）充电桩桩体表面除尘：显示屏、读卡器、充电枪清理。

（10）充电桩进风口除尘：进风口除尘，防尘网清理。

（11）充电机模块防尘网除尘：防尘网清理。

思考与练习

1. 电动汽车的充电设备有哪几种？
2. 电动汽车的充电模式一般有几种？
3. 简述电动汽车充电设备日常维护内容。

模块 6　电动汽车充换电设施用电相关业务（TQJL14006）

模块描述

本模块主要介绍充换电设施的用电报装、服务时限、业务费用、电价政策以及“车联网”。通过概念描述、流程介绍，掌握充换电设施用电业扩报装流程和时限要求。

模块内容

充换电设施是与电动汽车发生电能交换的相关设施的总称，一般包括充电站、换电站、充电塔、分散充电桩等。

一、充换电设施用电报装业务种类

充换电设施用电报装业务分为以下两类：

第一类：居民客户在自有产权或拥有使用权的停车位（库）建设的充电设施。申请时宜单独立户，发起低压非居民流程。

第二类：其他非居民客户（包括高压客户）在政府机关、公用机构、大型商业区、居民社区等公共区域建设的充换电设施。

非居民客户的充电设施按照设施用途可分为两类：

（1）自建自用，非经营性质。

（2）对外提供充换电服务，具有经营性质，主要是指政府相关部门颁发营业执照的，且营业执照中的经营范围明确了允许开展电动汽车充换电业务的合法企业，在一个固定集中的场所，开展充换电业务。

二、充换电设施用电报装所需资料

低压客户需提供以下资料：

（1）用电申请表。

（2）客户有效身份证明。

（3）固定车位产权证明或产权单位许可证明。

（4）街道办事处或物业出具同意使用充换电设施及外线接入施工的证明材料。

（5）充电桩技术参数材料。

高压客户需提供以下资料：

（1）用电申请表。

（2）客户有效身份证明（包括营业执照或组织机构代码证）。

（3）固定车位产权证明或产权单位许可证明（包括土地或房产证明）。

（4）充电桩技术参数资料。

（5）高压客户责任充电换设施外线接入部分所涉及的政策处理、市政规费、青苗赔偿。

注：除以上材料外，还需提供供电公司需要的其他材料，具体以营业厅办理为准。

三、充换电设施用电报装业务办理流程

现场勘察工作时限：受理申请后，低压客户 1 个工作日完成现场勘察；高压客户 2 个工作日内完成现场勘察。

答复供电方案工作时限：自受理之日起低压客户 2 个工作日内完成；高压客户单电源 15 个工作日内完成，双电源 30 个工作日内完成。

设计审查工作时限：受理设计审查申请后 5 个工作日内完成。若项目业主因自身原因需要变更设计的，应将变更后的设计资料再次送审，审核通过后方可实施。

在供电方案确认后 1 个工作日内，营销部（客户服务中心）书面通知基建部或运维检修部（检修分公司）开展配套接入工程施工。

工程建设阶段时限要求：低压客户，在供电方案答复、完成施工设计工作并移交项目管理部门后，在 5 个工作日内完成配套接入工程建设。高压客户，在供电方案答复后，对于 10kV 业扩项目，在 60 个工作日内完成配套接入工程建设；对于 35kV 及以上业扩项目，其配套接入工程按照合理工期实施。

竣工检验工作时限：在受理竣工检验申请后，低压客户 1 个工作日、高压客户 5 个工作日内完成。

装表接电工作时限：低压客户在竣工验收合格后当场装表接电，高压客户 5 个工作日内完成。

四、充换电设施用电收费

供电公司在充换电设施用电申请受理、设计审查、装表接电等全过程服务中，不收取任何服务费用（包括用电启动方案编制费、高可靠性供电费，负控装置费及迁移费用、复验费等各项业务费用）；对于电动汽车充换电设施，从产权分界点至公共电网的配套接入工程，以及因充换电设施接入引起的公共电网改造，由公司负责投资建设。

五、充换电设施执行电价

（1）对向电网经营企业直接报装接电的经营性集中式充换电设施用电，执行大工业用电价格。2020 年前，暂免收基本电费。

（2）其他充电设施按其所在场所执行分类目录电价。其中，居民家庭住宅、居民住宅小区、执行居民电价的非居民用户中设置的充电设施用电，执行居民用电价格中的合表用户电价；党政机关、企事业单位和社会公共停车场中设置的充电设施用电执行“一般工商业及其他”类用电价格。

（3）充换电设施暂不执行峰谷电价。

（4）向电动汽车用户收取电费及充换电服务项两项费用。其中，电费执行国家规定的电价政策，充换电服务费用弥补充换电设施运营成本。2020 年年前，对电动汽车充换电服务费实行政府指导价管理。充换电服务费标准上限由省级人民政府价格主管部门或其授权的单位制定并调整。

六、“车联网”简介

“车联网”平台是国网公司立足电动汽车产业发展，从围绕“物联网+充电服务”“互联网+出行服务”“大数据+增值服务”“投融资+产业发展”四大业务领域出发，以充换电服务为载体，打造的“开放、智能、互动、高效”的电动汽车充电网络平台。拥有资源丰富、标准统一的充电服务网络和智能、高效、安全的互联网平台，提供权威、准确、详细的充电桩实时信息。

截至 2016 年年底，车联网平台接入公司 4.4 万个、社会 6.3 万个充电桩，成为国内覆盖面最广、接入数量最多的开放智能充换电服务平台。

1. 充电卡说明及适用范围

（1）充电卡是由国家电网公司为方便电动汽车用户充电消费而统一发行的预付费卡，满足用户随时随地的充值交费购电需求。

（2）充电卡分为实名卡和非实名卡两种形式。实名卡需要用户进行实名登记，并留下联系方式，具有充值、充电、解灰、解锁、挂失、补卡、销卡退费、查询功能，可反复充值，不能透支，不计利息；非实名卡不需要用户进行实名登记，不可换卡、挂失、销卡退费，可反复充值，不能透支，不计利息。

（3）个人用户办理实名制充电卡最多只能办理 5 张，集团用户办理实名制充电卡不受张数限制。

（4）充电卡具有充值、充电消费等功能，可在国家电网公司指定电动汽车充电桩使用。

2. 充电卡购买充值及充电流程

（1）充电卡购买：凡在中华人民共和国境内合法注册的企事业单位、机关、团体，具有完全民事行为能力的境内外居民均可在指定营业厅办理充电卡，其业务规则如下：

1）开卡暂不收取卡片成本费和押金，但需充值不低于 100 元。

2）充电卡分为非实名制卡和实名制卡，客户类型分为集团客户和个人客户。

3）个人办理实名制卡需要提供本人的联系方式、有效身份证件，企业单位办理企业实名制卡需提供企业营业执照、企业法人有效身份证件和代办人员有效身份证件。

4）办理实名制卡时需要客户设置卡密码。

5）客户换卡、销卡、补卡的旧充电卡不能再次发售。

6）开卡后，应为客户打印充电卡开卡凭证，一式两份并签字确认，客户和营业厅各留存一份。

（2）充电卡充电流程：电动汽车用户到达国家电网公司经营的充电桩进行充电，首先连接充电插头，选择充电方式“充电卡”，设置充电金额，刷卡开始充电，停止充电时再次刷卡，结算后断开插头。充电卡充值要求如下：

1）充值时客户需提供可正常读取卡片信息的充电卡。

2）本省或异省充电卡均可进行充值。

3）根据《单用途商业预付卡管理办法（试行）》第十八条规定：非实名制充电卡内余额

不超过 1000 元，实名制卡内存储余额不超过 5000 元。

4）充电卡充值方式支持现金支付、营业厅 POS 机刷卡方式，支付宝扫码方式。

5）充值后，应为客户打印充电卡充值凭证，一式两份，客户和营业厅各留存一份。

6）因网络等原因可能充值失败，需在充值失败补录中完成补录操作。

（3）充电卡换（销）卡。

1）换（销）卡时，客户需提供原充电卡。

2）原卡遗失或信息不可读取的，不能办理换（销）卡业务。

3）卡内有灰锁记录的，应先联机解扣后再办理换（销）卡业务。

4）换（销）卡暂只在发卡省所辖营业厅办理。

5）非实名制充电卡不支持换（销）卡业务，转实名制后可换（销）卡。

6）充电卡不可单独退卡内余额，只有销卡时才能退费。

7）销卡退费仅支持退至开卡人银行账户，退款在 15 个工作日内到账。

8）销（销）卡后，应打印销（销）卡凭证，由客户签字确认。充电卡失效并回收，不得再次使用。

（4）充电卡挂失、解挂。

1）充电卡遗失后，电动汽车用户可持身份证件到指定营业厅进行挂失。

2）挂失后 7 个工作日内找到原充电卡的，可在指定营业厅申请解挂，挂失 7 个工作日后永久挂失，不可解挂。

3）挂失及解挂，营业厅必须核实充电卡实名信息，包括手机号、卡号、用户名称、身份证号后可进行挂失解挂。

4）非实名制卡不支持挂失解挂业务。

5）挂失后充电卡被列入黑名单，不可充值及消费等。

（5）补卡。

1）充电卡挂失后，电动汽车用户可持身份证件到指定营业厅进行补卡。

2）挂失 7 个工作日后，持挂失的充电卡到指定营业厅进行补钱，挂失的充电卡余额只可以补到补卡的充电卡中，其他充电卡不能进行补钱。

（6）营业厅发票申请。

1）当电动汽车用户消费后可持充电卡到指定营业厅进行发票申请。

2）个人用户可申请增值税普通电子发票，抬头可为个人或单位。

3）发票申请需在交易完成三个月内完成申请开具，可跨年。

4）超过三个月交易的发票请在“超三个月发票申请”中申请。

5）三个月内的发票申请不需要审核，随时申请，随时下装。

6）发票下装格式为 PDF 格式，请用 PDF 工具打开后打印。

7）因发票抬头填写错误等原因，导致发票申请错误后的，可进行冲红，冲红不可超过 3 次，冲红后可再次申请发票。

8）二维码及账号充电需在 e 充电网站进行申请，电动汽车用户提交发票申请后，由电动汽车公司统一审核通过后，个人登录网站自行下装。

思考与练习

1. 充换电设施用电报装需要哪些资料？
2. 办理电动汽车充换电设施用电是否需要收费？
3. 充换电设施用电执行什么电价？

附　录

______供电公司电费结算协议（远程费控方式–低压）

总户号：

供电人（甲方）：　　　　　　　　　　地址：

用电人（乙方）：　　　　　　　　　　地址：

双方就供用电的电费结算等事宜，经协商一致，达成如下协议，条款如下：

第一条　甲方为乙方安装智能电能表，采用远程费控（即先付费、后用电）方式供电，乙方用电前需到甲方办理电费交纳相关业务。

1. 甲方每日按供用电合同约定的电价标准测算乙方剩余电费余额，当剩余电费余额为 0 后，甲方终止供电。

2. 乙方应关注剩余电费余额，可通过拨打 95598 电话或登录国网××省电力公司微信公众号、支付宝钱包服务窗等方式查询电费余额，及时续交电费；由于乙方未及时续交电费引起停电，造成的一切后果和损失由乙方承担。

3. 现场如因电费余额不足已停电的，乙方在完成续交电费后应致电 95598 办理复电手续。甲方在确认电费到账后负责实施远程复电，最长不超过 24 小时；复电时，乙方应确保现场用电安全；在非不可抗力情况下，由于甲方未及时恢复供电造成的后果和损失由甲方承担。

第二条　首次办理远程费控业务用户，为防止发生接电后立即停电的情况，需根据实际用电情况预交电费（一般参照上一年度最高用电月份电费金额预交；新用户按照居民不低于 100 元，非居民不低于 500 元预交电费。）

第三条　甲乙双方约定电费余额报警阈值为元（居民客户 30、50、100 元，低压非居民客户 100、500、1000 元，高压客户双方协商后确定金额）；如需更改，由乙方另行提出调整申请，双方重新签订《电费结算协议》后执行。

甲方提供短信提醒服务，乙方确认短信接收方式及有效通信地址如下：

联系人：　　　　　　联系手机：　　　　　　通信地址：

乙方可在甲方微信公众号、支付宝生活交费中绑定用电户号，获取预交电费、余额显示、账单查询等服务。

乙方应保持通信畅通。如变更联络方式应及时到甲方营业厅办理变更手续或在国网××省电力公司微信公众号、支付宝生活交费窗口等平台自助维护。

第四条　乙方可采取支付宝、微信、电 e 宝、网上银行、充值卡、进账单、现金等方式预交电费。付费日期以甲方确认资金到账之日为准。

第五条　甲方按抄表周期抄表，每个抄表周期按计费计量装置的抄表示数结算电费，预交电费仅作为电费暂存款。

第六条　乙方对用电计量、电费有异议时，应先交清电费，然后双方协商解决。协商不成时，可请求电力管理部门调解。调解不成时，双方可向法院提起诉讼。

第七条　本协议作为甲、乙双方签订的供用电合同的附件，与供用电合同具有同等法律效力。

第八条　本协议自甲、乙双方签字，并加盖合同专用章（居民客户附身份证复印件）后生效，有效期同供用电合同有效期。到期双方协商重新签订本协议，但在未重新签订前，本协议一直生效。

第九条　本协议一式二份，甲、乙双方各执一份。

供电人：（公章）
签约人：（盖章）
签约时间：　　　　年　月　日

用电人：（公章）
签约人：（盖章）
签约时间：　　　　年　月　日